KB125723

문식력을 키우는 우리말글

황 경 수 지음

청운

■ 머 리 말

우리나라 대학생들은 영어나 중국어, 일본어 등 외국어 열풍에 휩싸여 한국어 능력을 등한 시 하는 경향이 있다. 우리 대학생들이 한국어에 관심을 두지 않는 것은 취업을 하고자 할 때 주로 외국어 능력으로 평가를 받기 때문이다.

그러나 글로벌, 세계화 시대의 지성인이자 사회인이라고 일컬어지는 대학생들이 한국어를 제대로 사용하지 않는다면, 우리의 미래는 희망이 아닌 절망의 나락으로 떨어지게 될 것이다. 그러므로 우리 대학생들은 문식력을 기르기 위한 초석으로 음운, 형태, 통사, 의미, 어휘 등을 정확하게 이해하고, 활용하여야 할 것이다.

우리 대학생들은 학교나 사회생활에서 말을 하거나 글을 쓸 때 어느 것이 올바른 표현인지 아닌지 대답할 수 없는 경우가 무척 많다. 그러므로 이 책은 대학생들이 자주 혼란을 겪고 있는 어휘들을 올바로 인식하고, 활용할 수 있도록 설명하였다. 또한, 부족한 문법에 대하여 좀 더 연구할 수 있는 기회를 제공하려고 하였다.

우리나라의 어문 규정은 '한글 맞춤법, 표준어 규정, 외래어 표기법, 로마자 표기법' 등으로 되어 있다. 이 책의 순서는 1부 알쏭달쏭한 우리말글의 실례로 '한글 맞춤법, 문장 부호, 표준어 규정, 표준 발음, 그 밖에 틀리기 쉬운 것'들을 논의하였고, 2부 국어 어문 규정으로 '한글 맞춤법, 표준어 규정 등을 설명하였다.

이 책이 나오기까지 많은 분들의 도움을 받았다. 항상 학문의 길에 격려를 아끼지 않으신 김희숙 교수님, 뚝심으로 연구하라고 가르침을 주신 정종진 교수님, 열정과 끈기를 알려주신 양희철 교수님, 직분에 충실함을 일깨워주신 임승빈 교수님, 그리고 정년을 하시지만 조용히 후원자가 되어 주신 권희돈 교수님께 진심으로 감사를 드린다.

그리고 중부권 최고의 명문대학으로 기치를 높이고, 학생과 함께 미래의 비전을 만들어가기 위하여 열정과 노고를 아끼지 않으시는 청주대학교 김윤배 총장님께 감사의 말씀을 올린다.

지금까지 교정에 도움을 주신 청주대학교 국어국문학과 박종호 선생님, 그리고 윤정아, 송대헌, 박설, 김보은 선생에게도 고마움을 표한다. 끝으로 이 책의 출판을 흔쾌히 허락하신 도서출판 청운 전병욱 사장님과 편집부 여러분께도 진심으로 감사드린다.

2011년 8월
저자

차례

| 머리말 | / 3

Ⅰ. 알쏭달쏭한 우리말글의 실례_15

한글 맞춤법_15

1. 시원한 바람을 맞으니 기분이 산뜻해지는/산듯해지는 듯하다._15
2. 정미는 땅바닥에 털썩/털석 주저앉고 말았다._20
3. 장모님께 사위는 넙죽/넙쭉 절을 하였다._22
4. 사람들은 모여서 쑥덕거리는/쑥떡거리는 모습을 보면 답답하다._23
5. 이제 양털 구름은 말짱히 걷혀/거쳐 버려 산마루 뒤로 물러앉아 있었다._23
6. 성묘갈 때는 돗자리/돋자리를 꼭 지참하여야 한다._26
7. 그는 바쁘다는 핑계/핑게로 모임에 참석하지 않았다._28
8. 그 부부는 항상 연몌/연메하며 등산을 한다._29
9. 퉁소, 나발, 피리 따위 관악기의 소리를 흉내 낸 소리를 늴리리/닐리리라고 한다._29
10. 순철이는 덕산에서 태어났고 천생 여자/녀자이다._30
11. 사회적 지위나 권리에 있어 남자를 여자보다 우대하고 존중하는 일을 남존여비/남존녀비라고 한다._32
12. 새내기들은 역사/력사 의식을 고취해야 한다._32
13. 쌍룡/쌍용은 한 쌍의 용을 의미한다._33
14. 농구에서 자유투 성공률/성공율을 높여야 주축 선수가 된다._33
15. 가는 봄의 경치를 뜻하는 말을 낙화유수/낙화류수라고 한다._34
16. 경기도 구리시에 있는 조선시대의 아홉 능을 동구릉/동구능이라고 한다._37
17. 실낙원/실락원이란 작품은 영국 시인 밀턴이 지은 작품이다._39
18. 그 집 아들들은 모두가 밋밋하고/민밋하고 훤칠하여 보는 사람을 시원스럽게 해 준다._40
19. 김 중사의 두 눈에 조금씩 흰자위가 늘어나는/느러나는 것 같았다._42
20. 아니, 이게 뉘시오/뉘시요._48
21. '예, 아니요/아니오'로 대답하시오._50
22. 왕자는 마법에 걸려 야수가 되었다/돼었다._50

23. 집사람은 김치를 직접 담가/담궈 먹는다._51
24. 친구에게 문제 푸는 방식에 대해 묻다/물다._52
25. '썰다'의 명사형에 대하여 알아보자._53
26. 목이 붓는 병을 목거리/목걸이라고 한다._55
27. 그 남자는 귀머거리/귀먹어리처럼 행동하고 있다._56
28. 비에 젖은 꼬락서니/꼴악서니가 가관이다._57
29. 그는 어머니를 생각하며 굵다란/굵따란 눈물을 뚝뚝 흘렸다._58
30. 작은 문 옆에 차가 드나들 수 있을 만큼 널따란/넓다란 문이 나 있다._61
31. 철봉을 하듯 몸을 솟구어/솓구어 창틈을 붙잡고 지붕으로 올라가려다가……_64
32. 군마는 적들이 엉덩짝 살을 도려/돌여 가서 피가 낭자하게 땅을 적셨고…_65
33. 우리집 바깥양반은 배불뚝이/배불뚜기로 변했다._67
34. 뻐꾸기/뻐꾹이는 음력 유월이 한창 활동할 시기이다._67
35. 어깨가 들먹이고/들머기고 있는 것으로 보아 아직 살아 있는 것이 분명했다._69
36. 그들은 다리가 폭파되었다는 사실을 자기들 눈으로 보기 전에는 도저히/도저이 믿을 수 없었다._70
37. 모든 보험에 가입할 때 반드시 계약서를 꼼꼼히/꼼꼼이 읽으십시오._71
38. 그녀는 만년필을 반드시/반듯이 구입해야 한다고 한다._72
39. 모진 돌들은 더펄이의 장딴지며, 넓적다리, 엉덩이까지 그대로 엎눌렀다/업눌렀다._72
40. 그는 며칠/몇일 동안 도대체 아무 말이 없었다._75
41. 그녀는 덧니/덧이가 드러나게 웃고 있다._76
42. 불을 켜서 붙이자, 어디선가 부나비/불나비 한 마리가 기다리고 있기라도 했던 듯 붕 날아와서 남포등 유리에 머리를 부딪치고 떨어져서…_77
43. 그는 다음 달 사흗날/사흘날에 돌아오겠다는 말을 뒤로 하고 떠났다._79
44. 옷 따위에 잡은 주름을 잘주름/잔주름이라고 한다._80
45. 그 녀석의 속마음은 우렁잇속/우렁이속 같아서 뭐가 뭔지 알 수가 없다._81
46. 친구의 가족은 전셋집/전세집에 살고 있었다._82
47. 감정이 격해지면 술잔 기울이는 횟수/회수도 잦아진다._85
48. 우리 아이들은 피자집/피잣집에서 모임을 하였다._87
49. 종자 볍씨/벼씨를 담갔다가 하늘이 비 내려 주기만 고대하며 끈기 있게 기다리다가…_88
50. 질린 듯 상기되어 있는 얼굴 위로 머리카락/머리가락 몇 올이 흘러내려 있었다._89
51. 경찰에서도 세종대왕을 만만찮은/만만잖은 놈으로 찍고 있었다._90

차례

52. 성공에는 남다른 노력과 견디기 어려운 시련이 적잖았다/적찮았다._*91*

53. 궂은 비 내리는 이 밤도 애절쿠려/애절구려._*91*

54. 나는 그가 그렇게 말을 해도 거북지/거북치 않다._*92*

55. 그는 전차에서 내리면서 발을 헛딛고서 하마터면/하마트면 넘어질 뻔했다._*92*

56. 학생들이 학교에서만이라도/학교에서∨만이라도/학교에서만∨이라도 공부를 했으면 좋겠다._*94*

57. 기말고사 시험 범위는 여기서부터입니다/여기서부터∨입니다/여기서∨부터∨입니다/여기서∨부터입니다._*95*

58. 배하고/배∨하고 사과하고/사과∨하고 감을 가져오너라._*96*

59. 부모와 자식∨간/자식간에도 예의를 지켜야 한다._*97*

60. 눈같이/눈∨같이 흰 박꽃을 보았다._*100*

61. 방 안은 숨소리가 들릴∨만큼/들릴만큼 조용했다._*100*

62. 사법 고시는 예상한∨대로/예상한대로 항상 어렵다._*100*

63. 그는 편지는커녕 제 이름조차/이름∨조차 못 쓴다._*101*

64. 비행∨시/비행시에는 휴대 전화를 사용하면 안 된다._*101*

65. 정해진 기간∨내/기간내에 보고서를 제출해야 한다._*102*

66. 듣고 보니 좋아할∨만은/좋아할만은 한 이야기이다._*102*

67. 모두들 구경만 할∨뿐/할뿐 누구 하나 거드는 이가 없었다._*103*

68. 예전에 가 본∨데가/본데가 어디쯤인지 모르겠다._*103*

69. 십오∨년여/십오∨년∨여의 세월이 흘렀다._*104*

70. 올해는 십오∨일간/십오∨일∨간 눈이 내렸다._*106*

71. 기말 고사는 제일∨편/제일편에서 출제하도록 하겠다._*106*

72. 하루∨내지/하루내지 이틀만 기다려 보아라._*107*

73. 좀∨더∨큰∨집/좀더∨큰집에 살았으면 하는 것이 우리의 마음이다._*108*

74. 그 사람은 잘 아는∨척한다/아는척한다._*108*

75. 오늘은 하늘을 보니 비가 올∨듯도∨싶다/올∨듯도싶다._*109*

76. 송재관∨씨/송재관씨가 여기에 계십니까?_*110*

77. 최∨씨/최씨가 그 일을 했다고 합니다._*111*

78. 김씨/김∨씨들은 다 그러니?_*111*

79. 그의 곁으로 가까이/가까히 다가갔다._*112*

80. 기쁨과 노여움과 슬픔과 즐거움을 아울러 이르는 말을 희로애락/희노애락이라고 한다._*113*

81. 수정이가 너보다 키가 더 클걸/껄?_*113*

차례

82. 우리 동네 개울에서 고기를 잡을까?/잡을가?_*114*
83. 선녀와 나무꾼/나무군/나뭇꾼을 아시나요._*115*
84. 그 아이는 두 살배기/두 살박이 치고는 엄청 영리하다._*116*
85. 2010년 겨울은 몹시 춥더라/춥드라._*117*

문장부호_119

1. '꺼진 불도 다시 보자/꺼진 불도 다시 보자.'_*119*
2. 철수네 강아지가 가출(?)/(!)을 했다고 하여 찾는 중이다._*119*
3. '그리고/그리고,' 최근 혁신도시 건설 사업의 지연 및 중단 우려……._*120*
4. '검사, 감독/검사·감독'의 결과와 관련하여_*121*
5. 자문회의 '장소:∨/장소∨:∨'는 도청 5층 대회의실입니다._*121*
6. 최근 독감 의심 환자의 1/2 가량은 바이러스 감염으로 보인다._*122*
7. 공정거래위원회의 "경품류 제공에 관한 불공정거래행위의 유형 및 기준지정 고시(제2009-11호)" '라고/고' 경고._*122*
8. 12월은 '『에너지 절약』/"에너지 절약"'의 달입니다._*122*
9. 길동이 아버지의 나이'[年歲]/(年歲)'는 희수(喜壽)가 되었다._*123*
10. 2010년 1월 11일 '~/-' 2010년 12월 30일까지 국책과제를 진행해야 한다._*123*
11. 너는 오늘도 놀거니'……/….'_*124*

표준어 규정_125

1. 그는 물려받은 재산을 모두 털어먹었다/떨어먹었다._*125*
2. 옆집은 학생들에게 사글세/삭월세를 주었다._*126*
3. 해가 막 떨어진 뒤라 그런지 그녀의 웃음이 적이/저으기 붉게 보였다._*126*
4. 생일 주기를 돌/돐이라고 한다._*127*
5. 앞에서 열두째/열둘째 앉아 있는 사람은 일어나십시오._*128*
6. 이 자리를 빌려/빌어 심심한 감사를 표합니다._*128*
7. 눈이 내린 뒤에 수꿩/수퀑/숫꿩을 잡으로 산으로 갔다._*129*

차례

8. 음식점에서 수퇘지/수돼지는 팔지 않는다._129
9. 우리 집에는 숫염소/수염소 5마리를 키우고 있다._130
10. 나의 친구 재관이는 늦둥이/늦동이로 아들을 낳았다._130
11. 우리 동네는 부조/부주 하는 것을 관습으로 하고 있다._131
12. 명수는 시골내기/시골나기로 유명하게 된 사람이다._131
13. 아기/애기야 가자._132
14. 우리는 으레/의례 그럴 거라고 생각했다._132
15. 애들을 너무 나무라지/나무래지 마십시오._133
16. 그는 윗머리/웃머리를 손가락으로 빗어 넘겼다._134
17. 그의 집 위층/윗층으로 올라오십시오._135
18. 그 사람은 잘못 알고 아래쪽이 아니고 위쪽/윗쪽으로 올라왔다._135
19. 웃어른/윗어른의 말씀은 잘 새겨들어야 한다._136
20. 저기서 능구렁이가 똬리/또아리를 틀고 있었다._136
21. 사람의 국부와 항문을 씻는 대야를 뒷물대야/뒷대야라고 한다._137
22. 청주에 머물게/머무르게 되면 전화를 주세요._138
23. 여름에는 천장/천정에 파리가 붙어 있는 것을 종종 볼 수 있다._139
24. 어머니는 검은콩을 서∨말/세∨말 샀다._140
25. 아침을 '이제 막 먹으려고/먹을려고 합니다.'라고 말을 한다._140
26. 웅덩이에 물이 괴어/고이어 지나가는 사람이 다쳤다._141
27. 그는 졸려서 거슴츠레/게슴츠레한 눈을 비비고 있었다._142
28. 오동나무/머귀나무로 거문고를 만든다는 말을 들었다._143
29. 세탁기로 더러운 옷을 빨아 말린 옷을 마른빨래/건빨래라고 한다._144
30. 우리들은 자장면을 먹을 때 양파/둥근파가 있어야 한다._145
31. 포장마차에 가면 서비스로 멍게/우렁쉥이를 한 접시 준다._147
32. 서희는 귀밑머리/귓머리를 남은 머리에 모아서 머리채를 앞으로 넘겨 다시 세 가닥으로 갈라땋는다._148
33. 재떨이에는 니코틴을 잔뜩 머금은 담배꽁초/담배꽁추/담배꼬투리/담배꽁치가 수북이 쌓여 있었다._149
34. 자기의 책임을 남에게 넘기는 것을 안다미씌우다/안다미시키다라고 한다._150
35. 그렇게 게을러빠져서/게을러터져서 무슨 일을 할 수 있겠니?_151
36. 울타리에 넝쿨/덩굴/덩쿨을 올려 심은 애호박도 따고, 그 밑을 파고 몇 포기 심어서 열은 가지도 따고…_152
37. 그는 여자에게 자리를 양보하고 멀찌감치/멀찌가니/멀찍이 물러앉았다._153

차례

38. 우리는 뒷산의 가파른 언덕바지/언덕배기/언덕빼기로 올라갔다._155
39. 내가 설령 천하에 다시 없는 불한당이요, 오사리잡놈/오색잡놈이며, 불효막심한 자식이라 할지라도…._156

표준 발음_159

1. 어머니는 보리차를 병:(甁)에 부어 냉장고에 넣었다./그는 한 달 동안 병:(病)을 심하게 앓더니 얼굴이 반쪽이 되었다._159
2. 정:(丁)약용의 호는 다산이다./정:(鄭)몽주의 호는 포은이다._159
3. 어쩐지 그의 행동을 실수로 보아(봐:) 줄 수가 없었다./이 사태를 적당히 보아(봐:) 넘길 수는 없다._160
4. 못을 박다가 망치로 손을 쳐(치어) 손이 퉁퉁 부었다./할머니가 위독하시다고 전보를 쳐라(치어라)._161
5. 나는 신이 있다[읻따]고 믿는다./날지 못하는 새도 있다[읻따]._161
6. 선각자들의 넋과[넉꽈] 얼을 이어받자./유관순 누나의 넋과[넉꽈] 혼을 학생들에게 알려주었다._162
7. 그녀는 살며시 즈려밟고[즈려밥꼬] 어디론가 사라졌다./위에서 내리눌러 밟는 것을 지르밟다[밥따]라고 한다._162
8. 저녁을 먹지 않은[아는] 학생이 없다./전공 책을 보지 않은[아는] 사람이 없을 것이다._163
9. 그녀는 우스갯소리를 곧이듣다[고지듣따]./네 허황된 말을 곧이듣다[고지듣따]니 내가 잘못이다._163
10. 교자상이 몫몫이[몽목씨] 나와서 주전자를 든 아이들은 손님 사이를 간신히 비비고 다닌다./있는 재산 몫몫이[몽목씨] 나눠서 저울에 달아도 안 틀리게 갈라 줘도 뭣한 마당에…._164
11. 옻 맞추다[온마추다]의 발음은 어떻게 할까?_165
12. 학생들이 줄넘기[줄럼끼] 놀이를 아주 잘하고 있다./줄넘기[줄럼끼]를 하면 건강에 엄청 좋다._165
13. 정부에서는 공권력[공꿘녁]을 투입했다./경찰은 공권력[공꿘녁]을 행사하였다._165
14. 집 밖에서 죽은 사람의 넋을 위로하고 집으로 데려오기 위하여 하는 앉은굿을 넋받이[넉빠지]라고 한다._166
15. 흥선을 비범한 인물로 알기는 알았으나 이다지 불세출[불쎄출]의 포부를 가진 줄은 과연 몰랐다./그보다 더 불세출[불쎄출]한 사람을 역사에서 찾아내기도 어렵다._166
16. 철수는 공부를 열심히 할 듯하다[할뜨타다]./기차가 연착할 듯하다[할뜨타다]._167
17. 밀밭[밀받]만 지나가도 취한다./옛날에 밀밭[밀받]에서 놀다가 주인에게 꾸중을 들었다._167
18. 중학교 때 국민윤리[궁민뉼리] 과목을 들었다./국민윤리[궁민뉼리]는 학생들에게 꼭 필요하다._168
19. 창문으로 따사로운 봄 햇살[해쌀]이 비껴 들어왔다./햇살[해쌀]에 반짝이는 물줄기 속으로 아버지의 옛 모습이 떠올랐다._168
20. 눈물은 추적추적 끝없이 베갯잇[베갠닏]을 적셨다./어머니께서는 깨끗한 베갯잇[베갠닏]을 사오셨다._169

차례

그 밖에 틀리기 쉬운 것_170

Ⅱ. 국어 어문 규정_207

한글 맞춤법_211

제1장 총칙_*211*
제2장 자모_*212*
제3장 소리에 관한 것_*215*
제1절 된소리_*215*
제2절 구개음화_*216*
제3절 'ㄷ' 소리 받침_*217*
제4절 모음_*217*
제5절 두음 법칙_*218*
제6절 겹쳐 나는 소리_*220*
제4장 형태에 관한 것_*221*
제1절 체언과 조사_*221*
제2절 어간과 어미_*221*
제3절 접미사가 붙어서 된 말_*224*
제4절 합성어 및 접두사가 붙은 말_*228*
제5절 준말_*230*
제5장 띄어쓰기_*232*
제1절 조사_*232*
제2절 의존 명사, 단위를 나타내는 명사 및 열거하는 말 등_*232*
제3절 보조 용언_*233*
제4절 고유 명사 및 전문 용어_*233*
제6장 그 밖의 것_*233*
부록 문장부호_*239*

차례

표준어 규정_247

제1부 표준어 사정 원칙_247

제1장 총칙_247

제2장 발음 변화에 따른 표준어 규정_247

제1절 자음_247

제2절 모음_249

제3절 준말_252

제4절 단수 표준어_253

제5절 복수 표준어_254

제3장 어휘 선택의 변화에 따른 표준어 규정_254

제1절 고어_254

제2절 한자어_255

제3절 방언_256

제4절 단수 표준어_256

제5절 복수 표준어_257

제2부 표준 발음법_260

제1장 총칙_260

제2장 자음과 모음_261

제3장 소리의 길이_267

제4장 받침의 발음_269

제5장 소리의 동화_276

제6장 된소리되기_280

제7장 소리의 첨가_284

참고문헌_287

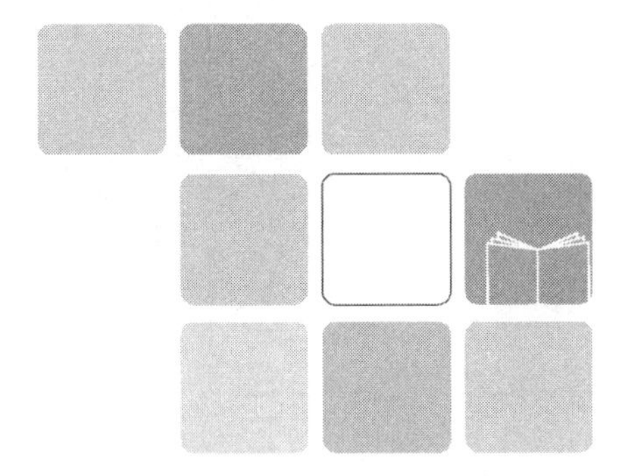

Ⅰ. 알쏭달쏭한 우리말글의 실례

- 한글 맞춤법_15
- 문장부호_119
- 표준어 규정_125
- 표준 발음_159
- 그 밖에 틀리기 쉬운 것_170

Ⅰ. 알쏭달쏭한 우리말글의 실례

한글 맞춤법

1. 시원한 바람을 맞으니 기분이 산뜻해지는/산듯해지는 듯하다.

'산뜻하다'는 형용사로서, '기분이나 느낌이 깨끗하고 시원하다.', '보기에 시원스럽고 말쑥하다.' 등의 뜻이다. 예를 들면, '오늘은 기분이 산뜻하다.', '한숨 자고 나니 몸이 아주 산뜻하다.', '머리를 깎으니 모습이 아주 산뜻해 보이는군요.' 등이 있다.

한글 맞춤법 제5항 한 단어 안에서 뚜렷한 까닭 없이 나는 된소리는 다음 음절의 첫소리를 된소리로 적는다. 그리고 한글 맞춤법 제5항 1에서 두 모음 사이에서 나는 된소리는 된소리로 적어야 한다. 예를 들면, '오빠, 으뜸, 기쁘다, 해쓱하다, 거꾸로, 이따금' 등이 있다. 그러므로 '산뜻해지는'으로 적어야 한다.

자음 체계에 대하여 알아보겠다.

자음(子音, consonant)은 '목, 입, 혀 따위의 발음 기관에 의하여 장애를 받으면서 나는 소리'이다. 발음 기관(發音器官)은 '음성을 내는 데 쓰는 신체의 각 부분'이다. '성대, 목젖, 구개, 이, 잇몸, 혀' 따위가 있다.

자음은 '조음 위치'와 '조음 방법'에 따라서 분류할 수 있다.

조음 방법(調音方法)은 '자음이 만들어질 때 공기의 흐름이 장애를 받는 방법'을 말하고, 조음 위치(調音位置)는 '자음이 만들어질 때 공기의 흐름이 장애를 받는 위치'를 일컫는다.

조음 방법에 대하여 알아보겠다.

유성음(有聲音)은 '발음할 때, 목청이 떨려 울리는 소리'이다. 국어의 모든 모음이 이에 속하며, 자음 'ㄴ, ㄹ, ㅁ, ㅇ' 따위가 있다. '목청울림소리, 울림소리, 탁음(濁音), 흐린소리'라고도 한다.

무성음(無聲音)은 '성대(聲帶)를 진동시키지 않고 내는 소리'이다. 'ㄱ, ㄷ, ㅂ, ㅅ, ㅈ, ㅊ, ㅋ, ㅌ, ㅍ, ㅎ, ㄲ, ㄸ, ㅃ, ㅆ, ㅉ' 등이 있다. '맑은소리, 안울림소리, 양성(陽聲), 청음(淸音)'이라고도 한다.

파열음(破裂音)은 '폐에서 나오는 공기를 일단 막았다가 그 막은 자리를 터뜨리면서 내는 소리'이다. 'ㅂ, ㅃ, ㅍ, ㄷ, ㄸ, ㅌ, ㄱ, ㄲ, ㅋ' 따위가 있다. '닫음소리, 정지음, 터짐소리, 폐색음, 폐쇄음'이라고도 한다.

파찰음(破擦音)은 '파열음과 마찰음의 두 가지 성질을 다 가지는 소리'이다. 'ㅈ, ㅉ, ㅊ' 따위가 있다. '붙갈이소리'라고도 한다.

마찰음(摩擦音)은 '입안이나 목청 따위의 조음 기관이 좁혀진 사이로 공기가 비집고 나오면서 마찰하여 나는 소리'이다. 'ㅅ, ㅆ, ㅎ' 따위가 있다. '갈이소리'라고도 한다.

비음(鼻音)은 '입안의 통로를 막고 코로 공기를 내보내면서 내는 소리'이다. 'ㄴ, ㅁ, ㅇ' 따위가 있다. '콧소리, 통비음(通鼻音)'이라고도 한다.

유음(流音)은 '혀끝을 잇몸에 가볍게 대었다가 떼거나, 잇몸에 댄 채 공기를 그 양옆으로 흘려보내면서 내는 소리'이다. 'ㄹ' 따위이다. '흐름소리'라고도 한다.

예사소리(例事--)는 '구강 내부의 기압 및 발음 기관의 긴장도가 낮아 약하게 파열되는 음'을 말한다. 'ㄱ, ㄷ, ㅂ, ㅅ, ㅈ' 따위를 이른다. '연음(軟音), 평음'이라고도 한다.

된소리는 '후두(喉頭) 근육을 긴장하거나 성문(聲門)을 폐쇄하여 내는 음'을 말한다. 'ㄲ, ㄸ, ㅃ, ㅆ, ㅉ' 따위의 소리이다. '경음(硬音), 농음(濃音)'이라고도 한다.

거센소리는 '숨이 거세게 나오는 파열음'을 일컫는다. 'ㅊ, ㅋ, ㅌ, ㅍ' 따위가 있다. '격음(激音), 기음(氣音), 대기음, 유기음(有氣音)'이라고도 한다.

조음 위치에 대하여 알아보겠다.

양순음(兩脣音)은 '두 입술 사이에서 나는 소리'이다. 'ㅂ, ㅃ, ㅍ, ㅁ'이 여기에 해당한다. '순성(脣聲), 순음(脣音), 순중음, 입술소리'라고도 한다.

치조음(齒槽音)은 '혀끝과 잇몸 사이에서 나는 소리'이다. 'ㄷ, ㅌ, ㄸ, ㄴ, ㄹ' 따위가 있다. '잇몸소리, 치은음, 치경음'이라고도 한다.

경구개음(硬口蓋音)은 '혓바닥과 경구개 사이에서 나는 소리'이다. 'ㅈ, ㅉ, ㅊ' 따위가 있다. '구개음, 상악성, 상악음, 센입천장소리, 입천장소리, 전구개음'이라고도 한다.

연구개음(軟口蓋音)은 '혀의 뒷부분과 연구개 사이에서 나는 소리'이다. 'ㅇ, ㄱ, ㅋ, ㄲ' 따위가 있다. '뒤혓바닥소리, 여린입천장소리, 후구개음, 후설음'이라고도 한다.

후음(喉音)은 '목구멍, 즉 인두의 벽과 혀뿌리를 마찰하여 내는 소리'이다. '목소리, 목청소리, 성대음, 성문음, 성문 폐쇄음, 후두음'이라고도 한다.

<자음 체계(子音體系)>

조음 방법 \ 조음 위치			양순음 (윗입술/아랫입술)	치조음 (윗잇몸/혀끝)	경구개음 (센입천장/앞혓바닥)	연구개음 (여린입천장/뒤혓바닥)	후음 (인두벽/혀뿌리)
안울림 소리 [無聲音]	파열음 (破裂音)	예사소리	ㅂ	ㄷ		ㄱ	
		된 소 리	ㅃ	ㄸ		ㄲ	
		거센소리	ㅍ	ㅌ		ㅋ	
	파찰음 (破擦音)	예사소리			ㅈ		
		된 소 리			ㅉ		
		거센소리			ㅊ		
	마찰음 (摩擦音)	예사소리		ㅅ			ㅎ
		된 소 리		ㅆ			
울림 소리 [有聲音]	비음(鼻音)		ㅁ	ㄴ		ㅇ	
	유음(流音)			ㄹ			

모음 체계에 대하여 알아보겠다.

모음(母音, vowel)은 '성대의 진동을 받은 소리가 목, 입, 코를 거쳐 나오면서, 그 통로가 좁아지거나 완전히 막히거나 하는 따위의 장애를 받지 않고 나는 소리'이며, 'ㅏ, ㅑ, ㅓ, ㅕ, ㅗ, ㅛ, ㅜ, ㅠ, ㅡ, ㅣ', 'ㅑ, ㅕ, ㅛ, ㅠ, ㅒ, ㅖ, ㅘ, ㅙ, ㅝ, ㅞ, ㅢ' 따위가 있다. 공깃길의 모양을 바꾸지 않고 내는 모음을 홑홀소리[單母音, monophthong]라 하며, 소리 나는 동안에 혀가 움직이거나 입술의 모양이 바뀌어야 낼 수 있는 소리를 겹홀소리[二重母音, diphthong]라고 한다. 모음의 소릿값을 결정하는 데는 '혀의 높낮이', '혀의 전후 위치', '입술 모양' 등이 관여한다.

혀의 높낮이에 대하여 알아보겠다.

고모음(高母音)은 '입을 조금 열고, 혀의 위치를 높여서 발음하는 모음'이다. 'ㅣ, ㅟ, ㅡ, ㅜ' 따위가 있다. '높은홀소리, 닫은홀소리, 폐모음'이라고도 한다.

중모음(中母音)은 '입을 보통으로 열고 혀의 높이를 중간으로 하여 발음하는 모음'이다. 'ㅔ, ㅚ, ㅓ, ㅗ' 따위가 있다. '반높은홀소리'라고도 한다.

저모음(低母音)은 '입을 크게 벌리고 혀의 위치를 가장 낮추어서 발음하는 모음'이다. 'ㅐ, ㅏ' 따위가 있다. '개모음, 낮은홀소리, 연홀소리, 저위 모음'이라고도 한다.

혀의 전후 위치에 대하여 알아보겠다,

전설모음(前舌母音)은 '혀의 앞쪽에서 발음되는 모음(母音)'이다. 'ㅣ, ㅔ, ㅐ, ㅟ, ㅚ' 따위가 있다. '앞혀홀소리, 앞홀소리, 전모음'이라고도 한다.

중설모음(中舌母音)은 '혀의 가운데 면과 입천장 중앙부 사이에서 조음되는 모음'이다. 'ㅡ, ㅓ, ㅏ' 따위가 있다. '가온혀홀소리, 가운데홀소리, 혼합 모음'이라고도 한다.

후설모음(後舌母音)은 '혀의 뒤쪽과 여린입천장 사이에서 발음되는 모음'이다. 'ㅜ, ㅗ' 따위가 있다. '뒤혀홀소리, 뒤홀소리, 후모음'이라고도 한다.

입술 모양에 대하여 알아보겠다.

평순모음(平脣母音)은 '입술을 둥글게 오므리지 않고 발음하는 모음'이다. 'ㅣ, ㅡ, ㅓ, ㅏ, ㅐ, ㅔ' 따위가 있다. '안둥근홀소리'라고도 한다.

원순모음(圓脣母音)은 '입술을 둥글게 오므려 발음하는 모음'이다. 'ㅗ, ㅜ, ㅚ, ㅟ' 따위가 있다. '둥근홀소리'라고도 한다.

<모음 체계>

	전설모음(front)		중설모음(central)		후설모음(back)	
	평순(rounded)	원순(unrounded)	평순	원순	평순	원순
고모음(high)	ㅣ(i)	ㅟ(ü=y)	ㅡ(ɨ)			ㅜ(u)
중모음(mid)	ㅔ(e)	ㅚ(ö=ø)	ㅓ(ə)			ㅗ(o)
저모음(low)	ㅐ(ɛ)		ㅏ(a)			

2. 정미는 땅바닥에 털썩/털석 주저앉고 말았다.

'털썩'은 부사로서, '갑자기 힘없이 주저앉거나 쓰러지는 소리나 그 모양.', '크고 두툼한 물건이 갑자기 바닥에 떨어지는 소리나 그 모양.', '갑자기 심리적인 충격을 받아 놀라는 모양.', '크고 두툼한 물건이 세게 움직이거나 흔들리는 소리나 그 모양.' 등의 뜻이다.

예를 들면, '그는 술에 취해 비틀거리다 문 앞의 대소쿠리 위에 털썩 엉덩방아를 찧고 말았다.', '나는 피곤해져서 털썩 개울가에 주저앉았다.', '나는 잡풀 위에 털썩 주저앉았다.' 등이 있다.

한글 맞춤법 제5항 2에서 'ㄴ, ㄹ, ㅁ, ㅇ' 받침 뒤에서는 된소리로 적어야 한다. 한 개 형태소 내부의 유성음(有聲音) 뒤에서 나는 된소리는 된소리로 적는다. 예를 들면, '잔뜩, 살짝, 움찔, 엉뚱하다, 단짝, 번쩍, 물씬' 등이 있다. 그러므로 '털썩'으로 적어야 한다.

'잔뜩'은 '한도에 이를 때까지 가득.'의 뜻이다. 해결해야 할 서류가 책상 위에 잔뜩 쌓여 있다.

'살짝'은 '남의 눈을 피하여 재빠르게.'의 뜻이다. 그는 모임에서 살짝 빠져나갔다.

'움찔'은 '깜짝 놀라 갑자기 몸을 움츠리는 모양.'의 뜻이다. 철기는 제 목소리가 너무 커져 버린 것을 의식하고는 움찔 놀란다.

'엉뚱하다'는 '상식적으로 생각하는 것과 전혀 다르다.'라는 뜻이다. 그 사람은 모습과는 다르게 엉뚱한 데가 있다.

'단짝'은 '서로 뜻이 맞거나 매우 친하여 늘 함께 어울리는 사이나 그러한 친구.'의 뜻이다. 어떤 우연한 기회에 어울리게 된 그들은 그 무렵에는 단짝이 되어 학교생활을 거의 한 덩어리로 뒹굴며 지내고 있었다.

'번쩍'은 '큰 빛이 잠깐 나타났다가 사라지는 모양.'의 뜻이다. 먹이를 본 맹수처럼 순간적으로 그의 눈빛이 번쩍 빛났다.

'물씬'은 '코를 푹 찌르도록 매우 심한 냄새가 풍기는 모양.'의 뜻이다. 지린내와 오물 냄새에 섞여서 오뎅이며 떡볶이 냄새와 돼지비계 지지는 냄새가 코를 물씬 찔러 왔다.

부사에 대하여 알아보겠다.

부사(副詞)는 '용언 또는 다른 말 앞에 놓여 그 뜻을 분명하게 하는 품사'이다. 부사는 활용하지 못하고, '성분 부사'와 '문장 부사'로 나뉘며, '어찌씨, 억씨'라고도 한다.

성분 부사(成分副詞)는 '문장의 한 성분을 꾸며 주는 부사'이며, '성상 부사, 지시 부사, 부정 부사'로 나뉜다. '성상 부사(性狀副詞, 사람이나 사물의 모양, 상태, 성질을 한정하여 꾸미는 부사이다.)에는 '잘, 매우, 바로' 따위가 있다. '지시 부사(指示副詞, 처소나 시간을 가리켜 한정하거나 앞의 이야기에 나온 사실을 가리키는 부사이다.)에는 '이리, 그리, 내일, 오늘' 따위가 있다. '부정 부사(否定副詞, 용언의 앞에 놓여 그 내용을 부정하는 부사이다.)에는 '아니, 안, 못' 따위가 있다.

문장 부사(文章副詞)는 '문장 전체를 꾸미는 부사'이며, '양태 부사'와 '접속 부사'로 나뉜다. '양태 부사(樣態副詞, 화자(話者)의 태도를 나타내는 부사이다.)에는 '과연, 설마, 제발, 정말, 결코, 모름지기, 응당, 어찌' 따위가 있다. 접속 부사(接續副詞, 앞의 체언이나 문장의 뜻을 뒤의 체언이나 문장에 이어 주면서 뒤의 말을 꾸며 주는 부사이다.)에는 '그러나, 그런데, 그리고, 하지만' 따위가 있다.

3. 장모님께 사위는 넙죽/넙쭉 절을 하였다.

'넙죽'은 부사로서, '말대답을 하거나 무엇을 받아먹을 때 입을 너부죽하게 닁큼 벌렸다가 닫는 모양.', '몸을 바닥에 너부죽하게 대고 닁큼 엎드리는 모양.', '망설이거나 주저하지 않고 선뜻 행동하는 모양.' 등의 뜻이다. 예를 들면, '술을 주는 대로 넙죽 받아 마시다가 금세 취해 버렸다.', '청수는 용서해 달라고 빌며 바닥에 넙죽 엎드렸다.', '모자를 벗고 그 자리에서 넙죽 절을 했다.' 등이 있다.

한글 맞춤법 제5항 다만, 'ㄱ, ㅂ' 받침 뒤에서 나는 된소리는, 같은 음절이나 비슷한 음절이 겹쳐 나는 경우가 아니면 된소리로 적지 아니한다. 예를 들면, '국수, 깍두기, 색시, 법석, 갑자기, 꼭두각시, 작대기, 각시, 속삭속삭, 뜯게질, 숨바꼭질, 쭉정이' 등이다. 그러므로 '넙죽'으로 적어야 한다.

'꼭두각시'는 '꼭두각시놀음에 나오는 여러 가지 인형'을 말한다. 길상은 언젠가 탈바가지를 만들어 봉순네를 감탄케 했거니와 심심하면 나무든 흙이든 깎고 빚고 해서 꼭두각시를 만들어 보는 것은 그의 유일한 낙이었다.

'뜯게질'은 '해지고 낡아서 입지 못하게 된 옷이나 빨래할 옷의 솔기를 뜯어내는 일.'의 뜻이다. 그녀는 낡아서 입지 못하는 옷의 솔기를 뜯게질하였다.

'숨바꼭질'은 '아이들 놀이의 하나'이다. 여럿 가운데서 한 아이가 술래가 되어 숨은 사람을 찾아내는 것인데, 술래에게 들킨 아이가 다음 술래가 된다. 우리 동네 아이들은 숨바꼭질과 줄넘기를 즐겨 한다.

'쭉정이'는 '껍질만 있고 속에 알맹이가 들지 아니한 곡식이나 과

일 따위의 열매.'를 뜻한다. 금년 벼농사는 망쳐서 쭉정이가 반이다.

4. 사람들은 모여서 쑥덕거리는/쑥떡거리는 모습을 보면 답답하다.

'쑥덕거리다'는 동사로서, '남이 알아듣지 못하도록 낮은 목소리로 은밀하게 자꾸 이야기하다.'의 뜻이다. 예를 들면, '회의 시간에 남자들끼리 뭘 쑥덕거리더니 한 남자가 나서서 투표를 하자고 했다.', '두 오빠가 들어와 있기 때문에 하룻머릿골은 앞으로 시끄러운 큰 일이 벌어지게 될지도 모른다고 쑥덕거렸는데….' 등이 있다. 그러므로 '쑥덕거리는'으로 적어야 한다.

그러나 '똑똑(-하다), 씁쓸(-하다)'처럼 같은 음절이나 비슷한 음절이 거듭되는 경우에는 첫소리와 같은 글자로 적어야 한다.

5. 이제 양털 구름은 말짱히 걷혀/거쳐 버려 산마루 뒤로 물러앉아 있었다.

'걷히다'는 '걷다'의 피동사이다. '걷다'는 '걷어, 걷으니, 걷는'으로 활용되며, '구름이나 안개 따위가 흩어져 없어지다.'라는 뜻이다. 예를 들면, '온기를 받아 뿌옇게 서렸던 등피의 습기가 걷히며 방 안이 밝아 왔다.', '대운동회마저 지나고 나니 웅성대던 고을 거리는 장마 걷힌 뒤인 것처럼 갑자기 쓸쓸해졌다.' 등이 있다.

한글 맞춤법 제6항 'ㄷ' 받침 뒤에 종속적 관계를 가진 '-히-'가 올 적에는 그 'ㄷ'이 'ㅊ'으로 소리 나더라도 'ㄷ'으로 적는다. 예를 들면, '맏이, 해돋이, 굳이, 핥이다, 닫히다, 묻히다' 등이 있다. 그러므로 '걷혀'로 적어야 한다.

'맏이'는 '여러 형제자매 가운데서 제일 손위인 사람.'을 뜻한다. 아버지도 안 계신 데다가 내가 맏이이니 집에 의지할 장정 식구란

없는 셈이었다.

'해돋이'는 '해가 막 솟아오르는 때나 그런 현상.'을 일컫는다. 한결 짙어진 구름은 진홍으로, 하늘은 온통 불바다로 변해 간다. 장엄하고 화려한 해돋이의 의식이 시작되려는 것이다.

'굳이'는 '단단한 마음으로 굳게.'라는 뜻이다. 모든 풀, 온갖 나무가 모조리 눈을 굳이 감고 추위에 몸을 떨고 있을 즈음, 어떠한 자도 꽃을 찾을 리 없고….

'핥이다'는 '혀가 물체의 겉면에 살짝 닿으면서 지나가게 하다.'는 뜻이다. 아이들이 아이스크림을 하나씩 들고 핥으며 걸어간다.

'닫히다'는 '열린 문짝, 뚜껑, 서랍 따위를 도로 제자리로 가게 하여 막다.'라는 뜻이다. 방문을 닫고 다녀라.

'묻히다'는 '일을 드러내지 아니하고 속 깊이 숨기어 감추다.'라는 뜻이다. 아우는 형의 말을 비밀로 묻어 두었다.

보충 설명하면, "①명사 밑에 붙는 '조사'로서 'ㅣ': 맏이, 끝이, 밭이, 뭍이, ②용언(형용사)을 부사로 바꾸는 접미사 'ㅣ': 굳이, 같이, ③용언(동사)을 명사로 바꾸는 접미사 'ㅣ': 해돋이, 땀받이, ④용언(동사)을 사동 혹은 피동으로 만드는 선어말어미 '이'나 '히': 핥이다(핥음)" 등이 있다.

한편, 명사 '맏이[마지, 昆]'를 '마지'로 적자는 의견이 있었으나 '맏-아들, 맏손자, 맏형' 등을 통하여 '태어난 차례의 첫 번'이란 뜻을 나타내는 형태소가 '맏' 임을 인정하여 '맏이'로 적기로 하였다.

'거치다'는 '거치어(거쳐), 거치니'로 활용된다. '무엇에 걸리거나 막히다.', '마음에 거리끼거나 꺼리다.' 등의 뜻이다. 예를 들면, '대구를 거쳐 부산으로 가다.', '어떤 과정이나 단계를 겪거나 밟다.', '학생들은 초등학교부터 중학교, 고등학교를 거쳐 대학에 입학하게 된다.' 등이 있다.

조사에 대하여 알아보겠다.

조사(助詞, postpositional word)는 기능에 따라 '격 조사, 보조사, 접속 조사'로 나뉘며, 주로 자립 형태소 뒤에 결합하여 문법적 관계를 나타내거나(격 조사, 格助詞), 특별한 뜻을 더해주거나(보조사, 補助詞), 두 단어를 같은 자격으로 이어주는(접속 조사, 接續助詞) 단어들의 집합을 말한다.

격 조사(格助詞)는 '한 문장에서 선행하는 체언(體言)이나 용언(用言)의 명사형으로 하여금 일정한 자격(문장 성분)을 가지도록 해주는 조사'이다. 즉 체언과 다른 말과의 관계를 나타내는 조사를 격 조사(格助詞)라 한다. 격 조사에는 '주격, 서술격, 목적격, 보격, 관형격, 부사격, 호격 조사' 등이 있다.

접속 조사(接續助詞)는 '둘 이상의 단어나 문장을 대등한 자격으로 이어주는 기능을 하는 조사'로 '와/과, 에(다), 하고, (이)며, (이)랑' 등이 있다.

보조사(補助詞)는 '선행하는 체언을 일정한 격으로 규정하지 않고 여러 격에 두루 쓰이면서, 그것에 어떤 특정한 뜻을 더해주는 조사'를 말한다.

조사: ① 격 조사: 주격조사: 이/가
보격조사: 이/가
목적격(대격)조사: 을/를
서술격조사: 이다
관형격(속격, 소유격)조사: 의
부사격(처격, 구격, 여격, 공동격, 인용격 등)조사: 에, 에서, 에게, 한테, 더러, 로서, 로써
독립격(호격)조사: 아/야, 이여
② 보조사: 부터, 까지, 은/는, (이)나, (이)나마, 도, (이)든지,

(이)라도, 마다, 마저, 만, 야(말로), 조차, (은/는)커녕

③ 접속조사: 와, 과, 하고, (이)랑

'선어말 어미(先語末語尾)'는 '어말 어미 앞에 나타나는 어미'이다. '-시-', '-옵-' 따위와 같이 높임법에 관한 것과 '-았-', '-는-', '-더-', '-겠-' 따위와 같이 시상(時相)에 관한 것이 있다.

'형태소(形態素)'는 '뜻을 가진 가장 작은 말의 단위.'를 말한다. '이야기책'의 '이야기', '책' 따위이다. 그리고 문법적 또는 관계적인 뜻만을 나타내는 '단어'나 '단어 성분'을 뜻한다.

6. 성묘갈 때는 돗자리/돋자리를 꼭 지참하여야 한다.

'돗자리'는 '왕골이나 골풀의 줄기를 재료로 하여 만든 자리'를 일컫는다. 줄기를 잘게 쪼개서 만들기 때문에 발이 가늘다. '골풀자리, 석자(席子), 석천(席薦)'이라고도 한다. 예를 들면, '돗자리를 깔다.', '고학년일수록 수업 중에는 조는 학생이 많았는데 그들 또한 밤이 깊도록 장에 내다 새끼를 꼬거나 돗자리나 멍석을 뜬 학생들이었다.' 등이 있다.

한글 맞춤법 제7항 'ㄷ'소리로 나는 받침 중에서 'ㄷ'으로 적을 근거가 없는 것은 'ㅅ'으로 적는다. 예를 들면, '엇셈, 웃어른, 핫옷, 무릇, 사뭇, 얼핏' 등이 있다. 그러므로 '돗자리'로 적어야 한다.

'엇셈'은 '서로 주고받을 것을 비겨 없애는 셈.'의 뜻이다. 외상값 대신에 고구마 엇셈을 했다.

'핫옷'은 '솜옷'과 같다. 옷이라는 건…솜뭉치가 비어 나오는 핫옷이다.

'무릇'은 '대체로 헤아려 생각하건대.'라는 뜻이다. 무릇 실패는 성공의 어머니이니 너무 실망하지 마라.

'사뭇'은 '거리낌 없이 마구.'의 뜻이다. 그는 선생님 앞에서 사뭇 술을 마셨다.

'얼핏'은 '생각이나 기억 따위가 문득 떠오르는 모양.'의 뜻이며, '언뜻'과 같다. 먼 데서라도 얼핏 그림자만 뵈면 그게 자기네 소라는 걸 알 수 있을 것을….

보충 설명하면, 'ㄷ' 소리로 나는 받침 'ㅅ, ㅆ, ㅈ, ㅊ, ㅌ' 등이 음절 끝소리로 발음될 때에 [ㄷ]으로 실현되는 것을 말한다. 이 받침들은 뒤에 형식 형태소의 모음이 결합될 경우에는 제 소리 값대로 뒤 음절 첫소리로 내리어져 발음되지만, 단어의 끝이나 자음 앞에서 음절 말음으로 실현된 때에는 모두 [ㄷ]으로 발음된다.

'ㄷ'으로 적을 근거가 없는 것은 그 형태소가 'ㄷ' 받침을 가지지 않은 것을 말한다. 예를 들면, '갓-스물, 걸핏-하면, 그-까짓, 기껏, 놋-그릇, 덧-셈, 짓-밟다, 풋-고추, 햇-곡식' 등이 있다.

'걷-잡다(거두어 잡다), 곧-장(똑바로 곧게), 낟-가리(낟알이 붙은 곡식을 쌓은 더미), 돋-보다(도두 보다)' 등은 본디 'ㄷ' 받침을 가지고 있는 것으로 분석되고, '반짇-고리, 사흗-날, 숟-가락' 등은 'ㄹ' 받침이 'ㄷ'으로 바뀐 것으로 설명될 수 있다.

'걷잡다'는 '한 방향으로 치우쳐 흘러가는 형세 따위를 붙들어 잡다.'의 뜻이다. 불길이 걷잡을 수 없이 번져 나갔다.

'곧장'은 '옆길로 빠지지 아니하고 곧바로.'의 뜻이다. 포탄의 방향을 보니 곧장 우리 쪽으로 옵니다.

'낟가리'는 '낟알이 붙은 곡식을 그대로 쌓은 더미.'를 의미한다. 추수가 시작되었는지 낟가리가 묶여서 논두렁에 일렬로 늘어놓아져 있었다.

'돋보다'는 '도두보다'의 준말이다. '실상보다 좋게 보다.'의 뜻이다. 첫인상만 생각하고 사람을 도두보면 나중에 실망하기 십상이다.

7. 그는 바쁘다는 핑계/핑게로 모임에 참석하지 않았다.

'핑계'는 '내키지 아니하는 사태를 피하거나 사실을 감추려고 방패막이가 되는 다른 일을 내세움.', '잘못한 일에 대하여 이리저리 돌려 말하는 구차한 변명.'이라는 뜻이다. 예를 들면, '그녀는 늘 핑계를 대면서 너스레를 떤다.', '자꾸 핑계만 대지 말고 묻는 말에나 대답해.' 등이 있다.

한글 맞춤법 제8항 '계, 례, 몌, 폐, 혜'의 'ㅖ'는 'ㅔ'로 소리 나는 경우가 있더라도 'ㅖ'로 적는다. 예를 들면, '사례, 폐품' 등이 있다. 그러므로 '핑계'로 적어야 한다.

'사례(事例)'는 '어떤 일이 전에 실제로 일어난 예.'의 뜻이다. 이런 사례는 없었기 때문에 어떻게 처리해야 할지 모르겠다.

다만, 한자어(漢字語) '게(偈), 게(揭), 게(憩)'는 본음인 'ㅔ'로 적기로 하였다. 예를 들면, '게송(偈頌), 게시판(揭示板), 휴게실(休憩室), 게구(揭句), 게기(揭記), 게방(揭榜), 게양(揭揚), 게재(揭載), 게판(揭板)' 등이 있다.

'게송'은 '부처의 공덕이나 가르침을 찬탄하는 노래.'를 일컫는다. '게구'는 '부처의 공덕이나 가르침을 찬탄하는 노래인 가타(伽陀)의 글귀.'를 말한다. 네 구(句)를 한 게(偈)로, 다섯 자나 일곱 자를 한 구로 하여 한시(漢詩)처럼 짓는다.

'게기'는 '기록하여 내어 붙이거나 걸어 두어서 여러 사람이 보게 함.'의 뜻이다. '게방'은 '여러 사람이 볼 수 있도록 글을 써서 내다 붙임.'의 뜻이다. '게재'는 '글이나 그림 따위를 신문이나 잡지 따위에 실음.'의 뜻이다. '게판'은 '시문(詩文)을 새겨 누각에 걸어 두는 나무 판.'을 일컫는다.

8. 그 부부는 항상 연몌/연메하며 등산을 한다.

'연몌(連袂/聯袂)'는 '나란히 서서 함께 가거나 옴이나, 행동을 같이함'을 뜻한다. 예를 들면, '그들이 공부 잘하는 것은 항상 연몌하고 있기 때문이다.', '철수와 민주는 늘 연몌하여 약속 장소에 온다.' 등이 있다.

한글 맞춤법 제8항 '계, 례, 몌, 폐, 혜'의 'ㅖ'는 'ㅔ'로 소리 나는 경우가 있더라도 'ㅖ'로 적는다. 예를 들면, '계수, 계집, 계시다' 등이 있다.

'계수(桂樹)'는 '계수나뭇과의 낙엽 활엽 교목'이다. 높이는 7~10미터이며, 잎은 마주 난다. 암수딴그루로 5~6월에 누런빛을 띤 희고 작은 꽃이 잎보다 먼저 원추(圓錐) 화서로 핀다. 열매는 검은빛의 타원형으로 한 개의 씨가 있으며 3~5개 달린다. 일본, 중국 등지에 분포하며, 우리나라에서는 정원수로 심는다. '계수나무'라고도 한다.

'계집'은 '여자'를 낮잡아 이르는 말이다. '계시다'는 '있다'의 높임말이다.

9. 퉁소, 나발, 피리 따위 관악기의 소리를 흉내 낸 소리를 늴리리/닐리리라고 한다.

'늴리리'의 '늴'은 [닐]로 소리가 나더라도 '늴'로 적어야 한다. 예를 들면, '퉁소에서 나는 소리를 늴리리라고 한다.'가 있다.

한글 맞춤법 제9항 '의'나, 자음을 첫소리로 가지고 있는 음절의 'ㅢ'는 'ㅣ'로 소리 나는 경우가 있더라도 'ㅢ'로 적는다. 예를 들면, '무늬, 보늬, 오늬, 의의, 하늬바람' 등이 있다. 그러므로 '늴리리'로 적어야 한다.

'보늬'는 '밤이나 도토리 따위의 속껍질.'을 말한다. 아버지는 보늬를 벗기셨다.

'오늬'는 '화살의 머리를 활시위에 끼도록 에어 낸 부분.'을 뜻한다. 국궁을 할 때는 오늬에 화살을 잘 끼워야 한다.

'하늬바람'은 '서쪽에서 부는 바람.'을 말한다. 주로 농촌이나 어촌에서 이르는 말이다. 그리 세지 않은 하늬바람에 흔들리는 나뭇가지에서 가끔 눈가루가 날고 멀리서 찌륵찌륵 꿩 우는 소리가 들려와서 더욱 산중의 고적을 실감할 수 있었다.

보충 설명하면, '의'는 환경에 따라 몇 가지 다른 발음으로 실현되고 있다.

① 자음을 가지지 않는 어두의 '의': [의], '의의(의이)'
② 자음을 첫소리로 가지고 있는 음절의 '의': [이], '무늬(무니)'
③ 단어의 첫 음절 이외의 '의': [이], '본의(본이)'
④ 조사의 '의': [의/에], '우리의(우리의/우리에)'

또한, '늴리리'의 경우는 '늬'의 첫소리 'ㄴ'이 구개음화하지 않는 음으로 발음된다는 점을 유의한 표기 형식이다.

10. 순철이는 덕산에서 태어났고 천생 여자/녀자이다.

'여자'는 두음 법칙을 적용한다. 예를 들면, '그 여자는 성품이 온유하다.', '그녀는 이미 약혼자가 있는 여자였다.' 등이 있다.

한글 맞춤법 제10항 한자음 '녀, 뇨, 뉴, 니'가 단어 첫머리에 올 적에는 두음 법칙에 따라 '여, 요, 유, 이'로 적는다. 예를 들면, '연세/년세, 요소/뇨소, 익명/닉명' 등이 있다. 그러므로 '여자'로 적어야 한다.

'요소(尿素)'는 '카보닐기에 두 개의 아미노기가 결합된 화합물.'을 말한다. 무색의 고체로 체내에서는 단백질이 분해하여 생성되고, 공업적으로는 암모니아와 이산화탄소에서 합성된다. 포유류의 오줌에 들어 있으며, 요소 수지, 의약 따위에 쓰인다.

'익명(匿名)'은 '이름을 숨기거나 숨긴 이름이나 그 대신 쓰는 이름.'을 말한다. 저는 며칠 후, 익명을 밝혀 보겠다고 영호네 집에서 가져온 그 봉투의 필적을 흉내 내 그 정도의 돈을 송금했지요.

보충 설명하면, 두음 법칙(頭音法則)이란 어두(語頭)에서 발음될 수 있는 음에 제약을 받는 규칙이다. 국어의 음운 구조상 어두에 발음될 수 없거나, 발음 습관상 기피하는 음은 세 가지가 있다.

① 'ㄹ'을 'ㄴ'으로 적는다.
(락원→낙원, 로인→노인, 릉묘→능묘 등)
② 'ㄹ'을 'ㅇ'으로 적는다.
(량심→양심, 류행→유행, 리발→이발 등)
③ 'ㄴ'을 'ㅇ'으로 적는다.
(녀자 → 여자, 년세→연세, 년초→연초(年初) 등)

다만, 다음과 같은 의존 명사에서는 '냐, 녀' 음을 인정한다. 예를 들면, '냥(兩), 냥쭝(兩-), 년(年), (몇 년)' 등이 있다.

보충 설명하면, 고유어(固有語) 중에서도 다음 의존 명사에는 두음 법칙이 적용되지 않는다. 예를 들면, '녀석(고얀 녀석), 년(괘씸한 년), 님(바느질 실 한 님), 닢(엽전 한 닢)' 등이 있다.

하지만 '년(年)'이 '연 3회'처럼 '한 해(동안)'란 뜻을 표시하는 경우에는 의존 명사(依存名詞)가 아니므로 두음 법칙을 적용한다. 의존 명사는 분명히 단어이지만 실질적으로는 항상 다른 단어의 뒤에 쓰이게 되어 두음 법칙의 행사 영역 밖에 있기 때문이다.

11. 사회적 지위나 권리에 있어 남자를 여자보다 우대하고 존중하는 일을 남존여비/남존녀비라고 한다.

'남존여비(男尊女卑)'는 합성어에서 뒷말의 첫소리가 'ㄴ' 소리로 나더라도 두음 법칙에 따라 적는다. 예를 들면, '조선시대 때는 남존여비 사상이 존재했다.'가 있다.

한글 맞춤법 제10항 [붙임 2] 접두사처럼 쓰이는 한자가 붙어서 된 말이나 합성어에서, 뒷말의 첫소리가 'ㄴ' 소리로 나더라도 두음 법칙에 따라 적는다. 예를 들면, '신여성(新女性), 공염불(空念佛)' 등이 있다. 그러므로 '남존여비'로 적어야 한다.

보충 설명하면, 단어의 구성요소 가운데 적어도 일부가 독립된 단어로 쓰일 수 있는 파생어(派生語)나 합성어(合成語)는 어두가 아니라고 하더라도 두음 법칙에 따른다.

그러나 '신년도(新年度), 구년도(舊年度)' 등은 두음 법칙에 따르지 않는다.

12. 새내기들은 역사/력사 의식을 고취해야 한다.

'역사(歷史)'는 '인류 사회의 변천과 흥망의 과정, 또는 그 기록'을 의미한다. 예를 들면, '우리나라는 반만년 역사를 가지고 있다.', '세종대왕은 역사에 길이 남을 많은 업적을 이루었다.' 등이 있다.

한글 맞춤법 제11항 한자음 '랴, 려, 례, 료, 류, 리'가 단어의 첫머리에 올 적에는 두음 법칙에 따라 '야, 여, 예, 요, 유, 이'로 적는다. 그러므로 '역사'로 적어야 한다.

보충 설명하면, 본음이 '랴, 려, 례, 료, 류, 리'인 한자가 단어 첫머리에 놓일 때에는 '야, 여, 예, 요, 유, 이'로 적는다. 예를 들면, 성씨(姓氏)의 '양(梁), 여(呂), 이(李)' 등도 마찬가지이다. 단어의 어두에 오는 유음 'ㄹ'을 회피하기 위한 방법으로 'ㄹ → ㄴ', 'ㄹ

→ ㅇ'이 있는데 어두의 'ㄹ'이 'ㅣ' 모음이나 'ㅣ'가 선행한 'ㅑ, ㅕ, ㅛ, ㅠ' 등 이중 모음 위에서 탈락하는 'ㄹ → ㅇ'의 방법을 말하는 것이다.

13. 쌍룡/쌍용은 한 쌍의 용을 의미한다.

'쌍룡(雙龍)'은 '한 쌍의 용'을 뜻한다. 앞의 단어는 두 번째 음절에서 두음 법칙을 적용하지 않는다. 예를 들면, '이 연못에는 구렁이 부부가 쌍룡이 되어 하늘로 올라갔다는 전설이 전한다.', '쌍룡이 굼틀굼틀 하늘로 오르는 듯 명공의 솜씨로 수를 놓았다.' 등이 있다.

한글 맞춤법 제11항 [붙임 1] 단어의 첫머리 이외의 경우에는 본음대로 적는다. 예를 들면, '개량(改良), 선량(善良), 수력(水力), 협력(協力), 사례(謝禮), 혼례(婚禮), 와룡(臥龍), 하류(下流), 급류(急流), 도리(道理), 진리(眞理)' 등이 있다. 그러므로 '쌍룡'으로 적어야 한다.

'혼례(婚禮)'는 '결혼식'과 같은 뜻이다. 축하객들은 많았고 절차도 성대하였건만 묘하게 냉랭한 혼례는 끝이 났다.

'와룡(臥龍)'은 '누워 있는 용.'이나 '앞으로 큰일을 할, 초야(草野)에 묻혀 있는 큰 인물을 비유적으로 이르는 말.'을 일컫는다.

'도리(道理)'는 '사람이 어떤 입장에서 마땅히 행하여야 할 바른 길.'을 뜻한다. 순신은 스승에게 제자 된 도리를 다했다.

'진리(眞理)'는 '참된 이치나 참된 도리.'를 말한다. 그는 평생을 진리 탐구에 진력했다.

14. 농구에서 자유투 성공률/성공율을 높여야 주축 선수가 된다.

'성공률'은 '률' 앞의 받침이 'ㅇ'이므로 '율'이 아닌 '률'로 적어야 한다. 예를 들면, '김세진 선수는 스파이크 성공률이 매우 높다.', '그는 높은 자유투 성공률을 자랑하고 있다.' 등이 있다.

한글 맞춤법 제11항 [붙임 1]에서 다만, 모음이나 'ㄴ' 받침 뒤에 이어지는 '렬', '률'은 '열', '율'로 적는다. 예를 들면, '나열/나렬, 분열/분렬, 비율/비률, 실패율/실패률' 등이 있다.

그러나 모음이나 'ㄴ' 받침 뒤에 오는 단어가 아니기 때문에 '성공률'로 적는다. 예를 들면, '명중률, 합격률, 법률, 취업률' 등이 있다. 그러므로 '성공률'로 적어야 한다.

15. 가는 봄의 경치를 뜻하는 말을 낙화유수/낙화류수라고 한다.

'낙화유수(落花流水)'는 '떨어지는 꽃과 흐르는 물이라는 뜻.' '살림이나 세력이 약해져 아주 보잘 것 없이 됨을 비유적으로 이르는 말.'을 의미한다. 합성어에서 뒷말의 첫소리가 'ㄴ' 또는 'ㄹ' 소리가 나더라도 두음 법칙에 따라야 한다.

한글 맞춤법 제11항 [붙임 4] 접두사처럼 쓰이는 한자가 붙어서 된 말이나 합성어에서 뒷말의 첫소리가 'ㄴ' 또는 'ㄹ' 소리가 나더라도 두음 법칙에 따라 적는다. 예를 들면, '역이용(逆利用), 연이율(年利率), 열역학(熱力學), 해외여행(海外旅行)' 등이 있다. 그러므로 '낙화유수'로 적어야 한다.

'역이용(逆利用)'은 '어떤 목적을 위하여 쓰던 사물이나 일을 그 반대의 목적에 이용함.'의 뜻이다. 이용당할까 봐 지레 겁을 먹는 것보다 정신만 바로 박혀 있으면 이용당하는 척하면서 역이용도 할 수 있으리라고 제법 기대하는 마음까지 생겼다.

'열역학(熱力學)'은 '열을 에너지의 한 형태로 보고 열과 역학적 일과의 관계에서 출발하여 열평형, 열 현상 따위를 연구하는 학문'이며, '물리학의 한 분야'이다.

보충 설명하면, 독립성이 있는 단어에 접두사가 붙어서 쓰이는 한자어 형태소가 결합하여 된 단어나 두 개 단어가 결합하여 된 합성어의 경우는 두음 법칙이 적용된다. 예를 들면, '수학여행(修學旅行), 사육신(死六臣), 등용문(登龍門)' 등이 있다.

'사육신(死六臣)'은 '조선 세조 2년(1456)에 단종의 복위를 꾀하다가 처형된 여섯 명의 충신.'을 말한다. '이개, 하위지, 유성원, 성삼문, 유응부, 박팽년'을 이른다.

'이개(李塏)'는 조선 전기의 문신(1417~1456)이다. 자는 청보(淸甫), 백고(伯高), 호는 백옥헌(白玉軒)이다. 직제학을 지냈으며, 시문이 청절(淸節)하고 글씨를 잘 썼다. 사육신의 한 사람으로, 세조 2년(1456)에 단종의 복위를 꾀하다 발각되어 처형되었다.

'하위지(河緯地)'는 조선 전기의 문신, 학자(1412~1456)이다. 자는 천장(天章), 중장(仲章)이다. 호는 단계(丹溪)이며, 벼슬은 부제학, 예조 판서에 이르렀다. 사육신의 한 사람으로 세조 2년(1456) 단종의 복위를 꾀하다가 실패하여 처형당하였다. ≪역대병요≫를 편찬하였으며, ≪화원악보≫에 시조 2수가 전한다.

'유성원(柳誠源)'은 조선 전기의 문장가(?~1456)이다. 자는 태초(太初), 호는 낭간(琅玕)이다. 과거에 급제하여 집현전 학자로 세종의 총애를 받았다. 사육신의 한 사람으로, 1456년 성삼문 등과 단종의 복위를 꾀하다 탄로가 나자 자살하였다. 시조 한 수가 ≪가곡원류≫에 전한다.

'성삼문(成三問)'은 조선 세종 때의 문신(1418~1456)이다. 자는 근보(謹甫), 호는 매죽헌(梅竹軒)이다. 집현전 학사로 세종을 도와 <훈민정음>을 창제하였다. 사육신(死六臣)의 한 사람으로, 세조 원년에 단종의 복위를 꾀하다가 실패하여 처형되었다. 저서에 ≪성근보집(成謹甫集)≫이 있다.

'유응부(兪應孚)'는 조선 초기의 장군(?~1456)이다. 자는 신지

(信之), 호는 벽량(碧梁)이다. 사육신의 한 사람으로 유학(儒學)에 조예가 깊었으며, 숙종 때 병조 판서에 추증되었다. 시조 3수가 전한다.

'박팽년(朴彭年)'은 조선 세종 때의 집현전 학자(1417~1456)이다. 자는 인수(仁叟), 호는 취금헌(醉琴軒)이다. 사육신의 한 사람으로, 세조가 단종을 내쫓고 왕위를 빼앗자 상왕(上王)의 복위를 꾀하다 처형되었다.

'등용문(登龍門)'은 '용문(龍門)에 오른다.'는 뜻으로, 어려운 관문을 통과하여 크게 출세하게 되며, 그 관문을 이르는 말이다. 잉어가 중국 황허(黃河) 강 상류의 급류인 용문을 오르면 용이 된다는 전설에서 유래한다.

또한, 사람들의 발음 습관이 본음의 형태로 굳어져 있는 것은 예외 형식을 인정한다. 예를 들면, '미립자(微粒子), 소립자(素粒子), 수류탄(手榴彈), 파렴치(破廉恥)' 등이 있다.

다만, 고유어(固有語) 뒤에 한자어가 결합한 경우는 뒤의 한자어 형태소가 하나의 단어로 인식되므로 두음 법칙을 적용하여 적는다. 예를 들면, '개-연(蓮), 구름-양(量), 허파숨-양(量)' 등이 있다.

'개연'은 '수련과의 여러해살이풀'이다. 잎은 뿌리줄기에서 나며 잎자루가 길고 잎사귀는 물 위에 뜬다. 8~9월에 꽃줄기 끝에 노란 꽃이 하나씩 피고 열매는 녹색의 삭과(蒴果)를 맺는다. 뿌리는 약용하고 늪이나 연못 따위의 물속에서 자라는데 한국, 일본 등지에 분포한다.

'구름양'은 '구름이 하늘을 덮고 있는 정도.'를 뜻한다. 구름이 온 하늘을 덮었을 때를 10, 구름이 전혀 없을 때를 0으로 하여 정수로 표시하며 그것은 눈으로 관측하여 정한다.

'허파숨양'은 '폐활량(肺活量)'과 같은 뜻이다. 허파 속에 최대한 도로 공기를 빨아들여 다시 배출하는 공기의 양이다. 신체의 건강

여부를 검사하는 기준이다.

16. 경기도 구리시에 있는 조선시대의 아홉 능을 동구릉/동구능이라고 한다.

'동구릉(東九陵)'은 두음 법칙을 적용하지 않는다. '동구릉'은 경기도 구리시에 있는 '조선 시대의 아홉 능'이다. 곧 '건원릉, 현릉, 목릉, 휘릉, 숭릉, 혜릉, 원릉, 수릉, 경릉'을 이른다.

'건원릉(健元陵)'은 조선 태조의 무덤이며, 경기도 구리시 인창동에 있으며, 동구릉의 하나이다. '현릉(顯陵)'은 경기도 구리시에 있는 조선 문종과 비 현덕 왕후의 능이며, 동구릉의 하나이다. '목릉(穆陵)'은 경기도 구리시에 있는 조선 선조와 비(妃) 의인 왕후 및 계비(繼妃) 인목 대비의 능이며, 동구릉의 하나이다. '휘릉(徽陵)'은 경기도 구리시에 있는 조선 인조의 계비 장렬 왕후의 능이며, 동구릉의 하나이다. '숭릉(崇陵)'은 조선 현종과 그의 비(妃) 명성 왕후의 능이며, 동구릉의 하나이다. '혜릉(惠陵)'은 경기도 구리시에 있는 조선 경종의 원비인 단의 왕후의 능이며, 동구릉의 하나이다. '원릉(元陵)'은 경기도 구리시에 있는 조선 영조와 계비 정순 왕후의 능이며, 동구릉(東九陵)의 하나이다. '수릉(綏陵)'은 조선 순조의 세자 문조와 비 신정 왕후의 능이며, 경기도 구리시에 있고, 동구릉의 하나이다. '경릉(景陵)'은 경기도 구리시에 있는 동구릉의 하나이며, 조선 헌종과 비(妃) 효현 왕후 및 계비(繼妃) 효정 왕후의 능이다.

한글 맞춤법 제12항 [붙임 1] 단어의 첫머리 이외의 경우는 본음대로 적는다. 예를 들면, '쾌락(快樂), 극락(極樂), 거래(去來), 왕래(往來), 부로(父老), 연로(年老), 지뢰(地雷), 낙뢰(落雷), 고루(高樓), 광한루(廣寒樓), 가정란(家庭欄)' 등이 있다. 그러므로 '동구릉'으로 적어야 한다.

'부로'는 '한 동네에서 나이가 많은 남자 어른을 높여 이르는 말.'의 뜻이다. 송도 백성 중에 늙은 부로와 선비들을 불러 보고 백성들의 마음을 위로하자는 거다.

'연로'는 '나이가 들어서 늙음.'을 뜻한다. 그렇게 먼 곳을 연로의 몸으로 어찌 가시렵니까.

'고루'는 '높이 지은 누각.'의 뜻이다. 광한루는 고루로 되어 있다.

보충 설명하면, 단어(單語)의 어두(語頭) 이외의 경우는 두음 법칙이 적용되지 않는다. 예를 들면, '강릉(江陵), 태릉(泰陵), 서오릉(西五陵), 공란(空欄), 답란(答欄), 투고란(投稿欄)' 등이 있다.

'태릉'은 고려 성종의 친아버지 욱(旭)의 능이다. 대종(戴宗)이라고 추존(追尊)하고 봉릉(封陵)하였다.

'서오릉'은 경기도 고양시에 있는 조선 시대의 다섯 능이다. 곧, 예종과 계비 안순 왕후의 창릉(昌陵), 숙종과 계비 인현 왕후와 인원 왕후의 명릉(明陵), 숙종 비 인경 왕후의 익릉(翼陵), 영조의 비 정성 왕후의 홍릉(弘陵), 덕종과 비 소혜 왕후의 경릉(敬陵)을 이른다. 사적 제198호이다.

그러나 고유어(固有語)인 '어린이-난, 어머니-난'과 외래어(外來語)인 '가십난(gossip-欄, 신문, 잡지 등에서 개인의 사생활에 대한 이야기를 흥미 본위로 싣는 지면.)'처럼 뒤에 결합하는 경우는 두음 법칙이 적용된다.

'단어(單語)'는 '분리하여 자립적으로 쓸 수 있는 말이나 이에 준하는 말이고, 그 말의 뒤에 붙어서 문법적 기능'을 나타내는 말이다. "철수가 영희의 일기를 읽은 것 같다."에서 자립적으로 쓸 수 있는 '철수', '영희', '일기', '읽은', '같다'와 조사 '가', '의', '를', 의존 명사 '것' 따위이다.

'어두(語頭)'는 '어절의 처음.'의 뜻이다. 어절의 첫음절 또는 첫음절의 초성을 나타낸다.

17. 실낙원/실락원이란 작품은 영국 시인 밀턴이 지은 작품이다.

'실낙원'은 접두사처럼 쓰이는 한자가 있기에 두음 법칙을 적용한다. 예를 들면, '너는 실낙원을 읽었니?'가 있다.

한글 맞춤법 제12항 [붙임 2] 접두사처럼 쓰이는 한자가 붙어서 된 단어는 뒷말을 두음 법칙에 따라 적는다. 예를 들면, '내내월(來來月), 상노인(上老人), 중노동(重勞動), 비논리적(非論理的)' 등이 있다. 그러므로 '실낙원'으로 적어야 한다.

'내내월'은 '내달의 다음 달.'의 뜻이다.

'상노인'은 '상늙은이.'와 같은 뜻이다. 육십을 갓 넘겼는데 그의 얼굴은 주름투성이였다. 칠십의 상노인같이 늙어 보였다.

보충 설명하면, 두 개 단어가 결합한 합성어의 경우에는 두음 법칙에 따라 'ㄹ'은 'ㄴ'으로 적는다. 예를 들면 '반-나체(半裸體), 중-노인(中老人), 육체-노동(肉體勞動), 부화-뇌동(附和雷同), 사상-누각(砂上樓閣), 평지-낙상(平地落傷)' 등이 있다.

'부화뇌동'은 '줏대 없이 남의 의견에 따라 움직임.'의 뜻이다. 남이 무어라고 한다 해서 쉽사리 부화뇌동, 주견도 없이 남의 의견을 따라 이리저리 흔들리는 것은 아예 처음부터 하지 않음만 못합니다.

'사상누각'은 '모래 위에 세운 누각이라는 뜻으로, 기초가 튼튼하지 못하여 오래 견디지 못할 일이나 물건'을 이르는 말이다. 수백만 백성들의 열풍 같은 지지를 받는다 해도 뿌리가 없으면 사상누각이 되는 것입니다.

'평지낙상'은 '평지에서 넘어져 다치다.'라는 뜻으로, 뜻밖에 불행한 일을 겪음을 비유적으로 이르는 말이다.

그러나 '고랭지(高冷地)'는 '저위도에 위치하고 표고가 600미터 이상으로 높고 한랭한 곳'을 일컫는 단어로 '고냉지(高冷地)'라 적지 않는다.

'실낙원(失樂園)'은 영국의 시인 밀턴이 지은 대서사시이다. 아담과 이브가 지옥을 탈출한 사탄에게 유혹되어 원죄를 짓고 낙원에서 추방되었다가 그리스도의 속죄에 희망을 거는 모습을 그린 작품으로, 기독교적인 이상주의와 청교도적인 세계관을 반영하였으며, 1667년에 발표하였다.

접사에 대하여 알아보겠다.

접사(接辭)는 '단독으로 쓰이지 아니하고 항상 다른 어근(語根)이나 단어에 붙어 새로운 단어를 구성하는 부분'이다. '접두사(接頭辭)와 접미사(接尾辭)'가 있다.

접두사는 '파생어를 만드는 접사로, 어근이나 단어의 앞에 붙어 새로운 단어'가 되게 하는 말이다. '맨손'의 '맨-', '들볶다'의 '들-', '시퍼렇다'의 '시-' 따위가 있으며, '머리가지, 앞가지'라고도 한다.

접미사는 '파생어를 만드는 접사로, 어근이나 단어의 뒤에 붙어 새로운 단어'가 되게 하는 말이다. '선생님'의 '-님', '먹보'의 '-보', '지우개'의 '-개', '먹히다'의 '-히' 따위가 있으며, '끝가지, 뒷가지'라고도 한다.

18. 그 집 아들들은 모두가 밋밋하고/민밋하고 훤칠하여 보는 사람을 시원스럽게 해 준다.

'밋밋하다'는 '생김새가 미끈하게 곧고 길다.', '경사나 굴곡이 심하지 않고 평평하고 비스듬하다.' 등의 뜻이다. 예를 들면, '하늘과 그것을 떠받친 밋밋한 능선과 나무, 작은 풀숲 따위가 보일 듯 말 듯 흔들렸다.', '모두 같은 옷에 같은 행동을 하니 누가 누구인지 구별이 안 될 만큼 그저 밋밋해 보인다.' 등이 있다.

한글 맞춤법 제13항 한 단어 안에서 같은 음절이나 비슷한 음절이 겹쳐 나는 부분은 같은 글자로 적는다. 예를 들면, '꼿꼿하다/꼿곳하다, 놀놀하다/놀롤하다, 싹싹하다/싹삭하다' 등이 있다. 그러므로 '밋밋하다'라고 적어야 한다.

'꼿꼿하다'는 '사람의 기개, 의지, 태도나 마음가짐 따위가 굳세다.'라는 뜻이다. 그는 어떤 유혹도 이겨 나갈 꼿꼿한 정신을 지니고 있다.

'놀놀하다'는 '만만하며 보잘것없다.'라는 뜻이다. 오늘 그가 친구한테 하는 행동으로 미루어 평소에 그가 얼마나 친구를 놀놀하게 보았는지 알 수 있었다.

'싹싹하다'는 '눈치가 빠르고 사근사근하다.'의 뜻이다. 매장 점원은 싹싹한 태도로 손님들을 맞았다.

그러나 한자가 겹치는 모든 경우에 같은 글자로 적는 것은 아니다. 예를 들면, '낭랑(朗朗)하다, 냉랭(冷冷)하다, 녹록(碌碌)하다, 늠름(凜凜)하다, 연년생(年年生), 염념불망(念念不忘), 역력(歷歷)하다, 적나라(赤裸裸)하다' 등이 있다.

'낭랑(朗朗)하다'는 '소리가 맑고 또랑또랑하다.'의 뜻이다. 낭랑한 목소리로 노래를 불렀다.

'냉랭(冷冷)하다'는 '태도가 정답지 않고 매우 차다.'라는 뜻이다. 찬주는 냉랭한 표정으로 쳐다보고 있다.

'녹록(碌碌)하다'는 '만만하고 상대하기 쉽다.'의 뜻이다. 나도 이제 녹록하게 당하고만 있지는 않겠다.

'늠름(凜凜)하다'는 '생김새나 태도가 의젓하고 당당하다.'의 뜻이다. 그의 태도는 언제나 늠름하고 자신만만했다.

'연년생(年年生)'은 '한 살 터울로 아이를 낳음.'의 뜻이다. 언니는 연년생으로 아이를 낳아 키우느라 고생이 많았다.

'염념불망(念念不忘)'은 '자꾸 생각이 나서 잊지 못함.'의 뜻이다. 이미 염념불망, 오직 한 생각에 사로잡힌 그 자신을 스스로도 어찌하지 못하던 회오리의 나날이….

'역력(歷歷)하다'는 '자취나 기미, 기억 따위가 환히 알 수 있게 또렷하다.'라는 뜻이다. 그는 얼굴에 뉘우치는 기색이 역력했다.

'적나라(赤裸裸)하다'는 '있는 그대로 다 드러내어 숨김이 없다.'의 뜻이다. 환자의 얼굴에 고통이 적나라하게 드러났다.

음절에 대하여 알아보겠다.

음절(音節)은 '하나의 종합된 음의 느낌을 주는 말소리의 단위'이다. 몇 개의 음소로 이루어지며, 모음은 단독으로 한 음절이 되기도 한다. '아침'의 '아'와 '침' 따위이며, '낱내'·'소리마디'라고도 한다.

첩어(疊語)는 '한 단어를 반복적으로 결합한 복합어'이다. '누구누구', '드문드문', '꼭꼭' 따위가 있다.

19. 김 중사의 두 눈에 조금씩 흰자위가 늘어나는/느러나는 것 같았다.

'늘어나다'는 '부피나 분량 따위가 본디보다 커지거나 길어지거나 많아지다.', '본디보다 더 넉넉해지다.' 등의 뜻이다. 예를 들면, '배차 시간이 한 시간으로 늘어났다.', '수출이 작년보다 두 배나 늘어났다.' 등이 있다.

한글 맞춤법 제15항 [붙임 1] 두 개의 용언이 어울려 한 개의 용언이 될 적에, 앞말의 본뜻이 유지되고 있는 것은 그 원형을 밝히어 적고, 그 본뜻에서 멀어진 것은 밝히어 적지 아니한다. 그러므로 '늘어나는'으로 적어야 한다.

(1) 앞말의 본뜻이 유지되고 있는 것은 '넘어지다, 늘어지다, 돌아가다, 되짚어가다, 들어가다, 떨어지다, 벌어지다, 엎어지다, 접어

들다, 틀어지다, 흩어지다' 등이 있다.

'넘어지다'는 '사람이나 물체가 한쪽으로 기울어지며 쓰러지다.'라는 뜻이다. 아이가 돌부리에 걸려 진흙탕에 넘어졌다.

'늘어지다'는 '물체가 당기는 힘으로 길어지다.'의 뜻이다. 고무줄이 양쪽으로 늘어지다.

'돌아가다'는 '일이나 형편이 어떤 상태로 진행되어 가다.'라는 뜻이다. 일이 너무 바쁘게 돌아가서 정신을 차릴 수가 없다.

'되짚어가다'는 '지난 일을 다시 살피거나 생각하다.'의 뜻이다. 딸에 대한 자지러질 듯한 애정으로 태임은 자신의 시간을 사라져 버린 유년기로 마냥 되짚어가며 그리운 소꿉 노래를 떠올렸다.

'들어가다'는 '밖에서 안으로 향하여 가다.'라는 뜻이다. 그는 평생 세상을 등지고 산속으로 들어가 살았다.

'떨어지다'는 '어떤 상태나 처지에 빠지다.'의 뜻이다. 깊은 잠에 떨어지다.

'벌어지다'는 '갈라져서 사이가 뜨다.'라는 뜻이다. 모퉁이가 깨진 차창이며 출입구의 벌어진 틈새로 새어 들어온 매캐한 석탄 연기가 잠에서 막 깨어난 인철의 빈속을 메스껍게 했다.

'엎어지다'는 '서 있는 사람이나 물체 따위가 앞으로 넘어지다.'라는 뜻이다. 사내는 그대로 땅바닥에 엎어졌다.

'접어들다'는 '일정한 때나 기간에 이르다.'의 뜻이다. 음력으로 섣달에 접어들면서 마을은 아예 적막해진다.

'틀어지다'는 '어떤 물체가 반듯하고 곧바르지 아니하고 옆으로 굽거나 꼬이다.'의 뜻이다. 목재를 햇볕에 너무 오래 노출시키면 약간씩 틀어져서 상품 가치가 떨어진다.

'흩어지다'는 '한데 모였던 것이 따로따로 떨어지거나 사방으로 퍼지다.'라는 뜻이다. 가족이 전국 곳곳에 흩어져 살았다.

(2) 본뜻에서 멀어진 것은 '드러나다, 사라지다, 쓰러지다' 등이

있다.

'드러나다'는 '가려 있거나 보이지 않던 것이 보이게 되다.'의 뜻이다. 구름이 걷히자 산봉우리가 드러났다.

'사라지다'는 '현상이나 물체의 자취 따위가 없어지다.'의 뜻이다. 꼴도 보기 싫으니 당장 내 눈앞에서 사라져라.

'쓰러지다'는 '힘이 빠지거나 외부의 힘에 의하여 서 있던 상태에서 바닥에 눕는 상태가 되다.'라는 뜻이다. 아이는 엄마 품에 쓰러져 잠이 들었다.

보충 설명하면, (1), (2)에 적용되는 세 가지 조건은 첫째, 두 개 용언이 결합하여 하나의 단어로 된 경우, 둘째, 앞 단어의 본뜻이 유지되고 있는 것은 그 어간의 본 모양을 밝히어 적는 경우, 셋째, 본뜻에서 멀어진 것은 원형을 밝혀 적지 않는 경우이다. '본뜻에서 멀어진 것'이란 그 단어가 단독으로 쓰일 때에 표시되는 어휘적 의미가 제대로 인식되지 못하거나 변화되었음을 말한다.

품사 분류에 대하여 알아보겠다.

품사 분류(品詞分類)는 '단어의 문법적 성질'을 기준으로 몇 갈래로 나누어 이해하는 일로 한 언어의 문법 구조를 이해하는 데 큰 도움을 주는데 단어를 문법적 성질로 나눌 때 가장 널리 쓰이는 분류이다.

국어 문법에서 '품사(品詞, parts of speech)' 분류의 기준으로 들고 있는 것은 일반적으로 '형태, 기능, 의미'의 세 가지이다. 품사가 단어를 문법적 성질에 따라 나눈 갈래라고 할 때 '문법적 성질은 크게 두 가지로 나눌 수 있다. 먼저 형태면에서의 성질이고, 다른 하나는 기능면에서의 성질이다.

① 형태(形態, form)는 어미 변화상의 특징으로서 활용 여부에 따라 '가변어와 불변어'로 나뉜다. 품사는 본래 자립 형식이기 때문

에 그 형태가 변하지 않는 것이 원칙이다.

'명사, 대명사, 수사, 관형사, 부사, 감탄사, 조사'는 모두 '불변화어'에 속한다. '동사와 형용사'는 '변화어'에 속하는데, 이는 어미를 단어로 인정하지 않은 결과이다. 그러나 조사는 단어로 인정하기 때문에 불변화어로 본다. 조사 중에서 서술격 조사 '-이다'는 예외적으로 어미가 활용하기 때문에 변화어로 본다.

'가변어(可變語)'는 '형태가 변하는 말'이다. 국어의 경우에 '동사와 형용사, 서술격 조사' '이다'가 있다.

'불변어(不變語)'는 '형태가 변하지 않는 말'이다. 국어의 경우에 '명사, 관형사, 부사, 감탄사, 조사' 따위가 있다.

'명사(名詞)'는 '사물의 이름을 나타내는 품사'이다. 특정한 사람이나 물건에 쓰이는 이름이냐 일반적인 사물에 두루 쓰이는 이름이냐에 따라 '고유 명사와 보통 명사'로, 자립적으로 쓰이느냐 그 앞에 반드시 꾸미는 말이 있어야 하느냐에 따라 '자립 명사와 의존 명사'로 나뉜다.

'대명사(代名詞)'는 '사람이나 사물의 이름을 대신 나타내는 말이거나 그런 말들을 지칭하는 품사'이다. '인칭 대명사와 지시 대명사'로 나뉘는데, 인칭 대명사는 '저', '너', '우리', '너희', '자네', '누구' 따위이고, 지시 대명사는 '거기', '무엇', '그것', '이것', '저기' 따위이다.

'수사(數詞)'는 '사물의 수량이나 순서를 나타내는 품사'이다. '양수사와 서수사'가 있다.

'관형사(冠形詞)'는 '체언 앞에 놓여서, 그 체언의 내용을 자세히 꾸며 주는 품사'이다. 조사도 붙지 않고 어미 활용도 하지 않는데, '순 살코기'의 '순'과 같은 '성상 관형사', '저 어린이'의 '저'와 같은 '지시 관형사', '한 사람'의 '한'과 같은 '수 관형사' 따위가 있다.

'부사(副詞)'는 '용언 또는 다른 말 앞에 놓여 그 뜻을 분명하게 하는 품사'이다. 활용하지 못하며 '성분 부사와 문장 부사'로 나뉜다. '매우', '가장', '과연', '그리고' 따위가 있다.

'감탄사(感歎詞)'는 품사의 하나이다. '말하는 이의 본능적인 놀람이나 느낌, 부름, 응답 따위를 나타내는 말'의 부류이다.

'조사(助詞)'는 '체언이나 부사, 어미 따위에 붙어 그 말과 다른 말과의 문법적 관계를 표시하거나 그 말의 뜻을 도와주는 품사'이다. '격 조사, 접속 조사, 보조사'로 나눈다.

'동사(動詞)'는 '사물의 동작이나 작용을 나타내는 품사'이다. 형용사, 서술격 조사와 함께 활용을 하며, 그 뜻과 쓰임에 따라 '본동사와 보조 동사', 성질에 따라 '자동사와 타동사', 어미의 변화 여부에 따라 '규칙 동사와 불규칙 동사'로 나뉜다.

'형용사(形容詞)'는 '사물의 성질이나 상태를 나타내는 품사'이다. 활용할 수 있어 동사와 함께 용언에 속한다.

'서술격 조사(敍述格助詞)'는 '문장 안에서, 체언이나 체언 구실을 하는 말 뒤에 붙어 서술어 자격을 가지게 하는 격 조사'이다. '이다'가 있는데, '이고', '이니', '이면', '이지' 따위로 활용하며, 모음 아래에서는 어간 '이'가 생략되기도 한다.

〈동사〉

장미꽃이 피었다./장미꽃이 피었고 새가 운다./장미꽃이 핀 정원이 아름답다.

〈형용사〉

그는 손이 크다./그는 손이 커서 물건을 많이 산다./손이 큰 사람은 멋있다.

〈서술격조사〉

명수는 학생이다./영순이는 학생이므로 공부를 한다./학생인 수민

② 기능(機能, function)은 한 단어가 문장 내에서 다른 단어와 가지는 문법적 관계로서 '체언, 용언, 수식언, 관계언, 독립언'으로 나뉜다. 현재 학교 문법에서 9품사의 명칭은 문법적 기능을 중심으

로 의미를 부여하여 정한 것이다.

현미가 책을 샀다./그도 저것을 샀다./책상 하나가 없어졌다.

'체언(體言)'은 '문장에서 주어의 기능을 하는 문장 성분'이며, '명사, 대명사, 수사'가 있다.

'용언(用言)'은 '문장에서 서술어의 기능을 하는 문장 성분'이며, '동사, 형용사'가 있다. 문장 안에서의 쓰임에 따라 '본용언과 보조 용언'으로 나눈다.

'수식언(修飾言)'은 '뒤에 오는 말을 수식하거나 한정하기 위하여 첨가하는 문장 성분'이고, 활용하지 않으며, '관형사와 부사'가 있다.

'관계언(關係言)'은 '문장에 쓰인 단어들의 관계를 나타내는 문장 성분'이며, '조사'가 있다.

'독립언(獨立言)'은 '독립적으로 쓰이는 문장 성분'이며, '감탄사'가 있다.

③ 의미(意味, meaning)는 개별 단어가 어떤 의미를 가지는가에 따라 품사로 나누는 것이다. 품사 명칭은 모두 의미를 나타내고 있다. 그런데, '관형사, 부사, 조사'는 정확한 의미상 명칭이라고 보기 어렵다. '명사, 대명사, 수사, 동사, 형용사'는 그 자체가 가지는 의미를 나타내는 명칭인데, '관형사와 부사'는 다른 것과의 관계 속에서 그 의미를 파악해야 하기 때문이다.

날씨가 매우 덥다./민지는 집에 빨리 갔다.

용언에 대하여 알아보겠다.

용언(用言)은 '문장에서 서술어의 기능을 하는 문장 성분'이다. '동사, 형용사'가 있으며, 문장 안에서의 쓰임에 따라 '본용언과 보조 용언'으로 나뉘며, '풀이씨, 활어(活語)'라고도 한다.

동사(動詞)는 '사물의 동작이나 작용을 나타내는 품사'이다. 형용사, 서술격 조사와 함께 활용을 하며, 그 뜻과 쓰임에 따라 본동사와 보조 동사, 성질에 따라 자동사와 타동사, 어미의 변화 여부에 따라 규칙 동사와 불규칙 동사로 나뉘며, '움직씨'라고도 한다.

형용사(形容詞)는 '사물의 성질이나 상태를 나타내는 품사'이다. 활용할 수 있어 동사와 함께 용언에 속하며, '그림씨, 어떻씨, 얻씨' 라고도 한다.

20. 아니, 이게 뉘시오/뉘시요.

'오'는 '이다', '아니다'의 어간, 받침 없는 용언의 어간, 'ㄹ' 받침인 용언의 어간 또는 어미 '-으시-' 뒤에 붙어, '하오할 자리에 쓰여, 설명, 의문, 명령의 뜻을 나타내는 종결 어미'이다. 예를 들면, '그대를 사랑하오.', '건강은 건강할 때 지키는 것이 중요하오.', '얼마나 심려가 크시오?' 등이 있다.

한글 맞춤법 제15항 [붙임 2] 종결형에서 사용되는 어미 '-오'는 '요'로 소리 나는 경우가 있더라도 그 원형을 밝혀 '오'로 적는다. 그러므로 '뉘시오'로 적어야 한다.

어간에 대하여 알아보겠다.

어간(語幹)은 '활용어가 활용할 때에 변하지 않는 부분'이다. '보다', '보니', '보고'에서 '보-'와 '먹다', '먹니', '먹고'에서 '먹-' 따위이며, '줄기'라고도 한다.

어미(語尾)는 '용언 및 서술격 조사가 활용하여 변하는 부분'이다. '점잖다', '점잖으며', '점잖고'에서 '다', '으며', '고' 따위이고, '씨끝'이라고도 한다.

어미의 종류를 알아보겠다.

1. 선어말 어미: -시-, -겠-, -았/었-, -더-

2. 어말 어미:

1) 종결 어미 : ① 평서형어미: -다, -ㄴ다/는다, ㅂ니다
: ② 의문형어미: -는가, -느냐, -니
: ③ 명령형어미: -아라/어라
: ④ 청유형어미: -자, -세
: ⑤ 감탄형어미: -는구나, -는구려

2) 비종결 어미: ① 연결어미: ㉠ 대등연결어미: -고, -(으)며
: ㉡ 종속연결어미: -자(마자), -어(서), -(으)므로, -느라고, -(으)러, -어도, -거나, -(으)려고, -게, -도록, -어야, -다가, -듯(이), -(으)ㄹ수록
: ② 전성어미: ㉠ 명사형어미: -음, -기
: ㉡ 관형사형어미: -은, -을, -ㄴ
: ㉢ 부사형어미: -게

어말 어미(語末語尾)는 '활용 어미에 있어서 맨 뒤에 오는 어미'이다. 선어말 어미와 대립되는 용어로서 보통은 어미라고 불리며, '종결 어미, 연결 어미, 전성 어미' 따위로 나뉜다.

종결 어미(終結語尾)는 '한 문장을 종결되게 하는 어말 어미'이다. 동사에는 '평서형, 감탄형, 의문형, 명령형, 청유형 어미'가 있고, 형용사에는 '평서형, 감탄형, 의문형 어미'가 있다.

비종결 어미(非終結語尾)는 '문장을 접속하거나 전성의 기능을 하는 어미'이다. '연결 어미와 전성 어미'를 통틀어 이르는 말이다.

연결 어미(連結語尾)는 '어간에 붙어 다음 말에 연결하는 구실을 하는 어미'이다. '-게', '-고', '-(으)며', '-(으)면', '-(으)니', '-아/어', '-지' 따위가 있다.

전성 어미(轉成語尾)는 '용언의 어간에 붙어 다른 품사의 기능을 수행하게 하는 어미'이며, '명사 전성 어미('-기', '-(으)ㅁ'), 관형사 전성 어미('-ㄴ', '-ㄹ'), 부사 전성 어미('-아/어', '-게', '-지', '-고')'로 나뉘어진다.

21. '예, 아니요/아니오'로 대답하시오.

'요'는 '이다', '아니다'의 어간 뒤에 붙어, '어떤 사물이나 사실 따위를 열거할 때 쓰이는 연결 어미'이다. 예를 들면, '이것은 말이요, 그것은 소요, 저것은 돼지이다.', '우리는 친구가 아니요, 형제랍니다.' 등이 있다.

한글 맞춤법 제15항 [붙임 3] 연결형에서 사용되는 '이요'는 '이요'로 적는다. [붙임 2, 3]은 현행 표기에서는 연결형은 '이요'로, 종결형은 '이오'로 적고 있어서 관용 형식을 취한 것이다. 이는 형태소 결합에서 나타나는 'ㅣ' 모음 동화를 표기에 반영하지 않는다는 것을 뜻한다. 이것은 결합하는 형태소들의 원래 모습을 최대한 살려 주는 것이다. 그러므로 '아니요'로 적어야 한다.

22. 왕자는 마법에 걸려 야수가 되었다/돼었다.

'돼'는 '되어'의 준말이다. '돼-'는 '-어'로 적는 경우이기에 '되어, 되어도, 되어서'로 써야 한다. 예를 들면, '개어/개어도/개어서, 겪어/겪어도/겪어서' 등이 있다.

한글 맞춤법 제16항 어간의 끝음절 모음이 'ㅏ, ㅗ'일 때에는 어미를 '-아'로 적고, 그 밖의 모음일 때에는 '-어'로 적는다. '-아'로 적는 경우는 '나아/나아도/나아서, 막아/막아도/막아서, 얇아/얇아도/얇아서' 등이 있다. 그러므로 '되었다'로 적어야 한다.

보충 설명하면, '어간(語幹)'의 끝 음절의 모음이 'ㅏ, ㅗ'(양성 모음)일 때에는 어미를 '-아' 계열로 적는다. 양성 모음(陽性母音)은 음색, 어감이 밝고 산뜻한 모음이며, 비교적 입을 크게 벌려서 소리를 내고, 'ㅏ, ㅗ, ㅑ, ㅛ, ㅐ, ㅘ, ㅚ, ㅒ' 등이 있고 '강모음(强母音)'이라고도 한다.

'-어'로 적는 경우는 '베어/베어도/베어서, 쉬어/쉬어도/쉬어서, 저어/저어도/저어서, 주어/주어도/주어서' 등이 있다. 보충 설명하면, '음성 모음(陰性母音)'은 발음이 어둡고, 어감이 큰 모음이며, 'ㅓ, ㅜ, ㅕ, ㅠ, ㅔ, ㅝ, ㅟ, ㅖ' 등이 있으며, '약모음(弱母音)'이라고도 한다. 어간 끝 음절의 모음이 'ㅐ, ㅓ, ㅔ, ㅚ, ㅜ, ㅞ, ㅢ, ㅢ'(음성 모음)일 때에는 '-어' 계열로 적는다.

'모음 조화(母音調和)'란 한 개 낱말 안에서 모음의 연결에 있어서, 양성 모음은 양성 모음끼리, 음성 모음은 음성 모음끼리 잘 어울리는 현상을 일컫는다. 모음 조화의 파괴를 보이는 것은 '깡충깡충, 오순도순' 등이 있다.

23. 집사람은 김치를 직접 담가/담궈 먹는다.

'담그다'는 '담가/담갔다'로 어미가 바뀐다. 예를 들면, '시냇물에 발을 담그다.', '개구리를 알코올에 담가 두다.', '매실주를 담그다.', '이 젓갈은 6월에 잡은 새우로 담가서 육젓이라고 한다.' 등이 있다.

한글 맞춤법 제18항 다음과 같은 용언들은 어미가 바뀔 경우, 그 어간이나 어미가 원칙에서 벗어나면 벗어나는 대로 적는다. 한글 맞춤법 제18항 4에서 어간의 끝 'ㅜ, ㅡ'가 줄어질 적도 벗어나면 벗어나는 대로 적는다. 예를 들면, '푸다/퍼/펐다, 끄다/꺼/껐다, 따르다/따라/따랐다' 등이 있다. 그러므로 '담가'로 적어야 한다.

'푸다'는 '속에 들어 있는 액체, 가루, 낟알 따위를 떠내다.'라는 뜻이다. 우물에서 물을 푸다.

'끄다'는 '타는 불을 못 타게 하다.'의 뜻이다. 엄마가 불을 끄는 걸 잊었던 모양으로, 구석 자리에 석유 등잔이 가물대고 있었다.

'따르다'는 '다른 사람이나 동물의 뒤에서, 그가 가는 대로 같이 가다.'의 뜻이다. 경찰이 범인의 뒤를 따르다.

24. 친구에게 문제 푸는 방식에 대해 묻다/물다.

'묻다'는 '무엇을 밝히거나 알아내기 위하여 상대편의 대답이나 설명을 요구하는 내용으로 말하다.'라는 뜻이다. 예를 들면, '지나가는 사람에게 길을 묻다.', '선생님께 정답을 묻다.' 등이 있다.

한글 맞춤법 제18항 5에서 어간의 끝 'ㄷ'이 'ㄹ'로 바뀔 적에는 '걷다[步]/걸어/걸으니/걸었다, 듣다[聽]/들어/들으니/들었다, 싣다[載]/실어/실으니/실었다' 등으로 써야 한다. 그러므로 '묻다'로 적어야 한다.

'걷다'는 '다리를 움직여 바닥에서 발을 번갈아 떼어 옮기다.'라는 뜻이다. 술에 취해 비틀거리며 걷다.

'듣다'는 '사람이나 동물이 소리를 감각 기관을 통해 알아차리다.'의 뜻이다. 당신의 목소리를 듣고 싶습니다.

'싣다'는 '물체를 운반하기 위하여 차, 배, 수레, 비행기, 짐승의 등 따위에 올리다.'의 뜻이다. 내가 짐 보따리를 리어카에 싣고 떠나던 그 일요일까지 아무런 연락이 없었다.

보충 설명하면, 어간(語幹)이 'ㄷ'으로 끝나는 용언 중에는 모음 어미와 만나면 'ㄷ'이 'ㄹ'로 변하는 것이다. '걷다'와 같은 용언은 자음으로 시작하는 어미와 만나면 '걷고, 걷게, 걷는, 걷다가' 등과 같이 받침 'ㄷ'이 유지되지만, 모음으로 시작하는 어미와 만나면 '걸어서, 걸으니, 걸으면' 등과 같이 받침 'ㄷ'이 'ㄹ'로 바뀌는 것이다.

이러한 활용을 보이는 동사는 '긷다, 깨닫다, 붇다, 일컫다' 등이 있다.

'물다'는 '윗니나 아랫니 또는 양 입술 사이에 끼운 상태로 떨어지거나 빠져나가지 않도록 다소 세게 누르다.', '윗니와 아랫니 사이에 끼운 상태로 상처가 날 만큼 세게 누르다.', '이, 빈대, 모기 따위의 벌레가 주둥이 끝으로 살을 찌르다.' 등의 뜻이다. 예를 들면, '아기가 젖병을 물다.', '사자가 먹이를 물어다 새끼에게 먹였다.' 등이 있다.

그러나 항상 'ㄷ' 받침을 유지하는 용언은 '걷다[收], 닫다[閉], 묻다[埋]' 등이 있다.

'걷다'는 '거두다'의 준말이다. 반장이 친구들에게 불우 이웃 돕기 성금을 걷었다.

'닫다'는 '열린 문짝, 뚜껑, 서랍 따위를 도로 제자리로 가게 하여 막다.'의 뜻이다. 뚜껑을 닫다.

'묻다'는 '물건을 흙이나 다른 물건 속에 넣어 보이지 않게 쌓아 덮다.'라는 뜻이다. 나는 다시 손안의 물건들을 나무 밑에 묻고 흙을 덮었다.

25. '썰다'의 명사형에 대하여 알아보자.

'썰다'의 명사형은 '썲'이다. 이는 '썰다'에 '-ㅁ'이 붙어서 된 것이다. 예를 들면, '목수가 톱으로 나무를 썰었다.', '어머니가 무로 채를 썰었다.', '찌개에 파를 숭숭 썰어 집어 넣었다.' 등이 있다.

한글 맞춤법 제19항 어간에 '-이'나 '-음/-ㅁ'이 붙어서 명사로 된 것과 '-이'나 '-히'가 붙어서 부사로 된 것은 그 어간의 원형을 밝히어 적는다.

1에서 '-이'가 붙어서 명사로 된 것으로는 '길이, 깊이, 높이, 다듬이, 땀받이, 달맞이, 먹이, 미닫이, 벌이, 벼훑이, 살림살이, 쇠붙이' 등이 있다.

2에서 '-음/-ㅁ'이 붙어서 명사로 된 것으로는 '울음, 웃음, 졸음, 죽음, 앎, 만듦' 등이 있다. 그러므로 '썲'으로 적어야 한다.

보충 설명하면, 한글 맞춤법 1, 2는 원형(原形)을 밝혀 적는다는 조항이다. 명사화 접미사(名詞化 接尾辭) '-음/-ㅁ'이 붙어서 만들어진 말을 적을 때에 원형을 밝혀서 적어야 한다.

명사에 대하여 알아보겠다.

'명사(名詞)'는 '사물의 이름을 나타내는 품사'이다. 특정한 사람이나 물건에 쓰이는 이름이냐 일반적인 사물에 두루 쓰이는 이름이냐에 따라 '고유 명사와 보통 명사'로, 자립적으로 쓰이느냐 그 앞에 반드시 꾸미는 말이 있어야 하느냐에 따라 '자립 명사와 의존 명사'로 나뉘며, '이름씨, 임씨'라고도 한다.

'고유 명사(固有名詞)'는 '낱낱의 특정한 사물이나 사람을 다른 것들과 구별하여 부르기 위하여 고유의 기호를 붙인 이름'이다. 문법에서는 명사의 하나이며, 영어에서는 첫 글자를 대문자로 쓴다. 세상에서 유일하게 존재하는 '해, 달' 따위는 다른 것과 구별할 필요가 없기 때문에 고유 명사에 속하지 않는 반면, '홍길동'과 같은 인명은 동명이인(同名異人)이 있는 경우라도 고유 명사에 속한다. 한편 '홍길동'이 신비한 능력이 있는 사람을 의미하게 되는 경우라면 고유 명사가 아니라 보통 명사화한 것으로 간주되기도 한다. '특립 명사, 특별 명사, 홀로이름씨, 홀이름씨'라고도 한다.

'보통 명사(普通名詞)'는 '같은 종류의 모든 사물에 두루 쓰이는 명사'이다. '사람', '나라', '도시', '강', '지하철' 따위가 있다. '두루이름씨, 통칭 명사'라고도 한다.

'자립 명사(自立名詞)'는 '다른 말의 도움을 받지 아니하고 단독으로 쓰일 수 있는 명사'이다. '실질 명사, 옹근이름씨, 완전 명사'라고도 한다.

‘의존 명사(依存名詞)’는 ‘의미가 형식적이어서 다른 말 아래에 기대어 쓰이는 명사’이다. ‘것’, ‘따름’, ‘뿐’, ‘데’ 따위가 있다. ‘꼴이름씨, 매인이름씨, 불완전 명사, 안옹근이름씨, 형식 명사’라고도 한다.

26. 목이 붓는 병을 목거리/목걸이라고 한다.

‘목거리’는 ‘목+거리’로 분석할 수 있다. 예를 들면, ‘목거리가 아프니까 말을 잘 하지 못하겠다.’, ‘환절기가 되면 목거리로 고생을 하는 사람이 많다.’ 등이 있다.

한글 맞춤법 제19항 다만, 어간(語幹)에 ‘-이’나 ‘-음’이 붙어서 명사로 바뀐 것이라도 그 어간의 뜻과 멀어진 것은 그 원형을 밝히어 적지 아니한다. 예를 들면, ‘굽도리, 다리[髢], 무녀리, 코끼리, 거름[肥料], 고름[膿], 노름[賭博]’ 등이 있다. 그러므로 ‘목거리’로 적어야 한다.

‘굽도리’는 ‘방 안 벽의 밑부분.’의 뜻이다. 벽지와는 다른 색의 도배지로 방을 굽도리해서 한껏 멋을 부렸다.

‘다리’는 ‘여자들의 머리숱이 많아 보이라고 덧넣었던 딴머리.’를 뜻한다. 다리를 풀다.

‘무녀리’는 ‘한 태에 낳은 여러 마리 새끼 가운데 가장 먼저 나온 새끼.’를 뜻한다. 주인네 되는 사람이 동네 집집에 강아지를 나눠주게 되었고, 금순네도 그중의 무녀리 한 마리를 공짜로 얻어다 기르게 된 것이다.

보충 설명하면, 명사화 접미사 ‘-이’나 ‘-음’이 결합하여 된 단어라도 그 어간의 본뜻과 멀어진 것은 원형을 밝힐 필요가 없이 소리나는 대로 적는다.

‘목걸이’는 ‘목에 거는 물건을 통틀어 이르는 말.’, ‘귀금속이나 보석 따위로 된 목에 거는 장신구.'를 뜻한다. 예를 들면, '그녀는 진주 목걸이를 하고 있다.', '그녀의 목에는 조개껍데기로 만든 예쁜 목걸이가 걸려 있었다.' 등이 있다.

원형에 대하여 알아보겠다.

'원형(原形)'은 '활용하는 단어에서 활용형의 기본이 되는 형태'이다. 국어에서는 어간에 어미 '-다'를 붙인다. '기본형(基本形)'이라고도 한다.

27. 그 남자는 귀머거리/귀먹어리처럼 행동하고 있다.

'귀머거리'는 '귀먹+어리'로 분석할 수 있다. 이처럼 모음으로 시작된 접미사가 붙은 것은 어간의 원형을 밝히어 적지 않는다. 예를 들면, '그 사람은 귀머거리 행세를 하였다.', '귀머거리라도 얼른 알아들을 법한 목청인데 윗방에서는 찍소리도 나지 않았다.' 등이 있다.

한글 맞춤법 제19항 [붙임] 어간에 '-이'나 '음' 이외의 모음으로 시작된 접미사가 붙어서 다른 품사로 바뀐 것은 그 어간의 원형을 밝히어 적지 아니한다. 예를 들면, 명사로 바뀐 것은 '까마귀, 너머, 뜨더귀, 마감, 마개, 마중, 무덤, 비렁뱅이, 쓰레기, 올가미, 주검' 등이 있다. 그러므로 '귀머거리'로 적어야 한다.

'너머'는 '높이나 경계로 가로막은 사물의 저쪽이나 그 공간.'을 뜻한다. 뒤뜰 돌담 너머, 붉은 지붕의 건물이 바로 그가 경영하는 모란 유치원이다.

'뜨더귀'는 '조각조각으로 뜯어내거나 가리가리 찢어 내는 짓이나 그 조각.'을 뜻한다. 아이가 창호지 문을 뜨더귀로 만들어 놓았다.

'마감'은 '하던 일을 마물러서 끝냄이나 그런 때.'의 뜻이다. 공사가 마감 단계에 있다.

'비렁뱅이'는 '거지'를 낮잡아 이르는 말이다. 쪽박 차고 문전 문전을 빌어먹고 다니는 비렁뱅이 아들이 상급 학교가 웬 말인가.

'올가미'는 '새끼나 노 따위로 옭아서 고를 내어 짐승을 잡는 장치.'를 말한다. 사냥꾼들은 그 길목을 알아 올가미를 만들어 놓거나 함정을 파 놓는다고 했다.

'주검'은 '송장'을 뜻한다. 그 병사는 산허리를 타고 넘다가, 풀숲에 넘어진 주검을 보았다.

28. 비에 젖은 꼬락서니/꼴악서니가 가관이다.

'꼬락서니'는 '꼴'을 낮잡아 이르는 말이며, '꼴+악서니'로 분석한다. 모음으로 시작하는 접미사가 붙어서 된 것은 소리 나는 대로 적는다. 예를 들면, '날림으로 만들어진 뗏목을 타고서 주걱 모양의 노를 휘저어 열심히 물장구를 치는 그 우스꽝스러운 꼬락서니는 미친놈으로 오해받는 것도 무리가 아닐 만큼 진기한 풍경이었다.', '민씨는 노인이 언제나 마땅찮았는데 출근길에 불쾌한 꼬락서니를 보게 되니 더욱 참을 수가 없었다.' 등이 있다.

한글 맞춤법 제20항 [붙임] '-이' 이외의 모음으로 시작된 접미사가 붙어서 된 말은 그 명사의 원형을 밝히어 적지 아니한다. 예를 들면, '끄트머리, 모가치, 바가치, 바깥, 사타구니, 싸라기, 이파리, 지붕, 지푸라기, 짜개' 등이 있다. 그러므로 '꼬락서니'로 적어야 한다.

'끄트머리'는 '맨 끝이 되는 부분.'을 말한다. 골목 끄트머리의 파란색 대문이 우리 집이다.

'모가치'는 '몫으로 돌아오는 물건.'을 뜻한다. 몇 사람의 모가치만 남기고 나머지 물건들은 처분하였다.

'사타구니'는 '샅'을 낮잡아 이르는 말이며, '두 다리의 사이'를 말한다. 그는 두 손을 사타구니 속에 찌르고 몸을 웅크리면서 작은아버지에게 갈까 말까 하고 망설였다.

'싸라기'는 '부스러진 쌀알.'의 뜻이다. 수탈이 심해 타작마당 쓸고 난 검부러기 속의 싸라기까지 골라 바쳐야 했다.

'짜개'는 '콩이나 팥 따위를 둘로 쪼갠 것의 한쪽.'을 뜻한다.

한글 맞춤법 제20항 명사 뒤에 '-이'가 붙어서 된 말은 그 명사의 원형을 밝히어 적는다. 1에서 부사로 된 것은 '곳곳이, 낱낱이, 몫몫이, 샅샅이, 앞앞이, 집집이' 등이 있다.

2에서 명사로 된 것은 '곰배팔이, 바둑이, 삼발이, 애꾸눈이, 육손이, 절뚝발이/절름발이' 등이 있다.

'곰배팔이'는 '팔이 꼬부라져 붙어 펴지 못하거나 팔뚝이 없는 사람을 낮잡아 이르는 말'이다. 아버지는 한쪽 엉덩이를 쑥 빼더니 한쪽 다리를 저는 시늉을 하고 다시 한쪽 팔을 곰배팔이처럼 오그라뜨렸다.

'삼발이'는 '둥근 쇠 테두리에 발이 세 개 달린 기구'이다. 화로(火爐)에 놓고 주전자, 냄비, 작은 솥, 번철 따위를 올려놓고 음식물을 끓이는 데 쓴다. 재를 헤치자 뜬숯은 물론 눌렸던 재까지 장밋빛으로 살아났다. 혜정이가 그 위에다 삼발이를 놓고 찌개 뚝배기를 얹는 걸 보면서….

'육손이'는 '손가락이 여섯 개 달린 사람을 낮잡아 이르는 말'이다. 아이들이 육손이를 놀리느라고 산벼랑에 있는 새알을 꺼내 오라고 해도 그는 쉽사리 그 청을 들어주었다.

29. 그는 어머니를 생각하며 굵다란/굵따란 눈물을 뚝뚝 흘렸다.

'굵다랗다'는 '굵+다랗다'로 분석한다. '굵다랗다'는 어간 뒤에 자음으로 시작하는 접미사가 붙어서 된 것이다. '굵다'는 '굵어, 굵으니, 굵고, 굵지' 등으로 활용된다. '긴 물체의 둘레나 너비가 길거나 넓다.', '밤, 대추, 알 따위가 보통의 것보다 부피가 크다.', '빗방울 따위의 부피가 크다.' 등의 뜻이다. 예를 들면, '굵다랗게 새끼를 꼬다.', '실이 단추를 꿰매기엔 너무 굵다랗다.', '획이 굵다란 먹 글씨를 희미한 불빛에 내리 보고 치보고 한다.' 등이 있다.

한글 맞춤법 제21항 명사나 혹은 용언의 어간 뒤에 자음으로 시작된 접미사가 붙어서 된 말은 그 명사나 어간의 원형을 밝히어 적는다. 1에서 명사 뒤에 자음으로 시작된 접미사가 붙어서 된 것으로는 '값지다, 홑지다, 넋두리, 빛깔, 옆댕이, 잎사귀' 등이 있다. 2에서 어간 뒤에 자음으로 시작된 접미사가 붙어서 된 것으로는 '낚시, 늙정이, 덮개, 뜯게질, 갉작갉작하다, 갉작거리다, 뜯적거리다, 뜯적뜯적하다, 굵직하다, 깊숙하다, 넓적하다, 높다랗다, 늙수그레하다, 얽죽얽죽하다' 등이 있다. 그러므로 '굵다란'으로 적어야 한다.

'-다랗다'는 일부 형용사 어간 뒤에 붙어, '그 정도가 꽤 뚜렷함.'의 뜻을 더하는 접미사이다. 예를 들면, '가느다랗다, 기다랗다, 깊다랗다, 높다랗다, 잗다랗다, 좁다랗다, 커다랗다' 등이 있다.

'값지다'는 '물건 따위가 값이 많이 나갈 만한 가치가 있다.'라는 뜻이다. 우리 어머니는 값진 보석을 동생에게 선물했다.

'홑지다'는 '복잡하지 아니하고 단순하다.'라는 뜻이다. 홑진 세 식구가 불과 하루 사이에 자그마치 20여 명으로 늘어났다

'넋두리'는 '불만을 길게 늘어놓으며 하소연하는 말.'의 뜻이다. 어머니는 한숨을 내쉬며 넋두리 같은 혼잣말을 했다.

'옆댕이'는 '옆'을 속되게 이르는 말이다. 비스듬히 마주 보이는 담배 가게 옆댕이의 사진관을 쳐다본다.

'늙정이'는 '늙은이'를 속되게 이르는 말이다.

'뜯게질'은 '해지고 낡아서 입지 못하게 된 옷이나 빨래할 옷의 솔기를 뜯어내는 일.'의 뜻이다. '솔기'는 옷이나 이부자리 따위를 지을 때 두 폭을 맞대고 꿰맨 줄을 말한다.

'갉작갉작하다'는 '되는대로 자꾸 글이나 그림 따위를 쓰거나 그리다.' 등의 뜻이다.

'갉작거리다'는 '날카롭고 뾰족한 끝으로 바닥이나 거죽을 자꾸 문지르다.'라는 뜻이다. 강아지가 안으로 들어오겠다는 듯이 현관문을 갉작거린다.

'뜯적거리다'는 '손톱이나 칼끝 따위로 자꾸 뜯거나 진집을 내다.'라는 뜻이다. 마른 입술을 손톱으로 뜯적거려 피가 난다.

'뜯적뜯적하다'는 '괜히 트집을 잡아 자꾸 짓궂게 건드리다.'라는 뜻이다. 그 사람은 여자가 눈에 보이기만 하면 뜯적뜯적하는 것이 특기이다.

'굵직하다'는 '밤, 대추, 알 따위의 부피가 꽤 크다.'라는 뜻이다. 뚝배기 위로 비죽하게 돼지 뼈다귀가 나와 있고 굵직한 감자알 위에 기름과 고춧가루가 벌겋게 엉겨 있다.

'깊숙하다'는 '위에서 밑바닥까지, 또는 겉에서 속까지의 거리가 멀고 으슥하다.'라는 뜻이다. 지리산은 깊숙한 산골짜기로 되어 있다.

'넓적하다'는 '펀펀하고 얇으면서 꽤 넓다.'라는 뜻이다. 밀가루 반죽을 홍두깨로 넓적하게 편다.

'높다랗다'는 '썩 높다.'의 뜻이다. 아직도 해가 높다랗게 남아 있었다.

'늙수그레하다'는 '꽤 늙어 보이다.'라는 뜻이며, '늙수레하다'라고도 한다. 그는 머리가 하얗고 주름이 있어 나이보다 늙수그레하다.

'얽죽얽죽하다'는 '얼굴에 잘고 굵은 것이 섞이어 깊게 얽은 자국이 많다.'라는 뜻이다. 그의 얼굴은 얽죽얽죽하다.

'가느다랗다'는 '아주 가늘다.'라는 뜻이다. 그녀는 눈이 크고 팔목과 다리가 유난히 가느다래 약해 보인다.

'기다랗다'는 '매우 길거나 생각보다 길다.'의 뜻이다. 머리를 기다랗게 늘어뜨리다.

'깊다랗다'는 '정도가 꽤 심하다.'의 뜻이다. 그들은 그때까지 말없이 깊다란 침묵에 잠겨 있었다.

'잗다랗다'는 '꽤 잘다.'의 뜻이다. 그는 젊은 나이임에도 불구하고 이마와 눈가에 잗다랗게 주름이 잡혔다.

30. 작은 문 옆에 차가 드나들 수 있을 만큼 널따란/넓다란 문이 나 있다.

'널따랗다'는 '넓'이 드러나지 않는 것이다. '널따랗다'는 '-따래, -따라니, -따랗소'로 활용된다. 실제적인 공간을 나타내는 명사와 함께 쓰여, '꽤 넓다.'라는 뜻이다. 예를 들면, '아기가 널따란 아빠 품에 안겨 잠이 들었다.', '그 집은 널따란 문이 있다.' 등이 있다.

한글 맞춤법 제21항 다만, 다음과 같은 말은 소리대로 적는다.

(1) 겹받침의 끝소리가 드러나지 아니하는 것으로는 '할짝거리다, 널찍하다, 말끔하다, 말쑥하다, 말짱하다, 실쭉하다, 실큼하다, 얄따랗다, 얄팍하다, 짤따랗다, 짤막하다, 실컷' 등이 있다. 그러므로 '널따란'으로 적어야 한다.

(2) 어원이 분명하지 아니하거나 본뜻에서 멀어진 것으로는 '넙치, 올무, 골막하다, 납작하다' 등이 있다.

보충 설명하면, 겹받침에서 뒤엣것이 발음되는 경우에는 그 어간의 형태를 밝히어 적고, 앞의 것만 발음되는 경우에는 어간의 형태를 밝히지 않고 소리 나는 대로 적는다는 것이다. 또한 어원이 분명하지 않거나 본뜻에서 멀어진 것은 소리 나는 대로 적는다.

'할짝거리다'는 '혀끝으로 잇따라 조금씩 가볍게 핥다.'의 뜻이며, '할짝대다'와 같은 의미이다.

'널찍하다'는 '꽤 너르다.'의 뜻이다. 이 집은 마루가 널찍해서 시원해 보인다.

'말끔하다'는 '티 없이 맑고 환하게 깨끗하다.'라는 뜻이다. 그는 끝까지 그 일을 맡아 말끔하게 처리하였다.

'말쑥하다'는 '지저분함이 없이 말끔하고 깨끗하다.'라는 의미이다. 아버지와 나는 휴일에 낙서로 뒤덮여 있던 담벼락을 말쑥하게 새로 페인트칠했다.

'말짱하다'는 '정신이 맑고 또렷하다.'의 뜻이다. 취중에도 정신은 말짱하시더군요.

'실쭉하다'는 '어떤 감정을 나타내면서 입이나 눈이 한쪽으로 약간 실그러지게 움직이다.'라는 뜻이다. 그는 내 말이 듣기 싫은지 입아귀를 실쭉하였다.

'실큼하다'는 '싫은 생각이 있다.'의 뜻이다.

'얄따랗다'는 '꽤 얇다.'의 의미이다. 그 집 지붕에는 얄따란 함석판들이 이어져 있었다.

'얄팍하다'는 '생각이 깊이가 없고 속이 빤히 들여다보이다.'라는 뜻이다. 저의 얄팍한 생각으로 어찌 선생님의 뜻을 헤아리겠습니까?

'짤따랗다'는 '매우 짧거나 생각보다 짧다.'의 뜻이다. 고 박정희 대통령의 키가 짤따랗다.

'넙치'는 넙칫과의 바닷물고기이다. 몸의 길이는 60cm 정도이고 위아래로 넓적한 긴 타원형이며, 눈이 있는 왼쪽은 어두운 갈색 바탕에 눈 모양의 반점이 있고 눈이 없는 쪽은 흰색이다. 중요한 수산 자원 가운데 하나로 맛이 좋다. 한국, 일본, 남중국해 등지에 분포하며, '광어(廣魚)'라고도 한다.

'올무'는 '새나 짐승을 잡기 위하여 만든 올가미.'를 말한다. 토끼가 걸린 것을 확인하고 올무를 조였다.

'골막하다'는 '담긴 것이 가득 차지 아니하고 조금 모자란 듯하다.'라는 의미이다. 뜨거운 죽을 그릇에 담을 때에는 넘지 않도록 골막하게 담아라.

'납작하다'는 '판판하고 얇으면서 좀 넓다.'의 뜻이다. 비석도 없는 무덤 하나가 형편없이 웃자란 풀 속에 가려서 형체를 찾아볼 수 없을 만큼 납작하게 누워 있었다.

겹받침에 대하여 알아보겠다.

〈겹자음의 발음〉

① 겹자음은 'ㄳ, ㄵ, ㄶ, ㄺ, ㄻ, ㄼ, ㄽ, ㄾ, ㄿ, ㅀ, ㅄ'의 11개가 있다.

넋→[넉], 앉다→[안따], 않고→[안코], 닭→[닥], 여덟→[여덜], 외곬→[외골], 핥다→[할따], 읊다→[읍따], 싫다→[실타], 값→[갑]

② 불규칙적 겹자음은 'ㄶ, ㄺ, ㄼ, ㅀ'의 4가지이다.

않은→[아는], 묽고→[물꼬], 밟게→[밥께], 뚫는→[뚤는→뚤른]

③ 앞소리가 나는 겹자음은 'ㄳ, ㄵ, ㄼ, ㄽ, ㄾ, ㅄ, ㄶ, ㅀ'의 8개가 있다.

넋→[넉], 얹고→[언꼬], 여덟→[여덜], 외곬→[외골], 핥다→[할따], 않고→[안코], 앓다→[알타]

④ 뒷소리가 나는 겹자음은 'ㄺ, ㄻ, ㄿ'의 3가지가 있다.

읽고→[일꼬], *읽지→[익찌], 넓다→[널따], *밟다→[밥따]

〈홑자음의 발음〉

① 음절 끝자리의 'ㄲ, ㅋ'은 'ㄱ'으로 바뀐다.

밖 →[박], 부엌→[부억], 국→[국]

② 음절 끝자리의 'ㅅ, ㅆ, ㅈ, ㅊ, ㅌ, ㅎ'은 'ㄷ'으로 바뀐다.

옷→[옫], 있(고)→[읻꼬], 낮→[낟], 꽃→[꼳], 바깥→[바깓], 히읗→[히읃]

③ 음절 끝자리의 'ㅍ'은 'ㅂ'으로 바뀐다.

앞→[압], 덮다→[덥따]

④ 끝에 자음을 가진 형태소가 모음으로 시작되는 형식 형태소와 만나면, 그 끝 자음은 다음 음절의 첫소리로 발음된다.

㉠ 형식 형태소가 따르는 경우

몸이→[모미], 옷을→[오슬], 꽃을→[꼬츨], 밭에→[바테]

㉡ 실질 형태소가 따르는 경우

무릎 앞→[무르밥], 옷 아래→[옫아래]→[오다래], 값없다→[갑업따]→[가법따]

31. 철봉을 하듯 몸을 솟구어/솓구어 창틈을 붙잡고 지붕으로 올라가려다가…….

'솟구다'는 어간에 접미사가 붙었기에 어간을 밝히어 적어야 한다. '솟구다'는 '-구어(-궈), -구니' 등으로 활용된다. '몸 따위를 빠르고 세게 날 듯이 높이 솟게 하다.'라는 뜻이다. 예를 들면, '산이라야 모두 올망졸망, 어깨를 한번 기껏 솟구고 오만을 피워 보려고 하는 것은 하나도 없다.'가 있다.

한글 맞춤법 제22항 용언의 어간에 다음과 같은 접미사들이 붙어서 이루어진 말들은 그 어간을 밝히어 적는다. 1. '-기-, -리-, -이-, -히-, -구-, -우-, -추-, -으키-, -이키-, -애-'가 붙는 것으로는 '맡기다, 뚫리다, 쌓이다, 굳히다, 돋구다, 갖추다, 일으키다, 돌이키다, 없애다' 등이 있다. 그러므로 '솟구어'로 적어야 한다.

'맡기다'는 '맡다'의 사동사이며, '어떤 일에 대한 책임을 지고 담당하다.'라는 뜻이다. 집안 살림을 어린 딸에게 맡기다.

'뚫리다'는 '뚫다'의 피동사이며, '구멍을 내다.'라는 뜻이다. 벽에 구멍이 뚫리다.

'쌓이다'는 '쌓다'의 피동사이며, '여러 개의 물건을 겹겹이 포개어

얹어 놓다.'라는 의미이다. 발밑에는 옷이 한 무더기 쌓여 있었다.

'굳히다'는 '굳다'의 사동사이며, '무른 물질이 단단하게 되다.'라는 뜻이다. 설탕물을 녹여 반질거리는 쇠판에 여러 가지 모양을 그려 굳힌 것을 팔거나….

'돋구다'는 '안경의 도수 따위를 더 높게 하다.'라는 뜻이다.

'갖추다'는 '필요한 자세나 태도 따위를 취하다.'라는 의미이다. 언제라도 출동할 수 있도록 만반의 태세를 갖추고 대기하라.

'일으키다'는 '일어나게 하다.'의 뜻이다. 외팔이가 술상이라도 걷어찰 기세로 냉큼 일어섰다. 얼결에 춘식이도 장승같은 체구를 벌떡 일으켰다.

'돌이키다'는 '자기가 한 말이나 행동에 대하여 잘못이 없는지 생각하다.'라는 뜻이다. 남을 비판하기 전에 항상 나 자신부터 돌이켜 봐야 한다.

'없애다'는 '없다'의 사동사이며, '어떤 일이나 현상이나 증상 따위가 생겨 나타나지 않은 상태이다.'라는 뜻이다. 음주 운전을 없애려는 노력에도 불구하고 거의 줄어들지 않았다.

32. 군마는 적들이 엉덩짝 살을 도려/돌여 가서 피가 낭자하게 땅을 적셨고….

'도리다'는 '돌+이+다'로 분석된다. 접미사 '-이'가 붙어서 된 것은 소리대로 적어야 한다. '도리다'는 '도리어, 도리니' 등으로 활용된다. '둥글게 빙 돌려서 베거나 파다.', '글이나 장부의 어떤 줄을 지우려고 꺾자를 치다.' 등의 뜻이다. 예를 들면, '사과의 상한 부분을 도렸다.', '소고기의 살을 도려 친구에게 선물했다.' 등이 있다.

한글 맞춤법 제22항 다만, '-이-, -히-, -우-'가 붙어서 된 말이라도 본뜻에서 멀어진 것은 소리대로 적는다. 예를 들면, '드리다

(용돈을 ~), 고치다, 바치다(세금을 ~), 부치다(편지를 ~), 거두다, 미루다, 이루다' 등이 있다. 그러므로 '도려'로 적어야 한다.

보충 설명하면, 동사의 어원적인 형태는 어간에 접미사 '-이-, -히-, -우-'가 결합한 것으로 해석되더라도 본뜻에서 멀어졌기 때문에 피동이나 사동의 형태로 인식되지 않는 것은 소리 나는 대로 적는다.

'드리다'는 '윗사람에게 그 사람을 높여 말이나 인사, 결의, 축하 따위를 하다.'의 뜻이다. 부모님께 문안을 드리다.

'고치다'는 '고장이 나거나 못 쓰게 된 물건을 손질하여 제대로 되게 하다.'라는 뜻이다. 고장 난 시계를 고치다.

'바치다'는 '반드시 내거나 물어야 할 돈을 가져다주다.'라는 의미이다. 관청에 세금을 바치다.

'부치다'는 '편지나 물건 따위를 일정한 수단이나 방법을 써서 상대에게로 보내다.'라는 뜻이다. 아들에게 학비와 용돈을 부치다.

'거두다'는 '자식, 고아 따위를 보살피거나 기르다.'라는 뜻이다. 생판 남도 데려다 거두고 닦달질해 제 식구 만들어 일생 의리를 지키는 게 개성상인이라는데….

'미루다'는 '정한 시간이나 기일을 나중으로 넘기거나 늘이다.'라는 의미이다. 혼사를 봄으로 미루게 됐다는 말을 들은 뒤부터는 닷새 간격 혹은 열흘 간격으로 만났었다.

'이루다'는 '어떤 대상이 일정한 상태나 결과를 생기게 하거나 일으키거나 만들다.'라는 의미이다. 그들은 화목한 가정을 이루었다.

피동사에 대하여 알아보겠다.

'피동사(被動詞)'는 '남의 행동을 입어서 행하여지는 동작을 나타내는 동사'이다. '보이다', '물리다', '잡히다', '안기다', '업히다' 따위가 있으며, '수동사, 입음움직씨'라고도 한다.

'사동사(使動詞)'는 '문장의 주체가 자기 스스로 행하지 않고 남에게 그 행동이나 동작을 하게 함을 나타내는 동사'이다. 대개 대응하는 주동문의 동사에 사동 접미사 '-이-, -히-, -리-, -기-' 따위가 결합되어 나타나며, '사역 동사, 하임움직씨'라고도 한다.

33. 우리집 바깥양반은 배불뚝이/배불뚜기로 변했다.

'배-불뚝이'는 '배가 불뚝하게 나온 사람을 낮잡아 이르는 말.', '배가 불룩하게 나온 사물을 비유적으로 이르는 말.' 등의 뜻이며, '배뚱뚱이'라고도 한다. '배+불뚝+이'로 분석된다. 이것은 '-하다'가 붙는 어근에 '-이'가 붙어서 명사가 된 것은 원형을 밝히어 적는다. 예를 들면, '대머리에다 배불뚝이인 옆집 노총각은 이번 맞선에서도 퇴짜를 맞았다.', '배불뚝이 난로가 벌겋게 달아올랐다.' 등이 있다.

한글 맞춤법 제23항 '-하다'나 '-거리다'가 붙는 어근에 '-이'가 붙어서 명사가 된 것은 그 원형을 밝히어 적는다. 예를 들면, '깔쭉이/깔쭈기, 꿀꿀이/꿀꾸리, 삐죽이/삐주기, 살살이/살사리, 오뚝이/오뚜기' 등이 있다. 그러므로 '배불뚝이'로 적어야 한다.

'깔쭉이'는 '가장자리를 톱니처럼 파 깔쭉깔쭉하게 만든 주화(鑄貨)를 속되게' 이르는 말이다.

'살살이'는 '간사스럽게 알랑거리는 사람.'을 뜻한다. "자네 같은 살살이니까 여전할 테지." "그 말씀하시려고 소인을 부르셨는가요?"

'오뚝이'는 '밑을 무겁게 하여 아무렇게나 굴려도 오뚝오뚝 일어서는 어린아이들의 장난감.'을 뜻하며, '부도옹'이라고도 한다. 실망하지 말고 오뚝이처럼 다시 일어서서 새로 시작해 봐.

34. 뻐꾸기/뻐꾹이는 음력 유월이 한창 활동할 시기이다.

'뻐꾸기'는 '뻐꾹+이'로 분석된다. 이것은 '-하다'나 '-거리다'가 붙을 수 없기에 원형을 밝히어 적지 않는다. 예를 들면, '뻐꾸기 한 마리가 숲 속에서 뻐꾹뻐꾹 울고 있다.'가 있다.

한글 맞춤법 제23항 [붙임] '-하다'나 '-거리다'가 붙을 수 없는 어근에 '-이'나 또는 다른 모음으로 시작되는 접미사가 붙어서 명사가 된 것은 그 원형을 밝히어 적지 아니한다. 예를 들면, '개구리, 귀뚜라미, 기러기, 깍두기, 꽹과리, 날라리, 누더기, 동그라미, 두드러기, 딱따구리, 매미, 부스러기, 얼루기, 칼싹두기' 등이 있다. 그러므로 '뻐꾸기'로 적어야 한다.

'꽹과리'는 '풍물놀이와 무악 따위에 사용하는 타악기'의 하나이다. 놋쇠로 만들어 채로 쳐서 소리를 내는 악기로, 징보다 작으며 주로 풍물놀이에서 상쇠가 치고 북과 함께 굿에도 쓴다. 명절이면 마을 사람들이 모여 꽹과리 장단에 맞춰 춤을 추기도 하였다.

'날라리'는 '언행이 어설프고 들떠서 미덥지 못한 사람을 낮잡아' 이르는 말이다. 그 사람은 하는 말을 믿을 수 없는 순 날라리야.

'누더기'는 '누덕누덕 기운 헌 옷.'을 뜻한다. 거지가 누더기를 걸치다.

'딱따구리'는 '딱따구릿과의 새를 통틀어 이르는 말'이다. 삼림에 살며 날카롭고 단단한 부리로 나무에 구멍을 내어 그 속의 벌레를 잡아먹는다. '까막딱따구리, 쇠딱따구리, 오색딱따구리, 청딱따구리, 크낙새' 따위가 있다.

'얼루기'는 '얼룩얼룩한 점이나 무늬 또는 그런 점이나 무늬가 있는 짐승이나 물건.'을 의미한다. 흰 점이 듬성듬성 박힌 얼루기는 형이 좋아하는 말이다.

'칼싹두기'는 '메밀가루나 밀가루 반죽 따위를 방망이로 밀어서 굵직굵직하고 조각 지게 썰어서 끓인 음식(수제비, 칼국수)'을 뜻한다.

'뻐꾸기'는 '두견과의 새'이다. 두견과 비슷한데 훨씬 커서 몸의 길이는 33cm, 편 날개의 길이는 20~22cm이며, 등 쪽과 멱은 잿빛을 띤 청색, 배 쪽은 흰 바탕에 어두운 적색의 촘촘한 가로줄 무늬가 있다. 때까치, 지빠귀 따위의 둥지에 알을 낳아 까게 한다. 초여름에 남쪽에서 날아오는 여름새로 '뻐꾹뻐꾹' 하고 구슬프게 운다. 산이나 숲 속에 사는데 유럽과 아시아 전 지역에 걸쳐 아열대에서 북극까지 번식하고 겨울에는 아프리카 남부와 동남아시아로 남하하여 겨울을 보낸다. '곽공, 길국, 뻐꾹새, 시구(鳲鳩), 포곡(布穀), 포곡조, 획곡'이라고도 한다.

35. 어깨가 들먹이고/들머기고 있는 것으로 보아 아직 살아 있는 것이 분명했다.

'들먹이다'는 '들먹+이다'로 분석된다. '-거리다'가 붙을 수 있는 어근에 '-이다'가 붙으면 어근을 밝히어 적어야 한다. '무거운 물체 따위가 들렸다 내려앉았다 하다.', '어깨나 엉덩이 따위가 자꾸 들렸다 놓였다 하다. 또는 그렇게 되게 하다.' 등의 뜻이다.

예를 들면, '그녀는 어깨를 들먹이며 울고 있었다.', '무슨 말인가를 하려는 듯이 그녀의 입술이 들먹였다.' 등이 있다.

한글 맞춤법 제24항 '-거리다'가 붙을 수 있는 시늉말 어근에 '-이다'가 붙어서 된 용언은 그 어근을 밝히어 적는다. 예를 들면, '깜짝이다/깜짜기다, 꾸벅이다/꾸버기다, 끄덕이다/끄더기다, 뒤척이다/뒤처기다' 등이 있다. 그러므로 '들먹이고'로 적어야 한다.

시늉말에 대하여 알아보겠다.

'시늉말'은 '사람이나 사물의 소리, 모양, 동작 따위를 흉내 내는 말'이다. 의성어와 의태어 따위가 있으며, '흉내말'이라고도 한다.

'의성어(擬聲語)'는 '사람이나 사물의 소리를 흉내 낸 말'이다. '쌕쌕', '멍멍', '땡땡', '우당탕', '퍼덕퍼덕' 따위가 있으며, '사성어, 소리

시늉말, 소리흉내말, 의음어'라고도 한다.

'의태어(擬態語)'는 '사람이나 사물의 모양이나 움직임을 흉내 낸 말'이다. '아장아장', '엉금엉금', '번쩍번쩍' 따위가 있으며, '꼴시늉말, 꼴흉내말, 짓시늉말'이라고도 한다.

36. 그들은 다리가 폭파되었다는 사실을 자기들 눈으로 보기 전에는 도저히/도저이 믿을 수 없었다.

'도저히'는 '-하다'가 붙는 어근에 '-히'가 붙는 것이다. '도저-히(到底-)'는 부사이며, 부정하는 말과 함께 쓰여, '아무리 하여도'라는 뜻이다. 예를 들면, '도저히 용서하지 못한다.', '도저히 참을 수가 없다.', '그러나 지금의 수입으로서는 경이의 낭비에 가까운 생활의 사치를 도저히 감당해 낼 수 없었다.' 등이 있다.

한글 맞춤법 제25항 '-하다'가 붙는 어근에 '-히'나 '-이'가 붙어서 부사가 되거나, 부사에 '-이'가 붙어서 뜻을 더하는 경우에는 그 어근이나 부사의 원형을 밝히어 적는다.

1에서 '-하다'가 붙는 어근에 '-히'나 '-이'가 붙는 경우에는 '급히, 꾸준히, 딱히', '어렴풋이, 깨끗이' 등이 있다. 그러므로 '도저히'로 적어야 한다.

보충 설명하면, '-이'나 '-히'는 규칙적으로 널리 여러 어근(語根, 단어를 분석할 때, 실질적 의미를 나타내는 중심이 되는 부분)에 결합하는 부사화 접미사이다. 명사화 접미사 '-이'나 동사, 형용사화 접미사 '-하다', '-이다' 등의 경우와 마찬가지로 그것이 결합하는 어근의 형태를 밝히어 적는다. 다만, '-하다'가 붙지 않는 경우에는 소리 나는 대로 적는 것으로 '갑자기, 반드시(꼭), 슬며시' 등이 있다.

2에서 부사에 '-이'가 붙어서 역시 부사가 되는 경우에는 '곰곰이, 더욱이, 생긋이, 오뚝이, 일찍이' 등이 있다.

보충 설명하면, 발음 습관에 따라 혹은 감정적 의미를 더하기 위하여 독립적인 부사 형태에 '-이'가 결합된 경우는 그 부사의 본 모양을 밝히어 적는다.

'도저-하다(到底--)'는 형용사이다. '학식이나 생각, 기술 따위가 아주 깊다.', '행동이나 몸가짐이 빗나가지 않고 곧아서 훌륭하다.' 등의 뜻이다. 인격이 그리 뛰어나거나 학식이 도저한 인물은 못 되나 시국에 대하여서 불평을 품고 무슨 일이나 하여 보자는 결심은 있어 보였다.

37. 모든 보험에 가입할 때 반드시 계약서를 꼼꼼히/꼼꼼이 읽으십시오.

'꼼꼼히'은 부사이고, '빈틈이 없이 차분하고 조심스러운 모양.'을 뜻하며, '꼼꼼'과 같은 의미이다. 예를 들면, '그녀는 수업 계획안을 꼼꼼히 작성하였다.', '방세주는 자기 동생 방학주와는 달리 매사를 꼼꼼히 따지는 꽁생원이었고….' 등이 있다.

한글 맞춤법 제25항 1은 '-하다'가 붙는 어근에 '-히'가 붙는 경우이다. 그러므로 '꼼꼼히'로 적어야 한다.

보충 설명하면, '-하다'는 1. 명사 뒤에 붙어 동사를 만드는 접미사로는 '공부하다, 생각하다, 밥하다, 사랑하다, 절하다, 빨래하다' 등이 있다. 2. 명사 뒤에 붙어, 형용사를 만드는 접미사로는 '건강하다, 순수하다, 정직하다, 진실하다, 행복하다' 등이 있다. 3. 의성, 의태어 뒤에 붙어, 동사나 형용사를 만드는 접미사로는 '덜컹덜컹하다, 반짝반짝하다, 소곤소곤하다' 등이 있다. 4. 성상 부사 뒤에 붙어, 동사나 형용사를 만드는 접미사로는 '달리하다, 빨리하다, 잘하다' 등이 있다. 5. 몇몇 어근 뒤에 붙어, 동사나 형용사를 만드는 접미사로는 '흥하다, 망하다, 착하다, 따뜻하다' 등이 있다. 6. 의존 명사 뒤에 붙어, 동사나 형용사를 만드는 접미사로는 '체하다, 척하다, 뻔하다, 양하다, 듯하다, 법하다' 등이 있다.

38. 그녀는 만년필을 반드시/반듯이 구입해야 한다고 한다.

'반드시'는 '-하다'가 붙지 않는 것이다. '반드시'는 '틀림없이 꼭'의 뜻이며, '기필코, 필위(必爲)'라고도 한다. '반드시'는 반ᄃᆞ시<두시-초> ←반ᄃᆞᆺ+-이/반ᄃᆞ기<월석>[←반ᄃᆞᆨ+-이]로 분석된다.

예를 들면, '비가 오는 날이면 반드시 허리가 쑤신다.', '지진이 일어난 뒤에는 반드시 해일이 일어난다.' 등이 있다.

한글 맞춤법 제25항 [붙임] '-하다'가 붙지 않는 경우에는 반드시 소리대로 적는다. 예를 들면, '갑자기, 슬며시' 등이 있다. 그러므로 '반드시'로 적어야 한다.

그러나 '반듯-이'는 '반듯+이'로 분석된다. 이때 '듯'에 사이시옷이 있기 때문에 '-이'가 붙게 되는 것이다. '작은 물체, 또는 생각이나 행동 따위가 비뚤어지거나 기울거나 굽지 아니하고 바르게.', '생김새가 아담하고 말끔하게.' 등의 뜻이다. 예를 들면, '원주댁은 반듯이 몸을 누이고 천장을 향해 누워 있었다.', '머리단장을 곱게 하여 옥비녀를 반듯이 찌르고 새 옷으로 치레한 화계댁이….' 등이 있다.

39. 모진 돌들은 더펄이의 장딴지며, 넓적다리, 엉덩이까지 그대로 엎눌렀다/업눌렀다.

'엎누르다'는 '위에서 억지로 내리눌러 일어나지 못하게 하다.', '덮어놓고 억누르다.' 등의 뜻이며, '엎어누르다'와 같다. '엎누르다'는 '엎+누르다'로 분석된다. 이것은 접두사가 붙어서 이루어진 말이므로 원형을 밝히어 적는 것이다. 예를 들면, '여럿이서 한 녀석을 엎어누르고 두들겨 팬다.', '상대편을 쉽게 엎어누르려면 등 뒤에서

덮쳐라.' 등이 있다.

한글 맞춤법 제27항 둘 이상의 단어가 어울리거나 접두사가 붙어서 이루어진 말은 각각 그 원형을 밝히어 적는다. 합성어로 이루어진 것은 '국말이, 꺾꽂이, 꽃잎, 끝장, 물난리' 등이 있다. 그리고 접두사와 결합한 것은 '웃옷, 헛웃음, 홀아비, 맞먹다, 빗나가다, 새파랗다, 샛노랗다, 시꺼멓다, 싯누렇다, 엇나가다, 엿듣다, 옻오르다, 짓이기다, 헛되다' 등이 있다. 그러므로 '엎눌렀다'로 적어야 한다.

'웃옷'은 '맨 겉에 입는 옷.'을 말한다. 날씨가 추워서 웃옷을 걸쳐 입었다.

'헛웃음'은 '마음에 없이 지어서 웃는 웃음.'을 뜻한다. 그녀의 얼굴에는 더 이상 애써 짓는 헛웃음은 보이지 않았다.

'홀아비'는 '아내를 잃고 혼자 지내는 사내.'를 말한다. 홀아비가 되어도 장가도 들려고 아니하고, 아들 삼 형제의 등에 얹혀서 먹고 사는 위인이다.

'맞먹다'는 '거리, 시간, 분량, 키 따위가 엇비슷한 상태에 이르다.'라는 뜻이다. 옷 한 벌 값이 내 월급과 맞먹는다.

'빗나가다'는 '움직임이 똑바르지 아니하고 비뚜로 나가다.'라는 뜻이다. 공격수가 찬 공이 골대에서 약간 빗나가는 그 순간에 경기가 끝나고 말았다.

'새파랗다'는 '춥거나 겁에 질려 얼굴이나 입술 따위가 매우 푸르께하다.'라는 뜻이다. 발을 구르며 욕설하던 오 노인은 금세 얼굴이 새파랗게 질려 말을 잃었다.

'샛노랗다'는 '매우 노랗다.'라는 뜻이다. 유채꽃이 샛노랗게 피었다.

'시꺼멓다'는 '매우 꺼멓다.'의 뜻이다. 관처럼 밀폐된 찻간에서 늦여름 무더위에 땀을 마구 흘리며 시커먼 얼굴로 그들은 말없이 앉아 눈만 두리번거렸다.

보충 설명하면, 둘 이상의 어휘 형태소(語彙形態素)가 결합하여 합성어를 이루거나 어근에 접두사가 결합하여 파생어를 이룰 때 그 사이에서 발음 변화가 일어나더라도 실질 형태소의 본 모양을 밝히어 적음으로써 그 뜻이 분명히 드러나도록 하는 것이다.

합성어에 대하여 알아보겠다.

'합성어(合成語)'는 '둘 이상의 실질 형태소가 결합하여 하나의 단어'가 된 말이다. '집안', '돌다리' 따위이며, '겹씨, 복합사'라고도 한다.

'형태소(形態素, morpheme)'는 '최소의 유의적(有意的) 단위'이다. 즉 의미를 가지는 가장 작은 단위로서, 더 이상 분석하면 뜻을 잃거나 일정한 뜻을 알기 어렵게 된다.

형태소는 자립성의 유무에 따라 '자립 형태소(自立形態素, free morpheme)와 의존 형태소(依存形態素, bound morpheme)'로 분류된다.

'자립 형태소'는 '자립성이 있어 혼자 설 수 있는 형태소'로서 '명사, 대명사, 수사(체언), 관형사, 부사(수식언), 감탄사(독립언)' 등이 있다.

'의존 형태소'는 '자립성이 없어 반드시 다른 형태소에 기대어 쓰이는 형태소'로서 '조사(관계언), 접두사, 접미사(접사), 선어말 어미, 접속 어미, 종결 어미(어미), 용언의 어간' 등이 있다.

실질적 의미의 유무에 따라서 '실질 형태소(實質形態素, full morpheme)와 형식 형태소(形式形態素, empty morpheme)'로 분류된다.

'실질 형태소'는 '구체적인 대상이나 동작, 상태를 나타내는 형태소'로서 '명사, 대명사, 수사(체언), 관형사, 부사(수식언), 감탄사(독립언), 용언의 어간' 등이 있다.

'형식 형태소'는 '실질 형태소에 붙어서 문법적 관계를 표시해 주는 형태소'로서 '조사(관계언), 접두사, 접미사(접사), 선어말 어미,

접속 어미, 종결 어미(어미)' 등이 있다.

40. 그는 며칠/몇일 동안 도대체 아무 말이 없었다.

'며칠'은 어원이 분명하지 않으므로 소리 나는 대로 적어야 한다. '며칠'은 '그달의 몇째 되는 날.', '몇 날.' 등의 뜻이다. '며칠'은 '몇+일(日)'로 분석하기 어려운 것이니 실질형태소인 '몇'과 '일'이 결합한 형태라면 [멷닐→면닐]로 발음되어야 하는데 형식형태소인 접미사나 어미, 조사가 결합하는 형식에서와 마찬가지로 'ㅊ' 받침이 내리어져 [며칠]로 발음된다. 예를 들면, '이 일은 며칠이나 걸리겠니?', '지난 며칠 동안 계속 내리는 장맛비로 개천 물은 한층 불어 있었다.' 등이 있다.

한글 맞춤법 제27항 [붙임 2] 어원이 분명하지 아니한 것은 원형을 밝히어 적지 아니한다. 예를 들면, '골병, 골탕, 끌탕, 아재비, 오라비, 업신여기다, 부리나케' 등이 있다. 그러므로 '며칠'로 적어야 한다.

'골병'은 '겉으로 드러나지 아니하고 속으로 깊이 든 병.'을 뜻한다. 오랜 타향살이 때문에 골병을 얻었다.

'골탕'은 '한꺼번에 되게 당하는 손해나 곤란.'을 뜻한다.

'끌탕'은 '속을 태우는 걱정.'을 의미한다. 누가 어떤 불만으로 끌탕 중인지, 이런 자리가 오랜 시간 계속돼 줬으면 하는 건 누군지 물어보지 않고라도 알 만하겠던 것이다.

'아재비'는 '아저씨'의 낮춤말이다. 서얼에다 손아래인 주제에 촌수 따져 아재비 노릇 하려는 것도 꼴 사나왔거니와….

'오라비'는 '오라버니'의 낮춤말이다. 아기 아버지가 있을 텐데 오라비인 자네가 왜 산모 수발을 맡게 됐나?

'업신여기다'는 '교만한 마음에서 남을 낮추어 보거나 하찮게 여기다.'라는 뜻이다. 사람을 업신여겨도 분수가 있지!

'부리나케'는 '서둘러서 아주 급하게.'라는 뜻이다. 아이는 학교에 늦을까 봐 부리나케 뛰어갔다.

41. 그녀는 덧니/덧이가 드러나게 웃고 있다.

'덧니'는 '배냇니 곁에 포개어 난 이'를 일컫는다. '덧니'는 합성어에 준하는 말에서 [니]로 소리날 때는 '니'로 적어야 한다. 예를 들면, '덧니가 드러나게 활짝 웃고 있었다.', '한쪽 옆으로 알맞게 돋아나 웃을 때만 지그시 내다뵈는 하얀 덧니….' 등이 있다.

한글 맞춤법 제27항 [붙임 3] '이[齒, 虱]'가 합성어나 이에 준하는 말에서 [니] 또는 [리]로 소리날 때에는 '니'로 적는다. 예를 들면, '간니, 사랑니, 송곳니, 앞니, 어금니, 윗니, 젖니, 톱니, 틀니, 가랑니(虱), 머릿니(虱)' 등이 있다. 그러므로 '덧니'로 적어야 한다.

'간니'는 '유치(乳齒)가 빠진 뒤 그 자리에 나는 영구치' 또는 '대생치(代生齒)'라고 한다. '덧니'는 '제 위치에 나지 못하고 바깥쪽으로 나오거나 안쪽으로 들어간 상태로 난 이'이며, '송곳니'라고도 한다.

'송곳니'는 '상하 좌우의 앞니와 어금니 사이에 있는 뾰족한 이'를 말한다. '사랑니'는 '17세에서 21세 사이에 입의 맨 안쪽 구석에 나는 뒤어금니'를 일컫는다. '지치(智齒)'라고도 한다.

'앞니'는 '앞쪽으로 아래위에 각각 네 개씩 난 이'를 말하며, '문치(門齒), 전치(前齒)'라고도 한다. '어금니'는 '송곳니의 안쪽으로 있는 모든 큰 이'를 말한다. '구치(臼齒), 아치(牙齒)'라고도 한다.

'윗니'는 '윗잇몸에 난 이', '상치(上齒)'라고도 한다. '젖니'는 '출생 후 6개월에서부터 나기 시작하여 3세 전에 모두 갖추어지는, 유아기에 사용한 뒤 갈게 되어 있는 이'를 말하며, '젖니, 배냇니'라고도 한다. '톱니'는 '톱의 날을 이룬 뾰족뾰족한 이'로서 '거치(鋸齒)'

라고도 한다.

'가랑니'는 '서캐에서 깨어 나온 지 얼마 안 되는 새끼 이'를 말한다.

'머릿니'는 '이목(目) 잇과의 곤충'으로 옷엣니(옷에 있는 이를 머릿니에 상대하여 이르는 말)보다 작고, 사람의 머리에서 피를 빨아 먹는다.

보충 설명하면, 합성어(合成語)나 이에 준하는 구조의 단어에서 실질 형태소는 본 모양을 밝히어 적는 것이 원칙이지만 '이'의 경우는 예외이다. 독립적 단어인 '이'가 주격조사 '이'와 형태가 같음으로 해서 생길 수 있는 혼동을 줄이고자 하는 것이다.

42. 불을 켜서 붙이자, 어디선가 부나비/불나비 한 마리가 기다리고 있기라도 했던 듯 붕 날아와서 남포등 유리에 머리를 부딪치고 떨어져서….

'부나비'는 '불나방'이라고도 한다. 받침 'ㄹ'이 뒤 음절 'ㄴ'의 영향으로 탈락한다. 예를 들면, '부나비가 창문에 붙어 있다.', '불꽃이 있는 곳이면 부나비가 날아든다.' 등이 있다.

한글 맞춤법 제28항 끝소리가 'ㄹ'인 말과 딴 말이 어울릴 적에 'ㄹ' 소리가 나지 아니하는 것은 아니 나는 대로 적는다. 예를 들면, '다달이(달-달-이), 따님(딸-님), 마되(말-되), 마소(말-소), 무자위(물-자위), 바느질(바늘-질), 부삽(불-삽), 부손(불-손), 소나무(솔-나무), 싸전(쌀-전), 여닫이(열-닫이), 우짖다(울-짖다), 화살(활-살)' 등이 있다. 그러므로 '부나비'로 적어야 한다.

'다달이'는 '달마다'라는 뜻이며, '과월(課月), 매달, 매삭, 매월' 등과 같은 뜻이다. 잡지에서 관심 있는 기사를 다달이 스크랩해 두었다.

'마되'는 '말과 되'를 아울러 이르는 말이다. 햅쌀은 마되가 불어나서 다소간의 이익이 세납민들에게 돌아간다 하였으나….

'무자위'는 '물을 높은 곳으로 퍼 올리는 기계.'를 일컫는다. '물푸개, 수룡, 수차(水車), 즉통(喞筒)'이라고도 한다.

'부삽'은 '아궁이나 화로의 재를 치거나, 숯불이나 불을 담아 옮기는 데 쓰는 조그마한 삽.'을 말한다. 그녀는 아궁이에서 부삽으로 불씨를 퍼내어 화로에 담았다.

'부손'은 '화로에 꽂아 두고 쓰는 작은 부삽.'을 의미한다. 한 첨지는 손잡이가 부러진 부손으로 방 가운데 놓인 놋화로의 벌건 불더미를 헤쳤다.

'여닫이'는 '문틀에 고정되어 있는 경첩이나 돌쩌귀 따위를 축으로 하여 열고 닫고 하는 방식이나 그런 방식의 문이나 창을 통틀어 이르는 말'이다. 한옥 집은 대문이 대부분 여닫이로 되어 있다.

'우짖다'는 '울며 부르짖다.'라는 뜻이다. 짐승들의 우짖는 소리만 산에 가득하다.

'화살'은 '활시위에 메워서 당겼다가 놓으면 그 반동으로 멀리 날아가도록 만든 물건.'을 일컫는다. 가는 대로 줄기를 삼고, 아래 끝에는 쇠로 만든 촉을 꽂으며 위쪽에는 세 줄로 새의 깃을 붙인다. 쇠지팡이를 휘어잡아 두 끝에 매고는 등 뒤로 손을 돌려서 화살 한 대를 빼내었다.

보충 설명하면, 합성어(合成語)나 파생어(派生語, 실질 형태소에 접사가 붙은 말)에서 앞 단어의 'ㄹ' 받침이 발음되지 않는 것은 발음되지 않는 형태대로 적는다. 'ㄹ'은 대체로 'ㄴ, ㄷ, ㅅ, ㅈ' 앞에서 탈락된다.

또한, 한자어에서 일어나는 'ㄹ' 탈락의 경우에는 소리대로 적는데 '부당(不當), 부덕(不德), 부자유(不自由)'에서와 같이 'ㄷ, ㅈ' 앞에서 탈락되어 '부'로 소리 나는 경우에는 'ㄹ'이 소리 나지 않는 대로 적는다.

'불나방'은 '불나방과의 하나'이다. 몸의 길이는 3cm 정도, 편 날

개의 길이는 4cm 정도이다. 무늬가 화려하고 온몸에 어두운 갈색 털이 빽빽이 덮여 있으며, 앞날개는 검은 갈색에 누런 백색의 불규칙한 무늬가 있고 뒷날개는 오렌지색 바탕에 네 개의 검은 무늬가 있다. 애벌레는 '웅모충' 또는 '풀쐐기'라고 하는데 검은색에 붉은 갈색의 긴 털이 빽빽이 나 있고 큰 것은 6cm 정도이다. 성충은 8~9월에 나타나고 한 해에 한 번 발생한다. 콩, 뽕나무, 머위 따위의 해충으로 한국, 일본, 중국, 시베리아, 유럽, 북아메리카 등지에 분포한다. '등아(燈蛾), 부나방, 부나비, 화아(火蛾)'라고도 한다.

43. 그는 다음 달 사흗날/사흘날에 돌아오겠다는 말을 뒤로 하고 떠났다.

'사흗날'은 '셋째 날, 사흘, 초사흗날'이라고도 한다. 받침 'ㄹ'이 'ㄷ' 소리로 나면 'ㄷ' 소리로 적어야 한다. 예를 들면, '어머니는 사흗날이 할아버지 기일이라고 말씀하셨다.', '사흗날을 셋째 날이라고 한다.' 등이 있다.

한글 맞춤법 제29항 끝소리가 'ㄹ'인 말과 딴 말이 어울릴 적에 'ㄹ' 소리가 'ㄷ' 소리로 나는 것은 'ㄷ'으로 적는다. 예를 들면, '숟가락(술~), 이튿날(이틀~), 잗주름(잘~), 푿소(풀~), 섣부르다(설~), 잗다듬다(잘~), 잗다랗다(잘~)' 등이 있다. 그러므로 '사흗날'로 적어야 한다.

'숟가락'은 '밥이나 국물 따위를 떠먹는 기구.'를 말한다. 은, 백통, 놋쇠 따위로 만들며, 생김새는 우묵하고 길둥근 바닥에 자루가 달려 있다. 숟가락으로 밥을 뜨다.

'이튿날'은 '어떤 일이 있은 그다음의 날.'을 뜻한다. 밤새 아팠던 아이가 다행히 이튿날 아침 회복되었다.

'잗주름'은 '잘게 잡힌 주름.'을 의미한다. 할머니의 얼굴은 많은 시련을 겪으며 살아온 듯 잗주름이 가득했다.

'푿소'는 '여름에 생풀만 먹고 사는 소.'를 의미한다. 힘을 잘 쓰지 못하여 부리기에 부적당하다.

'선부르다'는 '솜씨가 설고 어설프다.'라는 뜻이다. 지금 저쪽에서는 트집을 못 잡아 안달이니까, 괜히 선부른 짓 하지 마라.

'잗다듬다'는 '잘고 곱게 다듬다.'라는 의미이다. 화초를 잗다듬어 키우다.

'잗다랗다'는 '꽤 잘다.'라는 의미이다. 그는 젊은 나이임에도 불구하고 이마와 눈가에 잗다랗게 주름이 잡혔다.

보충 설명하면, 'ㄹ' 받침을 가진 단어가 다른 단어와 결합할 때, 'ㄹ'이 [ㄷ]으로 바뀌어 발음되는 것은 'ㄷ'으로 적는다. 합성어나 자음으로 시작된 접미사가 결합하여 된 파생어는 실질 형태소의 본 모양을 밝히어 적는다는 원칙에 벗어나는 규정이지만, 역사적 현상으로서 'ㄷ'으로 바뀌어 굳어져 있는 단어는 어원적인 형태를 밝히어 적지 않는 것이다.

44. 옷 따위에 잡은 주름을 잗주름/잔주름이라고 한다.

'잗주름'은 '옷 따위에 잡은 잔주름.'을 뜻한다. 예를 들면, '잗주름을 잡다.', '세탁소에 가면 잗주름을 잡아준다.' 등이 있다. 그러므로 '잗주름'으로 적어야 한다.

그러나 '잔주름'은 '잘게 잡힌 주름을 뜻'하는 것이다. 예를 들면, '눈 밑에 잔주름이 잡히다.', '치마허리 부분에 잔주름을 넣다.', '할머니의 얼굴은 많은 시련을 겪으며 살아온 듯 잔주름이 가득했다.' 등이 있다.

한글 맞춤법 제29항 끝소리가 'ㄹ'인 말과 딴 말이 어울릴 적에 'ㄹ' 소리가 'ㄷ' 소리로 나는 것은 'ㄷ'으로 적는다. 예를 들면, '반짇고리(바느질~), 삼짇날(삼질~), 섣달(설~)' 등이 있다.

'반짇고리'는 '바늘, 실, 골무, 헝겊 따위의 바느질 도구를 담는 그릇.'을 일컫는다. 어머니는 조그만 헝겊 조각까지도 반짇고리에 정성스레 담아 놓았다가 옷을 기울 때마다 요긴하게 쓰셨다.

'삼짇날'은 '음력 삼월 초사흗날.'을 말한다. '삼삼영절, 삼월 삼짇날, 삼월 삼질, 삼일(三日), 삼질, 상사(上巳), 중삼(重三)'이라고도 한다. 꽃 피는 삼월이라 삼짇날에 강남 갔던 제비가 돌아오는구나.

'섣달'은 '음력으로 한 해의 맨 끝 달.'을 말한다. '극월(極月), 사월(蜡月), 십이월'이라고도 한다. 결혼식 날짜는 해를 넘기지 않으려고 섣달로 정했다.

45. 그 녀석의 속마음은 우렁잇속/우렁이속 같아서 뭐가 뭔지 알 수가 없다.

'우렁잇속'은 순 우리말로 된 합성어 '우렁이+속'으로 뒷말의 첫소리가 된소리로 나는 것이다. '우렁잇-속'은 '내용이 복잡하여 헤아리기 어려운 일을 비유적으로 이르는 말.', '품은 생각을 모두 털어놓지 아니하는 의뭉스러운 속마음을 비유적으로 이르는 말.' 등의 뜻이다. 예를 들면, '지시가 하루에도 서너 번씩 바뀌니 도대체 일을 종잡을 수가 없어 우렁잇속이 되어 버렸어.', '경수가 꼬치꼬치 영악해질수록 정미는 우렁잇속처럼 의뭉스럽게 정작 할 말은 입에 묻고 있는 눈치였다.' 등이 있다.

한글 맞춤법 제30항 1. 순 우리말로 된 합성어로서 앞말이 모음으로 끝난 경우, (1) 뒷말의 첫소리가 된소리로 나는 것으로는 '고랫재, 귓밥, 나룻배, 나뭇가지, 냇가, 댓가지, 뒷갈망, 맷돌, 머릿기름, 모깃불, 못자리, 바닷가, 뱃길, 볏가리, 부싯돌, 잇자국, 잿더미, 조갯살, 찻집, 쳇바퀴, 킷값, 핏대, 햇볕, 혓바늘' 등이 있다. 그러므로 '우렁잇속'으로 적어야 한다.

'고랫재'는 '방고래에 모여 쌓인 재.'를 말한다.

'댓가지'는 '대나무의 가지.'를 뜻한다. 숲 속에서는 비둘기들이 푸드덕푸드덕 쉴 새 없이 댓가지를 흔들었다.

'뒷갈망'은 '뒷감당.'이라는 뜻이다. 그래도 할 수 있는 노력이라면 뒷갈망이야 어찌하든 양수기부터 세내어 져다 놓고 물이 된비알을 기어오르도록 힘껏 해 볼 셈이었다.

'볏가리'는 '벼를 베어서 가려 놓거나 볏단을 차곡차곡 쌓은 더미.'를 말한다. 벼 베기가 끝난 논에는 여기저기 볏가리가 쌓여 있다.

'쳇바퀴'는 '체의 몸이 되는 부분.'을 일컫는다. 얇은 나무나 널빤지를 둥글게 휘어 만든 테로, 이 테에 쳇불을 메워 체를 만든다. 이삼십 개는 돼 보이는 체를 쳇바퀴에 달린 고리로 둥글게 이어서 양쪽 어깨에 걸고 나갔다.

'킷값'은 '키에 알맞게 하는 행동을 낮잡아 이르는 말'이다. 야, 너는 킷값도 못하고, 도대체 어쩌자는 것이냐?

보충 설명하면, 사이시옷(순 우리말 또는 순 우리말과 한자어로 된 합성어 가운데 앞말이 모음으로 끝나거나 뒷말의 첫소리가 된소리로 나거나(선짓국, 쇳조각, 아랫집), 뒷말의 첫소리 'ㄴ', 'ㅁ' 앞에서 'ㄴ' 소리가 덧나거나(아랫니, 뒷머리, 빗물), 뒷말의 첫소리 모음 앞에서 'ㄴㄴ' 소리가 덧나는 것(도리깻열, 베갯잇, 욧잇) 따위에 받치어 적는다.)을 적는 경우는 합성어(合成語)의 경우로, 합성어를 구성하는 있는 두 요소 가운데 순 우리말이고 앞말이 모음으로 끝나는 경우에만 사이시옷을 적을 수 있다. 뒷말의 첫소리 'ㄱ, ㄷ, ㅂ, ㅅ, ㅈ' 등이 된소리로 나는 것이다.

46. 친구의 가족은 전셋집/전세집에 살고 있었다.

'전셋집(傳貰-)'은 한자어와 순 우리말의 합성어 '전세+집'의 형태이다. 이것은 뒷말의 첫소리가 된소리로 나면 사이시옷을 첨가하여야 한다. 예를 들면, '전셋집은 사글세 집으로 떨어지고, 사글세 집은 다시 사글셋방으로 내려앉아….', '사글세에서 전셋집으로 이사를 하였다.' 등이 있다.

한글 맞춤법 제30항 2. 순 우리말과 한자어로 된 합성어로서 앞말이 모음으로 끝난 경우, (1) 뒷말의 첫소리가 된소리로 나는 것으로는 '귓병(-病), 머릿방(--房), 뱃병(-病), 봇둑(洑-), 사잣밥(使者-), 샛강(-江), 아랫방(--房), 자릿세(--貰), 찻잔(茶盞), 찻종(茶鍾), 촛국(醋-), 콧병(-病), 탯줄(胎-), 텃세(-貰), 핏기(-氣), 햇수(-數), 횟가루(灰--), 횟배(蛔-)' 등이 있다. 그러므로 '전셋집'으로 적어야 한다.

'머릿방'은 '안방 뒤에 딸린 작은 방.'을 뜻한다. 무엄하다 싶을 만큼 거칠게 이불을 젖히는 바람에 머릿방 아씨는 눈물 젖은 얼굴을 드러내고 말았다.

'봇둑'은 '보를 둘러쌓은 둑.'을 의미한다. 그들은 봇둑이 터지는 것을 막으려 드는 사람들처럼 수단과 방법을 가리지 않을 것이었다.

'사잣밥'은 '초상난 집에서 죽은 사람의 넋을 부를 때 저승사자에게 대접하는 밥.'을 일컫는다. 밥 세 그릇, 술 석 잔, 벽지 한 권, 명태 세 마리, 짚신 세 켤레, 동전 몇 닢 따위를 차려 담 옆이나 지붕 모퉁이에 놓았다가 발인할 때 치운다. 최 참판 댁에서는 연이네가 사잣밥, 소금, 간장을 조금씩 퍼내어 문밖에 뿌리고…그것으로써 수동의 육신과 혼령은 깨끗하게 처리되고 말았다.

'샛강'은 '큰 강의 줄기에서 한 줄기가 갈려 나가 중간에 섬을 이루고, 하류에 가서는 다시 본래의 큰 강에 합쳐지는 강.'을 말한다. 샛강과는 달리 한강 본류의 물은 그런대로 말갛고….

'찻종'은 '차를 따라 마시는 종지.'라는 뜻이다. 곱게 달여진 차가 찻종에 다소곳이 담겨져 있다.

'춧국'은 '초를 친 냉국.'을 말한다. 한여름에 먹는 촛국이 또한 별미이다.

'햇수'는 '해의 수.'를 의미한다. 결혼한 지 삼 년 남짓하지만 햇수로 따지면 벌써 오 년째이다.

'횟가루'는 '산화칼슘'을 일상적으로 이르는 말이다. 느린 동작으로 횟가루를 뿌려 금을 긋는 학생….

'횟배'는 '거위배.'를 일컫는다. 횟배를 앓다.

(2) 뒷말의 첫소리 'ㄴ, ㅁ' 앞에서 'ㄴ' 소리가 덧나는 것으로는 '곗날((契-), 제삿날(祭祀-), 훗날(後-), 툇마루(退--), 양칫물(養齒-)' 등이 있다.

'곗날'은 '계의 구성원이 모여 결산을 하기로 정한 날.'을 말한다. 매달 첫 번째 일요일이 우리의 곗날입니다.

'툇마루'는 '툇간에 놓은 마루.'를 말한다. 안채와 바깥채에 있는 마루에는 이미 손님들로 꽉 차 있어 우리는 툇마루에서 술상을 받았다.

'툇간'은 '안둘렛간 밖에다 딴 기둥을 세워 만든 칸살.'을 말한다. '안둘렛간'은 '벽이나 기둥을 겹으로 두른 건물의 안쪽 둘레에 세운 칸.'을 의미한다.

'칸살'은 '일정한 간격으로 어떤 건물이나 물건에 사이를 갈라서 나누는 살.'을 뜻한다. 창에 '井' 자로 칸살을 막다.

(3) 뒷말의 첫소리 모음 앞에서 'ㄴㄴ' 소리가 덧나는 것으로는 '가욋일(加外-), 사삿일(私私-), 예삿일(例事-), 훗일(後-)' 등이 있다.

'가욋일'은 '필요 밖의 일.'을 의미한다. 일이 다 끝났는데도 작업반장은 우리에게 가욋일을 시켰다.

'사삿일'은 '개인의 사사로운 일.'을 뜻한다. 수양숙이 곁에 모실 때는 대신들이 어디라 감히 버릇없는 언행을 못하더니, 지금은 자기네끼리의 사삿일이며 음담패설까지도 하는 것이었다.

'예삿일'은 '보통 흔히 있는 일.'을 의미한다. 일이 하도 많아 밤샘 작업이 예삿일로 되어 버렸다.

'훗일'은 '뒷일'을 의미한다. 둘이서 살림을 차리든 송사를 벌이든 훗일이야 내가 알 바 아니로되….

한자어에 대하여 알아보겠다.

'한자어(漢字語)'는 '한자에 기초하여 만들어진 말'을 일컫는다.

<한자어의 형성>

유형	형성 방법	용 례	비고
단일어	단음절어	강(江), 산(山), 책(冊), ; 단(但), 즉(卽) ; 순(純), 총(總)	
	다음절어	열반(涅槃), 아세아(亞細亞), 불란서(佛蘭西)	
파생어	접두사	비인간(非人間), 무조건(無條件), 객소리(客--)	
	접미사	이씨(李氏), 김가(金哥), 인간적(人間的), 전문가(專門家)	
합성어	대등	강산(江山)	
	종속	합창곡(合唱曲), 국어(國語)	
	융합	춘추(春秋)	
한자+고유어	파생어	서울發	
	고유어	노래房, 山골짜기	

47. 감정이 격해지면 술잔 기울이는 횟수/회수도 잦아진다.

'횟수(回數)'는 두 음절로 된 한자어이므로 '사이시옷'을 첨가한다. 예를 들면, '줄넘기 횟수가 늘었다.', '횟수가 많다.' 등이 있다.

한글 맞춤법 제30항 3. 두 음절로 된 다음 한자어 '곳간(庫間), 셋방(貰房), 숫자(數字), 찻간(車間), 툇간(退間), 횟수(回數)' 등만 사이시옷을 첨가한다. 그러므로 '횟수'로 적어야 한다.

'곳간'은 '물건을 간직하여 두는 곳.'을 뜻한다. 그들 곳간에 가득가득 쌓인 곡식 다음으로 부러운 것은 폭신한 이불이었다.

'찻간'은 '기차나 버스 따위에서 사람이 타는 칸.'을 일컫는다. 찻간에는 주말의 관례대로 서울을 빠져나가는 등산복 차림의 시민들과….

(1) 고유어끼리 결합한 합성어 및 이에 준하는 구조 또는 고유어와 한자어가 결합한 합성어 중 앞 단어의 끝 모음 뒤가 폐쇄되는 구조이다.

① 뒤 단어의 첫소리 'ㄱ, ㄷ, ㅂ, ㅅ, ㅈ' 등이 된소리로 나는 것이다. 예를 들면, '귓밥, 나룻배, 못자리' 등이 있다.

② 폐쇄시키는 [ㄷ]이 뒤의 'ㄴ', 'ㅁ'에 동화되어 [ㄴ]으로 발음되는 것이다. 예를 들면, '멧나물, 텃마당, 냇물' 등이 있다.

③ 뒤 단어의 첫소리로 [ㄴ]이 첨가되면서 폐쇄시키는 [ㄷ]이 동화되어 [ㄴㄴ]으로 발음되는 것이다. 예를 들면, '뒷윷, 뒷일, 욧잇' 등이 있다.

(2) 두 글자(한자어 형태소)로 된 한자어 중, 앞 글자의 모음 뒤에서 뒤 글자의 첫소리가 된소리로 나는 6개 단어에 사이시옷을 붙여 적기로 한 것이다. 사이시옷 용법을 알기 쉽게 설명하면 아래와 같다.

① 앞 단어의 끝이 폐쇄되는 구조가 아니므로, 사이시옷을 붙이지 않는다. 예를 들면, '개-구멍, 배-다리, 새-집, 머리-말' 등이 있다.

② 뒤 단어의 첫소리가 된소리나 거센소리이므로, 사이시옷을 붙

이지 않는다. 예를 들면, '개-똥, 보리-쌀, 허리-띠, 개-펄, 배-탈, 허리-춤' 등이 있다.

③ 앞 단어의 끝이 폐쇄되면서 뒤 단어의 첫소리가 경음화하여 사이시옷을 붙인다. 예를 들면, '갯값, 냇가, 뱃가죽, 샛길, 귓병, 깃대, 셋돈, 홧김' 등이 있다.

④ 앞 단어의 끝이 폐쇄되면서 자음 동화 현상(ㄷ+ㄴ → ㄴ+ㄴ, ㄷ+ㅁ → ㄴ+ㅁ)이 일어나므로, 사이시옷을 붙이는 '뱃놀이, 콧날, 빗물, 잇몸, 무싯날, 봇물, 팻말' 등이 있다. '팻말, 푯말'은 한자어 '牌, 標'에 '말(말뚝)'이 결합된 형태이므로 '팻말, 푯말'로 적는 것이다.

⑤ 앞 단어 끝이 폐쇄되면서 뒤 단어의 첫소리로 [ㄴ] 음이 첨가되고 동시에 동화 현상이 일어나므로 사이시옷을 붙이는 '깻잎, 나뭇잎, 뒷윷, 허드렛일, 가욋일' 등이 있다.

⑥ 두 음절로 된 한자어 6개만 붙인다.(곳간, 셋방, 숫자, 찻간, 툇간, 횟수)

48. 우리 아이들은 피자집/피잣집에서 모임을 하였다.

'피자집'은 외래어와 순 우리말의 합성어로 사이시옷을 첨가하지 않는다. 예를 들면, '우리 동네에는 피자집이 없다.', '요사이는 간식으로 피자집에서 피자를 시켜 먹는다.' 등이 있다. 그러므로 '피자집'으로 적어야 한다.

'피자(pizza)'는 밀가루 반죽 위에 토마토, 치즈, 피망, 고기, 향료 따위를 얹어 둥글고 납작하게 구운 파이이다. 이탈리아 남부 나폴리 지방에서 유래한 음식이다.

'외래어(外來語)'는 '외국에서 들어온 말로 국어처럼 쓰이는 단어'이며, '버스, 컴퓨터, 피아노' 따위가 있고, '들온말, 전래어, 차용어'

라고도 한다.

49. 종자 볍씨/벼씨를 담갔다가 하늘이 비 내려 주기만 고대하며 끈기 있게 기다리다가….

'볍씨'는 두 말이 어울려 'ㅂ' 소리가 나기에 소리대로 적어야 한다. '볍씨'는 '못자리에 뿌리는 벼의 씨'이며, '씨벼, 종도(種稻)'라고도 한다. 예를 들면, '오월이 되자 굴뚝 밑에 깊이깊이 감춰 두었던…오쟁이를 꺼내어 종자 볍씨를 담갔다가 하늘이 비 내려 주기만 고대하며 끈기 있게 기다리다가….', '4월이 되면 볍씨를 모판에 낸다.' 등이 있다.

한글 맞춤법 제31항 두 말이 어울릴 적에 'ㅂ' 소리나 'ㅎ' 소리가 덧나는 것은 소리대로 적는다. 예를 들면, '댑싸리(대ㅂ싸리), 멥쌀(메ㅂ쌀), 입때(이ㅂ때), 입쌀(이ㅂ쌀), 접때(저ㅂ때), 좁쌀(조ㅂ쌀), 햅쌀(해ㅂ쌀)' 등이 있다. 그러므로 '볍씨'로 적어야 한다.

'댑싸리'는 '명아줏과의 한해살이풀'이다. 높이는 1미터 정도이며, 잎은 어긋나고 피침 모양이다. 한여름에 연한 녹색의 꽃이 피며 줄기는 비를 만드는 재료로 쓰인다. 유럽, 아시아가 원산지로 한국과 중국 등지에 분포한다.

'멥쌀'은 '메벼를 찧은 쌀.'을 말한다. 양력설인데 서홍수네는 양력설 명절에 돼지 한 마리, 닭도 여러 마리를 잡을 뿐 아니라 쌀도 찹쌀, 멥쌀 합하여 다섯 가마니를 떡을 하고 술을 거른다고 하였다.

'입때'는 '여태'라는 뜻이다. "어디! 어제 동경 떠났는데요. 입때 모르셨어요?" 이탁이는 깜짝 놀랐다.

'입쌀'은 '멥쌀을 보리쌀 따위의 잡곡이나 찹쌀에 상대하여 이르는 말.'을 일컫는다. 해주댁은 입쌀이 한 톨도 안 섞인 조밥을 이렇게 변명했다.

'접때'는 '오래지 아니한 과거의 어느 때를 이르는 말.'을 뜻한다. 저 사람은 접때보다 더 건강하고 씩씩해진 것 같다.

'좁쌀'은 '조의 열매를 찧은 쌀.'을 의미한다. 텅 빈 뒤주 바닥엔 좁쌀 한 바가지가 남아 있을 뿐이었다.

'햅쌀'은 '그해에 새로 난 쌀.'을 뜻한다. 추석에는 햅쌀로 밥을 지어 차례를 지냈다.

보충 설명하면, 합성어(合成語)나 파생어(派生語)에 있어서는 뒤의 단어는 중심어가 되는 것이므로 '쌀[米,] 씨[種], 때[時]' 따위의 형태를 고정시키고 'ㅂ'을 앞 형태소의 받침으로 붙여 적는다.

파생어에 대하여 알아보겠다.

'파생어(派生語)'는 '실질 형태소에 접사가 결합하여 하나의 단어'가 된 말이다. 명사 '부채'에 접미사 '-질'이 붙은 '부채질', 동사 어간 '덮-'에 접미사 '-개'가 붙은 '덮개', 명사 '버선' 앞에 접두사 '덧-'이 붙은 '덧버선' 따위가 있다.

50. 질린 듯 상기되어 있는 얼굴 위로 머리카락/머리가락 몇 올이 흘러내려 있었다.

'머리-카락'은 '머리털의 낱개.'를 뜻하며, '머리(ㅎ)+가락'으로 분석된다. 'ㅎ+ㄱ'이 합하여져 'ㅎ' 소리가 덧나는 것이다. 예를 들면, '나이가 들어 머리카락이 빠진다.', '남편의 탄 입술, 거뭇거뭇하게 난 수염, 흐트러진 머리카락, 그것은 차마 못 볼 광경이었다.' 등이 있다.

한글 맞춤법 제31항 'ㅎ' 소리가 덧나는 것으로는 '살코기(살ㅎ고기), 수캐(수ㅎ개), 수컷(수ㅎ것), 수탉(수ㅎ닭), 안팎(안ㅎ밖), 암캐(암ㅎ개), 암컷(암ㅎ것), 암탉(암ㅎ닭)' 등이 있다. 그러므로 '머리카락'으로 적어야 한다.

보충 설명하면, 'ㅎ' 종성 체언(終聲體言)이었던 '머리[頭], 살[肌], 수[雄], 암[雌]' 등에 다른 단어가 결합하여 이루어진 합성어 중에서 [ㅎ] 음이 첨가되어 발음되는 단어는 소리 나는 대로 적는다.

51. 경찰에서도 세종대왕을 만만찮은/만만잖은 놈으로 찍고 있었다.

'만만하지 않다'는 '-하지' 뒤에 '않-'이 어울려 쓰인 경우로 '찮-'으로 적어야 한다. '만만찮다'는 '만만찮아, 만만찮으니, 만만찮소' 등으로 활용되며, '보통이 아니어서 손쉽게 다룰 수 없다.', '그렇게 쉽지 아니하다.' 등의 뜻이다. 예를 들면, '안경알 뒤로 번득이는 눈매와 희고 넓은 이마에는 만만찮은 열정과 아울러 폭넓은 지적(知的) 수련의 자취가 엿보였다.', '방 안의 분위기가 자기의 매무새와는 사뭇 엉뚱하다 보니 처신이 사돈네 안방에 들어온 것같이 만만찮았다.' 등이 있다.

한글 맞춤법 제39항 어미 '-지' 뒤에 '않-'이 어울려 '-잖-'이 될 적과 '-하지' 뒤에 '않-'이 어울려 '찮-'이 될 적에는 준 대로 적는다. 예를 들면, '대단하지 않다/대단찮다, 시원하지 않다/시원찮다' 등이 있다. 그러므로 '만만찮은'으로 적어야 한다.

'세종(世宗)'은 '조선 제4대 왕(1397~1450)'이다. 이름은 도(祹), 자는 원정(元正)이다. 집현전을 두어 학문을 장려하였고, 훈민정음을 창제하였으며, 측우기, 해시계 따위의 과학 기구를 제작하게 하였다. 밖으로는 6진(鎭)을 개척하여 국토를 확장하고, 쓰시마[對馬] 섬을 정벌하여 왜구의 소요를 진정시키는 등 조선 왕조의 기틀을 튼튼히 하였다. 재위 기간은 1418~1450년이다.

52. 성공에는 남다른 노력과 견디기 어려운 시련이 적잖았다/적찮았다.

'적지 않다'는 어미 '-지' 뒤에 '않-'이 어울린 것으로 '-잖-'으로 적어야 한다. '적잖다'는 '적잖아, 적잖으니, 적잖소' 등으로 활용된다. '적은 수나 양이 아니다.', '소홀히 하거나 대수롭게 여길 만하지 아니하다.' 등의 뜻이다. 예를 들면, '나이가 적잖으니 막상 새로운 일을 시작하기가 두렵다.', '젊었을 때 그는 이것저것을 하며 돈도 적잖게 쏟아 부었으나 모두 실패했다.' 등이 있다.

한글 맞춤법 제39항 어미 '-지' 뒤에 '않-'이 어울려 '-잖-'이 될 적과 '-하지' 뒤에 '않-'이 어울려 '-찮-'이 될 적에는 준 대로 적는다. 예를 들면, '그렇지 않은/그렇잖은, 남부럽지 않다/남부럽잖다' 등이 있다. 그러므로 '적잖았다'로 적어야 한다.

53. 궂은 비 내리는 이 밤도 애절쿠려/애절구려.

'애절쿠려'는 '애절하+구려'로 분석된다. 이것은 어간의 끝음절 '하'의 'ㅏ'가 줄고 'ㅎ+ㄱ'이 결합하여 거센소리 'ㅋ'이 되는 것이다. 예를 들면, '당신이 울고 있으니 애절쿠려.'가 있다.

'애절-하다(哀切--)'는 '몹시 애처롭고 슬프다.'라는 뜻이다. '-구려'는 '이다'의 어간, 형용사 어간 또는 어미 '-으시-', '-었-', '-겠-' 뒤에 붙어, 하오할 자리에 쓰여, 화자가 새롭게 알게 된 사실에 주목함을 나타내는 종결 어미이다. 예를 들면, '노래는 가사가 애절하다.', '새의 울음소리가 몹시도 애절하다.' 등이 있다.

한글 맞춤법 제40항 어간의 끝음절 '하'의 'ㅏ'가 줄고 'ㅎ'이 다음 음절의 첫소리와 어울려 거센소리로 될 적에는 거센소리로 적는다. 예를 들면, '간편하게/간편케, 연구하도록/연구토록, 가하다/가타, 다정하다/다정타' 등이 있다. 그러므로 '애절쿠려'로 적어야 한다.

거센소리에 대하여 알아보겠다.

'거센소리'는 '숨이 거세게 나오는 파열음'이다. 국어의 'ㅊ', 'ㅋ', 'ㅌ', 'ㅍ' 따위가 있으며, '격음(激音), 기음(氣音), 대기음, 유기음(有氣音)' 등으로 불리기도 한다.

54. 나는 그가 그렇게 말을 해도 거북지/거북치 않다.

'거북지'는 어간의 끝음절 '하'가 줄어든 대로 적어야 한다. '몸이 찌뿌드드하고 괴로워 움직임이 자연스럽지 못하거나 자유롭지 못하다.'라는 뜻이다. 예를 들면, '나는 속이 거북해서 점심을 걸렀다.', '내 팔이 좀 거북하다고 왜적의 배를 놓쳐 버린단 말이오. 다만, 내가 맘대로 활을 쏠 수가 없으니 갑갑할 뿐이오.' 등이 있다.

한글 맞춤법 제40항 [붙임 2] 어간의 끝 음절 '하'가 아주 줄 적에는 준 대로 적는다. 예를 들면, '생각하건대/생각건대, 생각하다 못해/생각다 못해, 깨끗하지 않다/깨끗지 않다, 넉넉하지 않다/넉넉지 않다, 섭섭하지 않다/섭섭지 않다, 익숙하지 않다/익숙지 않다' 등이 있다. 그러므로 '거북지'로 적어야 한다.

보충 설명하면, 어간(語幹)의 끝 음절 '하' 전체가 줄어서 표면적으로는 전혀 나타나지 않는 경우에는 준 대로 적도록 하였다. '하' 전체가 줄 수 있는 경우는 '하' 앞의 자음이 'ㄱ, ㄷ, ㅂ'으로 발음되는 무성 자음(無聲子音, 성대(聲帶)가 진동하지 않고 나는 자음이다. 국어에서는, 'ㄱ, ㄷ, ㅂ, ㅅ, ㅈ, ㅊ, ㅋ, ㅌ, ㅍ, ㅎ, ㄲ, ㄸ, ㅃ, ㅆ, ㅉ'이 있다.)인 경우이다.

55. 그는 전차에서 내리면서 발을 헛딛고서 하마터면/하마트면 넘어질 뻔했다.

'하마터면'은 소리 나는 대로 적어야 한다. '조금만 잘못하였더라면, 위험한 상황을 겨우 벗어났을 때 쓰는 말.'이라는 뜻이다. 예를 들면, '하마터면 큰일 날 뻔했다.', '한참 경황없이 달리다가 앞에서 마주 오는 사람과 하마터면 충돌할 뻔했다.' 등이 있다.

한글 맞춤법 제40항 [붙임 3] 다음과 같은 부사는 소리대로 적는다. 예를 들면, '결단코, 결코, 기필코, 무심코, 하여튼, 요컨대, 정녕코, 필연코, 한사코' 등이 있다. 그러므로 '하마터면'으로 적어야 한다.

'결단코'는 '마음먹은 대로 반드시.'라는 뜻이다. 결단코 그 일을 해내고야 말겠다.

'결코'는 '아니다', '없다', '못하다' 따위의 부정어와 함께 쓰여, '어떤 경우에도 절대로.'라는 뜻이다. 그것은 결코 우연한 일이 아니었다.

'기필코'는 '반드시.'라는 뜻이다. 이번 계약은 기필코 성사시켜야 한다.

'무심코'는 '아무런 뜻이나 생각이 없이.'라는 뜻이다. 무심코 던진 말이 그의 마음을 상하게 했다.

'하여튼'은 '아무튼.'의 뜻이다. 성격이 어떤지는 모르겠지만 하여튼 인물 하나는 좋다.

'아무튼'은 '의견이나 일의 성질, 형편, 상태 따위가 어떻게 되어 있든.'이라는 뜻이다. 자네 어렸을 적이던가, 낳기도 전이던가 아무튼 오래전에 자네 어르신네로부터는 이런 대접을 받으면서….

'요컨대'는 '중요한 점을 말하자면.'의 뜻이다. 요컨대 내 얘기는 열심히 공부하라는 거다.

'정녕코'는 '정녕(丁寧, 조금도 틀림없이 꼭, 또는 더 이를 데 없이 정말로.)'을 강조하여 이르는 말이다. 그녀와 헤어지는 것이 정녕코 두렵지는 않았다.

'필연코'는 '필연(必然, 틀림없이, 꼭.)'을 강조하여 이르는 말이다. 출발한 지가 반나절이 넘었는데 아직 도착하지 않으니 필연코 무슨 일이 생겼을 것이다.

'한사코(限死-)'는 '죽기로 기를 쓰고.'라는 뜻이다. 그는 한사코 자기가 점심을 사겠다고 우겼다.

보충 설명하면, 어원적인 형태는 용언의 활용형으로 볼 수 있더라도 현실적으로 부사로 전성된 단어는 그 본 모양을 밝히지 않고 소리 나는 대로 적는다. 예를 들면, '이토록, 그토록, 저토록, 열흘토록, 종일토록, 평생토록' 등이 있다.

'이토록'은 '이러한 정도로까지.'의 뜻이다. 이토록 못난 저를 아껴 주시니 몸 둘 바를 모르겠습니다.

'그토록'은 '그러한 정도로까지나 그렇게까지.'를 뜻한다. 그토록 말렸으나 소용이 없었다.

'저토록'은 '저러한 정도로까지.'를 의미한다. 서슬이 등등하던 아버지가 며칠 사이 어떻게 저토록 달라질 수 있을까 싶었다.

56. 학생들이 학교에서만이라도/학교에서∨만이라도/학교에서만∨이라도 공부를 했으면 좋겠다.

'학교에서만이라도'는 명사 '학교', 부사격 조사 '에서', 보조사 '만', 보조사 '이라도' 등으로 분석된다.

한글 맞춤법 제41항 조사는 그 앞말에 붙여 쓴다. 예를 들면, '꽃이, 꽃마저, 꽃밖에, 꽃에서부터, 꽃으로만, 꽃이나마, 꽃이다, 꽃입니다, 꽃처럼, 어디까지나, 거기도, 멀리는, 웃고만' 등이 있다. 그러므로 '학교에서만이라도'로 붙여 써야 한다.

보충 설명하면, '조사(助詞)'는 품사의 하나이며, '체언이나 부사, 어미 등의 아래에 붙어, 그 말과 다른 말과의 문법적 관계를 나타내거나 또는 그 말의 뜻을 도와주는 단어'이다. '격 조사, 접속 조사, 보조사'로 크게 나뉜다. '관계사, 토씨'라고도 일컫는다.

'격 조사(格助詞)'는 '체언 또는 용언의 명사형 아래에 붙어, 그

말의 다른 말에 대한 자격을 나타내는 조사'이다. '주격 조사, 서술격 조사, 목적격 조사, 보격 조사, 관형격 조사, 부사격 조사, 독립격 조사' 따위가 있으며, '자리토씨'라고도 한다.

'접속 조사(接續助詞)'는 조사의 하나이며, '체언과 체언을 같은 자격으로 이어 주는 구실'을 한다. '이음토씨'라고도 불린다.

'보조사(補助詞)'는 '체언뿐 아니라 부사, 활용 어미 등에 붙어서, 그것에 어떤 특별한 의미를 더해 주는 조사'이다. 특정한 격(格)을 담당하지 않으며 문법적 기능보다는 의미를 담당한다. '도움토씨, 특수 조사'라고도 한다.

57. 기말고사 시험 범위는 여기서부터입니다/여기서부터∨입니다/여기서∨부터∨입니다/여기서∨부터입니다.

'여기서부터입니다'는 대명사 '여기', 부사격조사 '서', 보조사 '부터', 서술격조사 '이다'의 활용 형태로 분석된다.

한글 맞춤법 제41항 조사는 그 앞말에 붙여 쓴다. 예를 들면, '집에서처럼, 어디까지입니까, 나가면서까지도, 들어가기는커녕, 아시다시피, 옵니다그려' 등이 있다. 그러므로 '여기서부터입니다'로 붙여 써야 한다.

보충 설명하면, 한글 맞춤법에서는 조사(助詞)를 하나의 단어로 인정하고 있으므로 원칙적으로 띄어 써야 하지만 자립성이 없다는 점 등을 고려하여 붙여 쓰도록 한 것이다. 결국 제2항 '문장의 각 단어는 띄어 씀을 원칙으로 한다.'라는 규정과 어긋나게 된 셈인데, 제2항이 원칙이라고 한다면 제41항은 예외라고 이해하면 될 것이다.

문장에 대하여 알아보겠다.

'문장(文章)'은 '생각이나 감정을 말로 표현할 때 완결된 내용을 나타내는 최소의 단위'이다. 주어와 서술어를 갖추고 있는 것이 원칙이나 때로 이런 것이 생략될 수도 있다. 문장의 끝에 '.', '?', '!' 따위의 마침표를 찍는다. '철수는 몇 살이니?', '세 살.', '정말?' 따위이며, '문(文), 월, 통사(統辭)'라고도 한다.

'문장 성분(文章成分)'은 '한 문장을 구성하는 요소'이다. '주어, 서술어, 목적어, 보어, 관형어, 부사어, 독립어' 따위가 있으며, '월조각'이라고도 한다.

58. 배하고/배∨하고 사과하고/사과∨하고 감을 가져오너라.

'하고'는 조사이다. 체언 뒤에 붙어, 둘 이상의 사물을 같은 자격으로 이어 주는 접속 조사이다. 그리고 체언 뒤에 붙어, '다른 것과 비교하거나 기준으로 삼는 대상임을 나타내는 격 조사.', '일 따위를 함께 함을 나타내는 격 조사.' 등으로 쓰인다. 예를 들면, '너는 성적이 누구하고 같으냐?', '내 모자는 그것하고 다르다.' 등이 있다. 그러므로 '배하고 사과하고'는 붙여 써야 한다.

체언에 대하여 알아보겠다.

'체언(體言)'은 '문장에서 주어의 기능을 하는 문장 성분'이다. 명사, 대명사, 수사가 있으며, '몸말, 임자씨'라고도 한다.

'대명사(代名詞)'는 '사람이나 사물의 이름을 대신 나타내는 말'이며, 그런 말들을 지칭하는 품사이다. '인칭 대명사와 지시 대명사'로 나뉘는데, 인칭 대명사는 '저', '너', '우리', '너희', '자네', '누구' 따위이고, 지시 대명사는 '거기', '무엇', '그것', '이것', '저기' 따위이며, '대이름씨'라고도 한다.

'수사(數詞)'는 '사물의 수량이나 순서'를 나타내는 품사이다. '양수사와 서수사'가 있으며, '셈씨, 수 대명사, 수량 대명사'라고도 한다. '양수사(量數詞)'는 '수량을 셀 때 쓰는 수사'이다. 하나, 둘, 셋 따위이다. '기본 수사, 셈낱씨, 기수사, 원수사, 으뜸셈씨'라고도 한다. '서수사(序數詞)'는 '순서를 나타내는 수사'이다. 첫째, 둘째, 셋째 따위의 고유어 계통과 제일, 제이, 제삼 따위의 한자어 계통이 있으며, '셈매김씨, 순서수, 순서 수사, 차례셈씨'라고도 한다.

59. 부모와 자식∨간/자식간에도 예의를 지켜야 한다.

'간(間)'은 의존 명사이다. '한 대상에서 다른 대상까지의 사이.', '일부 명사 뒤에 쓰여 '관계'의 뜻을 나타내는 말이다.', "'-고 -고 간에', '-거나 -거나 간에', '-든지 -든지 간에' 구성으로 쓰여 앞에 나열된 말 가운데 어느 쪽인지를 가리지 않는다는 뜻을 나타내는 말." 등의 뜻이다.

한글 맞춤법 제42항 의존 명사는 띄어 쓴다. 예를 들면, '서울과 부산 간 야간열차.', '공부를 하든지 운동을 하든지 간에 열심히만 해라.' 등이 있다. 그러므로 '자식∨간'으로 띄어 써야 한다.

보충 설명하면, '의존 명사(依存名詞)'는 '독립성이 없어 다른 말 아래에 기대어 쓰이는 명사'이다. 흔히 앞에 관형어가 온다. '매인이름씨, 불완전 명사, 형식 명사'라고도 한다.

'의존 명사'의 종류로는 '것, 나름, 나위, 녘, 노릇, 놈, 덧, 데, 등, 등등, 등속, 등지, 듯, 따름, 때문, 무렵, 바, 밖, 분, 뻔, 뻘, 뿐, 세, 손, 수, 이, 자(者), 적, 줄, 즈음, 지, 짝, 쪽, 참, 축, 치, 터, 품, 겸, 김, 대로, 딴, 만, 만큼, 바람, 빨, 성, 양(樣), 족족, 즉, 직, 차(次), 채, 체, 통…' 등이 있다.

의존 명사의 갈래를 알아보겠다.

① '보편성 의존 명사'는 관형어와 조사와의 통합에 있어 큰 제

약을 받지 않으며, 의존적 성격 이외에는 자립 명사와 큰 차이가 없는 의존 명사로서 '것, 분, 이, 데, 바, 따위…' 등이 있다.

나는 그 이가 착한 사람이라는 것을 느꼈다./나도 생각하는 바가 있어.

우리나라에서 여행갈 만한 데를 찾아봐?/어제 찾아오셨던 분이지요?

② '주어성 의존 명사'는 주격 조사와 통합되어 주어로만 쓰이는 의존 명사로 '지, 수, 리, 나위' 등이 있는데, 구어체에서는 주격 조사가 흔히 생략된다.

고향을 떠난 지가 벌써 20년이 가까워 온다./그런 말을 할 리 없다./누구나 할 수 있는 일이다.

③ '서술어성 의존 명사'는 문장에서 서술어로만 쓰이는 의존 명사로서, '따름, 뿐, 터' 등이 있다.

오로지 최선을 다할 따름이다./하루 종일 그림만 그릴 뿐이다./그를 꼭 만나볼 터이다.

④ '부사성 의존 명사'는 부사격 조사와 통합되어 부사어로 쓰이는 의존 명사로 '대로, 만큼, 줄, 뻔' 등이 있다.

㉮ '대로, 만큼'은 보조사 '은/는'과 통합되기도 하나, 생략되는 일이 더 많다.

네가 시키는 대로(는) 못하겠다./먹을 만큼 먹었다.

㉯ '줄'은 도구 부사격 '로'와 통합되지만 목적격 조사와도 통합한다.

술은 마실 줄을 모릅니다./양보할 줄(을) 모른다.

㉰ '뻔, 체, 양, 듯, 만' 등은 '~하다'와 결합되어 동사, 형용사처럼 쓰이기도 한다.

비가 올 듯하다./기차를 놓칠 뻔하다./먹을 만하다.

⑤ '단위성 의존 명사'는 선행 명사의 수량 단위로만 쓰이는 의존

명사로 '자, 섬, 평, 원, 명, 번, 개, 말, 그루, 켤레' 등이 있다.
한 우리는 기와 몇 장인가요?/북어 한 쾌는 몇 마리입니까?

의존 명사의 구별은 아래와 같다.

① 의존 명사와 조사: '만큼, 대로, 뿐, 채, 만' 등은 용언의 관형사형 뒤에 오면 '의존 명사'이지만, 체언 뒤에 오면 '조사'로 취급하여 붙여 쓴다.

〈대로〉

아는 대로(의존 명사)/나는 나대로(조사)

〈만큼〉

먹을 만큼(의존 명사)/너만큼 나도 안다.(조사)

② '하다'가 붙을 수 있는 의존 명사: 뻔, 체, 양, 듯, 척

〈듯〉

씻은 듯 깨끗하다.(의존 명사)/구름에 달 가듯이(어미)/비가 올 듯하다.(형용사)

〈척(양, 체)〉

아는 척을 한다.(의존 명사)/아는 척한다.(동사)

③ 의존 명사와 접미사

〈이〉

좋은 일을 한 이(의존 명사)/지은이, 옮긴이(접미사)

④ 보통 명사로 쓰이는 의존 명사: 수량 단위 의존 명사

〈되〉

열 되를 한 말이라고 한다.(의존 명사)/되는 말보다 적다.(자립 명사)
그러나 '-간(間)'은 기간을 나타내는 일부 명사 뒤에 붙어, '동안'의 뜻을 더하는 접미사이며, '이틀간, 한 달간, 삼십 일간' 등이 있다. 몇몇 명사 뒤에 붙어, '장소'의 뜻을 더하는 접미사이며, '대장간, 외양간' 등이 있다.

60. 눈같이/눈∨같이 흰 박꽃을 보았다.

'같이'는 조사이다. 체언 뒤에 붙어, '앞말이 보이는 전형적인 어떤 특징처럼'의 뜻을 나타내는 격 조사이다. 예를 들면, '얼음장같이 차가운 방바닥에 앉았다.', '눈같이 흰 박꽃을 보았다.' 등이 있다. 그러므로 '눈같이'로 붙여 써야 한다.

그러나 '같이'는 부사로도 쓰인다. 주로 격 조사 '과'나 여럿임을 뜻하는 말 뒤에 쓰여, '둘 이상의 사람이나 사물이 함께.', '어떤 상황이나 행동 따위와 다름이 없이.' 등의 뜻이다. 예를 들면, '예상한 바와 같이 주가가 크게 떨어졌다.', '선생님이 하는 것과 같이 하세요.', '예상한 바와 같이 주가가 크게 떨어졌다.' 등이 있다.

61. 방 안은 숨소리가 들릴∨만큼/들릴만큼 조용했다.

'들릴∨만큼'은 '들리+ㄹ+만큼'으로 분석된다. '주로 어미 '-은, -는, -을' 뒤에 쓰여, 앞의 내용에 상당하는 수량이나 정도임을 나타내는 말이다.' '주로 어미 '-은, -는, -던' 뒤에 쓰여, 뒤에 나오는 내용의 원인이나 근거가 됨을 나타내는 말.' 등의 뜻이다. 예를 들면, '노력한 만큼 대가를 얻다.', '방 안은 숨소리가 들릴 만큼 조용했다.' 등이 있다. 그러므로 '들릴∨만큼'으로 띄어 써야 한다.

그러나 '만큼'은 조사로도 쓰인다. 체언이나 조사의 바로 뒤에 붙어, '앞말과 비슷한 정도나 한도임을 나타내는 격조사'이며, '만치'와 같다. 예를 들면, '집을 대궐만큼 크게 짓다.', '명주는 무명만큼 질기지 못하다.', '나도 당신만큼은 할 수 있다.' 등이 있다.

62. 사법 고시는 예상한∨대로/예상한대로 항상 어렵다.

'예상한∨대로'는 '예상하+ㄴ+대로'로 분석할 수 있다. '대로'는 의존 명사이다. '어떤 모양이나 상태와 같이.', '어미 '-는' 뒤에 쓰여, 어떤 상태나 행동이 나타나는 그 즉시.', '어미 '-는' 뒤에 쓰여, 어떤 상태나 행동이 나타나는 족족.', '대로'를 사이에 두고 같은 용언이 반복되어, '-을 대로' 구성으로 쓰여, 어떤 상태가 매우 심하다는 뜻을 나타내는 말이다. 예를 들면, '당신 좋을 대로 하십시오.', '예상한 대로 시험 문제는 까다로웠다.' 등이 있다. 그러므로 '예상한∨대로'로 띄어 써야 한다.

그러나 '대로'는 조사로도 쓰인다. 체언 뒤에 붙어, '앞에 오는 말에 근거하거나 달라짐이 없음을 나타내는 보조사.', '따로따로 구별됨을 나타내는 보조사.' 등으로 쓰인다. 예를 들면, '큰 것은 큰 것대로 따로 모아 두다.', '너는 너대로 나는 나대로 서로 상관 말고 살자.' 등이 있다.

63. 그는 편지는커녕 제 이름조차/이름∨조차 못 쓴다.

'조차'는 체언 뒤에 붙어, '이미 어떤 것이 포함되고 그 위에 더함.'의 뜻을 나타내는 보조사이다. 일반적으로 예상하기 어려운 극단의 경우까지 양보하여 포함함을 나타낸다. 예를 들면, '그렇게 공부만 하던 철수조차 시험에 떨어졌다.', '한자는 쓰기도 어려운 데다 읽기조차 힘들다.' 등이 있다. 그러므로 '이름조차'로 붙여 써야 한다.

64. 비행∨시/비행시에는 휴대 전화를 사용하면 안 된다.

'시(時)'는 의존 명사이다. '차례가 정하여진 시각을 이르는 말.', '일부 명사나 어미 '-을' 뒤에 쓰여, 어떤 일이나 현상이 일어날 때나 경우.', '예전에, 주야를 12지(支)에 따라 12등분 한 단위'이다. 자시(子時), 축시(丑時), 인시(寅時), 묘시(卯時), 진시(辰時), 사시

(巳時), 오시(午時), 미시(未時), 신시(申時), 유시(酉時), 술시(戌時), 해시(亥時)가 있다. 예를 들면, '규칙을 어겼을 시에는 처벌을 받는다.', '직장에서 출타 시에는 다른 직원에게 알려야 한다.' 등이 있다. 그러므로 '비행∨시'로 띄어 써야 한다.

65. 정해진 기간∨내/기간내에 보고서를 제출해야 한다.

'내(內)'는 의존 명사이다. 일부 시간적, 공간적 범위를 나타내는 명사와 함께 쓰여, '일정한 범위의 안'을 뜻한다. 예를 들면, '공장을 공업 단지 내로 옮겼다.', '바다에서 수영할 때에는 반드시 안전선 내에서 해야 한다.' 등이 있다. 그러므로 '기간∨내'로 띄어 써야 한다.

그러나 '내(內)'는 기간을 나타내는 일부 명사 뒤에 붙어, '그 기간의 처음부터 끝까지'의 뜻을 더하고 부사를 만드는 접미사이다. 예를 들면, '봄내, 여름내, 저녁내' 등이 있다.

그리고 접미사로 '때를 나타내는 몇몇 명사 뒤에 붙어', '그때까지'의 뜻을 더하고 부사를 만드는 것이 있다. 예를 들면, '마침내, 끝내' 등이 있다.

66. 듣고 보니 좋아할∨만은/좋아할만은 한 이야기이다.

'좋아할∨만은'은 '좋아하+ㄹ+만+은'으로 분석된다. 즉, 동사의 어간 '좋아하(다)', 관형사형 'ㄹ', 의존 명사 '만', 보조사 '은'으로 분석 할 수 있다. '만'은 의존 명사이다. '앞말이 뜻하는 동작이나 행동에 타당한 이유가 있음을 나타내는 말.', '앞말이 뜻하는 동작이나 행동이 가능함을 나타내는 말.' 등의 뜻이다. 예를 들면, '1년 동안 괄목할 만한 성장을 이루었다.', '이건 믿을 만한 소식통이 들려준 거야.' 등이 있다. 그러므로 '좋아할∨만은'으로 띄어 써야 한다.

그러나 '만'은 조사이다. '다른 것으로부터 제한하여 어느 것을 한정함을 나타내는 보조사.', '무엇을 강조하는 뜻을 나타내는 보조사.', '화자가 기대하는 마지막 선을 나타내는 보조사.', "하다', '못하다'와 함께 쓰여, '앞말이 나타내는 대상이나 내용 정도에 달함을 나타내는 보조사.' 등으로 쓰인다. 예를 들면, '아내는 웃기만 할 뿐 아무 말이 없다.', '하루 종일 잠만 잤더니 머리가 띵했다.' 등이 있다.

67. 모두들 구경만 할∨뿐/할뿐 누구 하나 거드는 이가 없었다.

'뿐'은 의존 명사이다. '어미 "-을' 뒤에 쓰여, 다만 어떠하거나 어찌할 따름이라는 뜻을 나타내는 말.', '-다 뿐이지' 구성으로 쓰여, 오직 그렇게 하거나 그러하다는 것을 나타내는 말.' 등의 뜻이다. 예를 들면, '그는 웃고만 있을 뿐이지 싫다 좋다 말이 없다.', '모두들 구경만 할 뿐 누구 하나 거드는 이가 없었다.' 등이 있다. 그러므로 '할∨뿐'으로 띄어 써야 한다.

그러나 '뿐'은 조사로도 쓰인다. 체언이나 부사어 뒤에 붙어, '그것만이고 더는 없음.' 또는 '오직 그렇게 하거나 그러하다는 것.'을 나타내는 보조사이다. 예를 들면, '그 아이는 학교에서뿐만 아니라 집에서도 말썽꾸러기였다.', '그는 가족들에게뿐만 아니라 이웃들에게도 언제나 웃는 얼굴로 대했다.' 등이 있다.

68. 예전에 가 본∨데가/본데가 어디쯤인지 모르겠다.

'데'는 의존 명사이다. "곳'이나 '장소'의 뜻을 나타내는 말.', "일'이나 '것'의 뜻을 나타내는 말.', "경우'의 뜻을 나타내는 말.' 등의 뜻이다. 예를 들면, '사람을 돕는 데에 애 어른이 어디 있겠습니까?', '그 사람은 오직 졸업장을 따는 데 목적이 있는 듯 전공 공부에는 전혀 관심이 없다.' 등이 있다. 그러므로 '본∨데가'로 띄어 써야 한다.

'-는데'는 '있다', '없다', '계시다'의 어간, 동사 어간 또는 어미 '-으시-', '-었-', '-겠-' 뒤에 붙어, '뒤 절에서 어떤 일을 설명하거나 묻거나 시키거나 제안하기 위하여 그 대상과 상관되는 상황을 미리 말할 때'에 쓰는 연결 어미이다. 예를 들면, '내가 텔레비전을 보고 있는데 전화벨이 울렸다.'가 있다.

69. 십오∨년여/십오∨년∨여의 세월이 흘렀다.

'여(餘)'는 수량을 나타내는 말 뒤에 붙어, '그 수를 넘음.'의 뜻을 더하는 접미사이다. 예를 들면, '한 시간여를 기다렸다.', '무수한 인간들이 전쟁의 포화 속에 죽어 갔으나 삼 년여를 끈 이 전쟁에는 어느 쪽에도 승리가 없다.' 등이 있다.

한글 맞춤법 제43항 단위를 나타내는 명사는 띄어 쓴다. 예를 들면, '개, 대, 돈, 마리, 벌, 살, 손, 죽, 채, 쾌' 등이 있다. '년'은 해를 세는 단위이다. 예를 들면, '견우와 직녀는 일 년에 한 번밖에 못 만난다.', '고향을 떠난 지 팔 년이 지났다.' 등이 있다. 그러므로 '십오∨년여'로 띄어 써야 한다.

단위를 나타내는 의존 명사에 대하여 알아보겠다.

가리: 곡식, 장작의 한 더미(장작 한 가리).

강다리: 쪼갠 장작의 100개비.

거리: 가지, 오이 50개나 반 접.

고리: 소주 열(10) 사발을 한 단위로 일컫는 말.

꾸러미: 짚으로 길게 묶어 사이사이를 동여 맨 달걀 10개의 단위.

닢: 잎이나 쇠붙이로 만든 얇은 물건을 낱낱의 단위로 세는 말.

동: '묶음'을 세는 단위(붓은 10자루, 생강은 10접, 백지 100권, 볏짚 100단, 땅 100뭇 등).

두름: 물고기나 나물을 짚으로 두 줄로 엮은 것이나 한 줄에 10마리씩 모두 20마리.

땀: 바느질에서 바늘로 한 번 뜬 눈.

뭇: 장작, 채소 따위의 작은 묶음(단)이나 물고기 10마리.

벌: 옷이나 그릇의 짝을 이룬 단위.

사리: 국수, 새끼 같은 것을 사리어 놓은 것을 세는 단위.

손: 조기, 고등어 따위 생선 2마리, 배추는 2통, 미나리, 파 따위는 한 줌.

쌈: 바늘 24개나 금 100냥쭝.

연: 종이 전지 500장.

우리: 기와를 세는 단위(기와 2000장은 1우리).

접: 감, 마늘 100개.

제: 한방약 20첩.

죽: 버선이나 그릇 등의 10벌을 한 단위로 말하는 것(짚신 한 죽).

채: 집, 이불, 가마를 세는 단위.

첩: 한방약 1봉지.

촉: 난초(蘭草)의 포기 수를 세는 단위.

켤레: 신, 버선, 방망이 따위의 두 짝을 한 벌로 세는 단위.

쾌: 북어 스무(20) 마리를 한 단위로 세는 말.

태: 나무꼬챙이에 꿰어 말린 명태 20마리.

톳: 김 40장 또는 100장을 한 묶음으로 묶은 덩이.

필(匹): 동물을 세는 단위.

홉(合): 한 되의 10분의 1.

70. 올해는 십오∨일간/십오∨일∨간 눈이 내렸다.

'일(日)'은 의존 명사이다. 한자어 수 뒤에 쓰여, '날을 세는 단위'이다. '간(間)'은 기간을 나타내는 일부 명사 뒤에 붙어, '동안'의 뜻을 더하는 접미사이다. 예를 들면, '이틀간, 한 달간, 삼십 일간' 등이 있다. 그러므로 '십오∨일간'으로 붙여 써야 한다.

또한, '간(間)'은 몇몇 명사 뒤에 붙어, '장소'의 뜻을 더하는 접미사이며, ' 대장간, 외양간' 등이 있다.

71. 기말 고사는 제일∨편/제일편에서 출제하도록 하겠다.

'편(便)'은 '쪽'의 뜻이다. 수 관형사 뒤에 의존 명사가 붙어서 차례를 나타내는 경우는 붙여 쓸 수 있다. 예를 들면, '바람이 부는 편으로 돌아서다.', '지는 편에서 밥을 사기로 했다.' 등이 있다.

한글 맞춤법 제43항 다만, 순서를 나타내는 경우나 숫자와 어울리어 쓰이는 경우에는 붙여 쓸 수 있다. 예를 들면, '두시 삼십분 오초, 제일과, 삼학년, 육층, 1446년 10월 9일, 2대대, 16동 502호, 제1어학실습실, 80원, 10개, 7미터' 등이 있다. 그러므로 '제일∨편/제일편'으로 쓸 수 있다.

보충 설명하면, 수 관형사(數冠形詞) 뒤에 의존 명사가 붙어서 차례를 나타내는 경우나, 의존 명사가 아라비아 숫자 뒤에 붙는 경우는 붙여 쓸 수 있도록 하였다. 예를 들면, '제삼 장→제삼장, 제칠 항→제칠항' 등이 있다.

'제-'가 생략된 경우라도 차례를 나타내는 말일 때에는 붙여 쓸 수 있다. 예를 들면, '제이십칠 대→이십칠대, (제)오십팔 회→오십팔회' 등이 있다.

다만, 수효를 나타내는 '개년, 개월, 일(간), 시간' 등은 붙여 쓰지 않는다. 예를 들면, '삼 (개)년, 육 개월, 이십 일(간)' 등이 있다.

그러나 아라비아 숫자 뒤에 붙는 의존 명사는 붙여 쓸 수 있다. 예를 들면, '35원, 70관, 42마일' 등이 있다.

접미사 여(餘)가 들어가면 '년간, 분간, 초간, 일간'의 '간'은 윗말에서 띄어 쓴다. 예를 들면, '10여 일간, 36여 년간' 등이 있다.

72. 하루∨내지/하루내지 이틀만 기다려 보아라.

'내지(乃至)'는 수량을 나타내는 말들 사이에 쓰여, '얼마에서 얼마까지'의 뜻을 나타내는 부사이다. 예를 들면, '비가 올 확률은 50% 내지 60%이다.', '백 평 내지 이백 평의 논을 사들였다.' 등이 있다.

한글 맞춤법 제45항 두 말을 이어 주거나 열거할 적에 쓰이는 다음의 말들은 띄어 쓴다. 예를 들면, '겸, 대, 등, 및, 등등, 등속, 등지' 등이 있다. 그러므로 '하루∨내지'로 띄어 써야 한다.

보충 설명하면, '겸(兼)'은 두 명사 사이에, 또는 어미 '-ㄹ/-을' 아래 붙어 한 가지 외에 또 다른 것이 아울림을 나타내는 말이다. '대(對)'는 사물과 사물의 대비나 대립을 나타낼 때 쓰는 말이며, 두 짝이 합하여 한 벌이 되는 물건을 세는 단위이다. '및'은 '그 밖에도 또', '-와/-과 또'처럼 풀이되는 접속부사이다.

'등(等)'은 둘 이상의 대상이나 사실을 나열한 뒤, 예(例)가 그와 같은 대상이나 사실을 포함하여 그 외에도 더 있거나 있을 수 있음을 나타내는 말이며, 일반적으로 둘 이상의 체언을 나열한 다음이나 용언의 관형형 어미 '-ㄴ/-는' 다음에 쓰이나, 때로 한 개의 체언 뒤에 쓰이기도 한다.

'등등(等等)'은 둘 이상의 대상을 나열한 뒤, 예(例)가 앞에 든 것 외에도 더 있음을 강조하여 이르는 말이다.

'등속(等屬)'은 둘 이상의 사물이 나열된 다음에 쓰여 '그것을 포함한 여러 대상'의 뜻을 나타내는 말이다.

'등지(等地)'는 둘 이상의 지명이 나열된 다음에 쓰여 '그 곳을 포함한 여러 곳'의 뜻을 나타내는 말이다.

73. 좀∨더∨큰∨집/좀더∨큰집에 살았으면 하는 것이 우리의 마음이다.

'좀∨더∨큰∨집'은 '좀+더+큰+집'으로 분석한다. '좀'은 부사이고, '부탁이나 동의를 구할 때 말을 부드럽게 하기 위하여 삽입하는 말'이다. '더'는 부사이고, '계속하여, 또는 그 위에 보태어.', '어떤 기준보다 정도가 심하게, 또는 그 이상으로.'의 뜻이다. '크다'는 형용사이고, '사람이나 사물의 외형적 길이, 넓이, 높이, 부피 따위가 보통 정도를 넘다.'라는 뜻이며, '집'은 명사이다.

한글 맞춤법 제46항 단음절로 된 단어가 연이어 나타날 적에는 붙여 쓸 수 있다. 예를 들면, '그때 그곳, 좀더 큰것, 한잎 두잎' 등이 있다. 그러므로 '좀∨더∨큰∨집/좀더∨큰집'으로 띄어 쓰는 것이 원칙이고, 허용도 된다.

보충 설명하면, 단음절(單音節)로 된 단어가 연이어 나타나는 경우에 적절히 붙여 쓰는 것을 허용하는 규정이다. 단음절이면서 관형어나 부사인 경우라도 관형어와 관형어, 부사와 관형어는 원칙적으로 띄어 쓰며, 부사와 부사가 연결되는 경우에도 의미적 유형이 다른 단어끼리는 붙여 쓰지 않는 것이 원칙이다.

74. 그 사람은 잘 아는∨척한다/아는척한다.

'아는∨척한다'는 '아는+척한다'나 '아는척한다'로 분석된다. 그러므로 띄어 쓰는 것을 원칙으로 하지만 허용할 수 있는 것이다.

한글 맞춤법 제47항 보조 용언은 띄어 씀을 원칙으로 하되, 경우에 따라 붙여 씀도 허용한다. 예를 들면, '불이 꺼져 간다/불이 꺼져간다, 내 힘으로 막아 낸다/내 힘으로 막아낸다, 어머니를 도와 드린다/어머니를 도와드린다' 등이 있다. 그러므로 '아는∨척한다/아는척한다' 등으로 띄어 쓰거나 붙여 써야 한다.

보조 용언에 대하여 알아보겠다.

'보조 용언(補助用言)'은 '본용언과 연결되어 그것의 뜻을 보충하는 역할'을 하는 용언이다. '보조 동사, 보조 형용사'가 있다. '가지고 싶다'의 '싶다', '먹어 보다'의 '보다' 따위이며, '도움풀이씨'라고도 한다.

'보조 동사(補助動詞)'는 '본동사와 연결되어 그 풀이를 보조하는 동사'이다. '감상을 적어 두다.'의 '두다', '그는 학교에 가 보았다.'의 '보다' 따위이며, '도움움직씨, 조동사'라고도 한다.

'보조 형용사(補助形容詞)'는 '본용언과 연결되어 의미를 보충하는 역할을 하는 형용사'이다. '먹고 싶다'의 '싶다', '예쁘지 아니하다'의 '아니하다' 따위이며, '도움그림씨, 의존 형용사'라고도 한다.

'본용언(本用言)'은 '문장의 주체를 주되게 서술하면서 보조 용언의 도움을 받는 용언'이다. '나는 사과를 먹어 버렸다.', '그는 잠을 자고 싶다.'에서 '먹다', '자다' 따위이다.

75. 오늘은 하늘을 보니 비가 올∨듯도∨싶다/올∨듯도싶다.

'올∨듯도∨싶다'는 '올+듯도+싶다'로 분석된다. 한글 맞춤법 제47항 다만, 앞말에 조사가 붙거나 앞말이 합성 동사인 경우, 그리고 중간에 조사가 들어갈 적에는 그 뒤에 오는 보조 용언은 띄어 쓴다. 예를 들면, '잘도 놀아만 나는구나!', '책을 읽어도 보고……',

'그가 올 듯도 하다.', '잘난 체를 한다.' 등이 있다. 그러므로 '올∨듯도∨싶다'로 띄어 써야 한다.

보충 설명하면, 다만, 의존 명사(依存名詞) 뒤에 조사가 붙거나 앞 단어가 합성 동사인 경우는(보조 용언을) 붙여 쓰지 않는다. 조사가 개입되는 경우는 두 단어(본용언과 의존 명사) 사이의 의미적, 기능적 구분이 분명하게 드러날 뿐 아니라, 한글 맞춤법 제42항 규정과도 연관되므로 붙여 쓰지 않도록 한 것이다. 또, 본용언이 합성어인 경우는 '덤벼들어보아라, 떠내려가버렸다'처럼 길어지는 것을 피하기 위하여 띄어 쓰도록 한 것이다.

복합 동사에 대하여 알아보겠다.

'복합 동사(複合動詞)'는 '둘 이상의 말이 결합된 동사'이다. '본받다', '앞서다', '들어가다', '가로막다' 따위가 있으며, '겹움직씨, 합성 동사'라고도 한다.

76. 송재관∨씨/송재관씨가 여기에 계십니까?

'씨(氏)'는 '성과 이름 뒤에 붙는 호칭어'이기에 띄어 써야 하는 것이다. '씨(氏)'는 성년이 된 사람의 성이나 성명, 이름 아래에 쓰여, '그 사람을 높이거나 대접하여 부르거나 이르는 말'이다. 그리고 공식적, 사무적인 자리나 다수의 독자를 대상으로 하는 글에서가 아닌 한 윗사람에게는 쓰기 어려운 말로, 대체로 '동료나 아랫사람'에게 쓴다.

한글 맞춤법 제48항 성과 이름, 성과 호 등은 붙여 쓰고, 이에 덧붙는 호칭어, 관직명 등은 띄어 쓴다. 예를 들면, '김양수(金良洙), 서화담(徐花潭), 채영신 씨, 최치원 선생, 박동식 박사, 충무공 이순신 장군' 등이 있다. 그러므로 '송재관 씨'로 띄어 써야 한다.

보충 설명하면, '성(姓)'은 '출생의 계통을 나타내는, 겨레붙이의 칭호'이다. 곧, '김(金), 박(朴), 이(李)' 등이며, 높임말은 '성씨'이다. '이름'은 어떤 사람을 부르거나 가리키기 위해 고유하게 지은 말을 성(姓)과 합쳐서 이르는 말이다. '성명(姓名)'이라고도 한다. 높임말은 '성함(姓銜), 존함(尊銜), 함자(銜字)' 등이 있다.

'호(號)'는 '본명이나 자(字) 대신에 부르는 이름'이다. 흔히, 자기의 거처, 취향, 인생관 등을 반영하여 짓는다. 오늘날에는 저명한 인사나 문필가, 예술가 등이 일부 사용하고 있는 정도이며, '당호, 별호' 등이 있다. '당호(堂號)'는 '당우(堂宇)의 호'이다. 집의 이름에서 따온 그 주인의 호이다. '별호(別號)'는 '사람의 외모나 성격 등의 특징을 나타내어 본명 대신에 부르는 이름'이다. '별명, 닉네임'이라고도 한다.

'아호(雅號)'는 '문인, 예술가 등의 호(號)나 별호(別號)를 높여 이르는 말'이다. '호칭어(呼稱語)'는 '어떤 대상을 직접 부를 때 쓰는 말'이다. '관직명(官職名)'은 '관리가 국가로부터 위임받은 일정한 범위의 직무'이다.

77. 최∨씨/최씨가 그 일을 했다고 합니다.

'씨'는 의존 명사이다. '씨(氏)'는 '성년이 된 사람의 성 아래에 쓰여, 그 사람을 높이거나 대접하여 부르거나 이르는 말'이다. 예를 들면, '김 씨, 길동 씨, 홍길동 씨' 등이 있다. 그러므로 '최∨씨'로 띄어 써야 한다.

78. 김씨/김∨씨들은 다 그러니?

'씨'는 인명(人名)에서 성을 나타내는 명사 뒤에 붙어, '그 성씨 자체', '그 성씨의 가문이나 문중'의 뜻을 더하는 접미사이다. 예를 들면, '김씨, 이씨, 박씨 부인' 등이 있다. 그러므로 '김씨'는 붙여 써야 한다.

다만, 성과 이름, 성과 호를 분명히 구분할 필요가 있을 경우에는 띄어 쓸 수 있다. 예를 들면, '남궁억/남궁 억, 독고준/독고 준, 황보지봉(皇甫芝峰)/황보 지봉' 등이 있다.

우리 한자음으로 적는 중국 인명의 경우도 본 항 규정이 적용된다. 예를 들면, '소정방, 이세민, 장개석' 등이 있다.

또한, 이름에 접미사 '전(傳)'이 붙어 책 이름이 될 때에는 붙여 쓴다. 다만, 이름 앞에 꾸미는 말이 올 때에는 '전'을 띄어 쓴다. 예를 들면, '홍길동전, 심청전, 유관순전/순국 소녀 유관순 전' 등이 있다.

79. 그의 곁으로 가까이/가까히 다가갔다.

'가깝다'는 '어느 한 곳에서 다른 곳까지의 거리가 짧다.', '서로의 사이가 다정하고 친하다.'라는 뜻이다. '가까이'는 'ㅂ' 불규칙 용언의 어간 뒤에 결합하는 것이므로 '-이'로 써야 하는 것이다. 예를 들면, '가벼이, 괴로이, 너그러이, 즐거이' 등이 있다. 예를 들면, '그를 두 시간 가까이 기다렸지만 만나지 못했다.', '그는 우리 집에 보름 가까이 머물렀다.' 등이 있다.

한글 맞춤법 제51항 부사의 끝음절이 분명히 '이'로만 나는 것은 '-이'로 적고, '히'로만 나거나 '이'나 '히'로 나는 것은 '히-'로 적는다. '이'로만 나는 것으로는 '가붓이, 깨끗이, 나붓이, 느긋이, 둥긋이, 따뜻이, 반듯이, 버젓이, 산뜻이, 의젓이, 고이, 날카로이, 대수로이, 번거로이, 많이, 적이, 헛되이, 겹겹이, 번번이, 일일이, 집집이, 틈틈이' 등이 있다. 그러므로 '가까이'로 적어야 한다.

보충 설명하면, 첫째, 첩어 또는 준첩어인 명사 뒤에 결합하는 것으로는 '간간이, 겹겹이, 곳곳이, 길길이, 나날이, 다달이, 땀땀이'

등이 있다. 둘째, 'ㅅ' 받침 뒤에 결합하는 것으로는 '나긋나긋이, 번듯이, 지긋이' 등이 있다. 셋째, '-하다'가 붙지 않는 용언 어간 뒤에 오는 것으로 '같이, 굳이, 많이, 실없이' 등이 있다. 넷째, 부사 뒤에 오는 것으로 '곰곰이, 더욱이, 생긋이, 오뚝이, 일찍이' 등이 있다.

80. 기쁨과 노여움과 슬픔과 즐거움을 아울러 이르는 말을 희로애락/희노애락이라고 한다.

'희로애락(喜怒哀樂)'은 속음으로 나는 것이다. 예를 들면, '그는 그의 아버지와 조선의 선인들과 같이 좀처럼 희로애락을 낯빛에 나타내지 아니하고 마치 부처의 모양과 같이 항상 빙그레 웃는 낯이었다.'가 있다.

한글 맞춤법 제52항 한자어에서 본음으로도 나고 속음으로도 나는 것은 각각 그 소리에 따라 적는다. 속음으로 나는 것으로는 '수락(受諾), 쾌락(快諾), 허락(許諾), 곤란(困難), 논란(論難), 의령(宜寧), 회령(會寧)' 등이 있다. 그러므로 '희로애락'으로 적어야 한다.

보충 설명하면, '속음'은 세속에서 널리 사용되는 익은 소리이므로, 속음으로 된 발음 형태를 표준어로 삼게 되며, 따라서 맞춤법에서도 속음에 따라 적게 된다. 표의 문자(表意文字)인 한자는 하나하나가 어휘 형태소의 성격을 띠고 있다는 점에서 본음 형태와 속음 형태는 동일 형태소의 이형태인 것이다.

그러나 본음으로 나는 것으로는 '승낙(承諾), 만난(萬難), 안녕(安寧)' 등이 있다.

81. 수정이가 너보다 키가 더 클걸/껄?

'-걸'은 '이다'의 어간, 받침 없는 용언의 어간, 'ㄹ' 받침인 용언

어간 또는 어미 '-으시-' 뒤에 붙어, 구어체로, 해할 자리나 혼잣말에 쓰여, '화자의 추측이 상대편이 이미 알고 있는 바나 기대와는 다른 것임'을 나타내는 종결 어미이다. 예를 들면, '그는 내일 미국으로 떠날걸.', '차 안에서 미리 자 둘걸.' 등이 있다.

한글 맞춤법 제53항 다음과 같은 어미는 예사소리로 적는다. 예를 들면, '-(으)ㄹ거나, -(으)ㄹ게, -(으)ㄹ세, -(으)ㄹ세라, -(으)ㄹ수록' 등이 있다. 그러므로 '클걸'로 적어야 한다.

'-(으)ㄹ거나'는 해할 자리에 쓰여, '자신의 어떤 의사에 대하여 자문(自問)하거나 상대편의 의견을 물어볼 때'에 쓰는 종결 어미이며, 감탄의 뜻을 나타낼 때가 있다. 함께 노래를 부를거나?

'-(으)ㄹ게'는 구어체로, 해할 자리에 쓰여, '어떤 행동을 할 것을 약속하는 뜻'을 나타내는 종결 어미이다. 다시 연락할게.

'-(으)ㄹ세'는 하게할 자리에 쓰여, '추측이나 의도'를 나타내는 종결 어미이다. 그럼 이따가 기별할세. 잘 가게.

'-(으)ㄹ세라'는 해라할 자리에 쓰여, '혹시 그러할까 염려'하는 뜻을 나타내는 종결 어미이다. 손에 쥐면 터질세라 바람 불면 날아갈세라.

'-(으)ㄹ수록'은 앞 절 일의 어떤 정도가 그렇게 더하여 가는 것이, 뒤 절 일의 어떤 정도가 '더하거나 덜하게 되는 조건이 됨.'을 나타내는 연결 어미이다. 어린아이일수록 단백질이 많이 필요하다.

82. 우리 동네 개울에서 고기를 잡을까?/잡을가?

'-을까?'는 '의문을 나타내는 어미'이기에 된소리로 적어야 한다. 예를 들면, '이 나무에 꽃이 피면 얼마나 예쁠까?', '방울이란 나무에서 꽃이 피면 얼마나 예쁠까?' 등이 있다.

한글 맞춤법 제53항 다음과 같은 어미는 예사소리로 적는다. 다만, 의문을 나타내는 다음 어미들은 된소리로 적는다. 예를 들면, '-(으)ㄹ꼬?, -(스)ㅂ니까?, -(으)리까?, -(으)ㄹ쏘냐?' 등이 있다. 그러므로 '잡을까?'로 적어야 한다.

'-(으)ㄹ꼬?'는 해라할 자리에 쓰여, 현재 정해지지 않은 일에 대하여 '자기나 상대편의 의사'를 묻는 종결 어미이다. 주로 '누구, 무엇, 언제, 어디' 따위의 의문사가 있는 문장에 쓰이며 근엄하거나 감탄적인 어감을 띠기도 한다. 영희야, 너는 무슨 노래를 부를꼬?

'-(스)ㅂ니까?'는 합쇼(하십시오)할 자리에 쓰여, '의문'을 나타내는 종결 어미이다. 그 사람이 범인입니까?

'-(으)리까?'는 합쇼할 자리에 쓰여, 자기가 하려는 행동에 대하여 '상대편의 의향'을 묻는 뜻을 나타내는 종결 어미이다. 이 일을 어찌 하오리까?

'-(으)ㄹ쏘냐?'는 해라할 자리에 쓰여, '어찌 그럴 리가 있겠느냐'의 뜻으로 강한 부정을 나타내는 종결 어미이다. 내가 너에게 질쏘냐?

예사소리에 대하여 알아보겠다.

'예사소리(例事--)'는 '구강 내부의 기압 및 발음 기관의 긴장도가 낮아 약하게 파열되는 음'을 말한다. 국어의 된소리 'ㄲ', 'ㄸ', 'ㅃ', 'ㅆ', 'ㅉ'에 대하여 'ㄱ', 'ㄷ', 'ㅂ', 'ㅅ', 'ㅈ' 따위를 이르며, '연음(軟音), 평음'이라고도 한다.

83. 선녀와 나무꾼/나무군/나뭇꾼을 아시나요.

'-군/-꾼'은 '꾼'으로 통일하여 적어야 한다. '-꾼'은 일부 명사 뒤에 붙어, "어떤 일을 전문적으로 하는 사람.' 또는 '어떤 일을 잘하는 사람.'의 뜻을 더하는 접미사.', "어떤 일을 습관적으로 하는 사람.' 또는 '어떤 일을 즐겨 하는 사람.'의 뜻을 더하는 접미사.', "어떤 일 때문에 모인 사람.'의 뜻을 더하는 접미사.' 등의 뜻이다.

한글 맞춤법 제54항 다음과 같은 접미사는 된소리로 적는다. 예를 들면, '장난꾼, 사기꾼, 일꾼, 지게꾼' 등이 있다. 그러므로 '나무꾼'으로 적어야 한다.

보충 설명하면, 첫째, '-갈/-깔'은 '깔'로 통일하여 적는다. 예를 들면, '맛깔, 때깔' 등이 있다. 둘째, '-대기/-때기'는 '때기'로 적는다. 예를 들면, '거적때기, 나무때기, 등때기, 배때기, 송판때기, 팔때기' 등이 있다. 셋째, '-굼치/-꿈치'는 '꿈치'로 적는다. 예를 들면, '발꿈치, 발뒤꿈치' 등이 있다.

84. 그 아이는 두 살배기/두 살박이 치고는 엄청 영리하다.

'배기'는 어린아이의 나이를 나타내는 명사구 뒤에 붙어, '그 나이를 먹은 아이'의 뜻을 더하는 접미사이다.

한글 맞춤법 제54항 다음과 같은 접미사는 된소리로 적는다. 보충 설명하면, '-배기/-빼기'가 혼동될 수 있는 단어는 첫째, [배기]로 발음되는 경우는 '배기'로 적는다. 예를 들면, '귀퉁배기, 나이배기, 육자배기, 주정배기' 등이 있다. 그러므로 '두 살배기'로 적어야 한다. 둘째, 한 형태소 내부에 있어서 'ㄱ, ㅂ' 받침 뒤에서 [빼기]로 발음되는 경우는 '배기'로 적는다. 예를 들면, '뚝배기, 학배기[청유충(蜻幼蟲)]' 등이 있다. 셋째, 다른 형태소 뒤에서 [빼기]로 발음되는 것은 모두 '빼기'로 적는다. 예를 들면, '고들빼기, 대갈빼기, 재빼기, 곱빼기, 밥빼기, 얽빼기' 등이 있다.

'귀퉁배기'는 '귀퉁머리(귀의 언저리).'라는 뜻이다. 치수가 웬만한 사람만 같았어도 귀퉁배기를 몇 번 쥐어박았을 것이었다.

'뚝배기'는 '찌개 따위를 끓이거나 설렁탕 따위를 담을 때 쓰는 오지그릇.'을 뜻한다. 뚝배기에 된장찌개를 끓이다. '오지그릇'은 '붉은 진흙으로 만들어 볕에 말리거나 약간 구운 다음, 오짓물을 입혀 다시 구운 그릇'이며, '오자(烏瓷), 오자기(烏瓷器), 오지, 도기(陶器)' 라고도 한다.

'학배기'는 '잠자리의 애벌레를 이르는 말'이다.

'고들빼기'는 국화과의 두해살이풀이다. 높이는 60cm 정도이며, 붉은 자줏빛을 띤다. 여름에서 가을에 걸쳐 노란 두상화가 많이 피고 열매는 수과(瘦果)를 맺는다. 어린잎과 뿌리는 식용한다. 산이나 들에서 자라는데 한국, 중국 등지에 분포한다.

'재빼기'는 '잿마루(재의 맨 꼭대기).'를 뜻한다. 헐떡거리며 간신히 재빼기에 올라선 할머니는 그 자리에 털썩 주저앉아 버렸다.

'밥빼기'는 '동생이 생긴 뒤에 샘내느라고 밥을 많이 먹는 아이.'를 일컫는다. 전에는 잘 안 먹던 아이가 동생이 생긴 뒤로 갑자기 밥빼기가 되었다.

'얽빼기'는 '얼굴에 얽은 자국이 많은 사람을 낮잡아 이르는 말'이다. 그녀는 볼 가운데로 곱게 얽은 손티가 좀 있었지만 보기 흉한 얽빼기는 아니었다.

85. 2010년 겨울은 몹시 춥더라/춥드라.

'더'는 '이다'의 어간, 용언의 어간, 또는 어미 '-으시-', '-었-', '-겠-' 뒤에 붙어, 해라할 자리에 쓰여, '화자가 과거에 직접 경험하여 새로이 알게 된 사실을 그대로 옮겨 와 전달'한다는 뜻을 나타내는 종결 어미이다. 어미 '-더-'와 어미 '-라'가 결합한 말이다.

한글 맞춤법 제56항 '-더라, -던'과 '-든지'는 다음과 같이 적는다. 1. 지난 일을 나타내는 어미는 '-더라, -던'으로 적는다. 예를 들면, '깊던 물이 얕아졌다.', '그렇게 좋던가?' 등이 있다. 그러므로 '춥더라'라고 적어야 한다.

보충 설명하면, '-던'은 지난 일을 나타내는 '-더'에 관형사형 어미 '-ㄴ'이 붙어서 된 형태이다. 지난 일을 나타내는 어미는 '-더-'가 결합한 형태로 쓴다. '-더구나, -더구먼, -더냐, -더니' 등이 있다.

그리고 2. 물건이나 일의 내용을 가리지 아니하는 뜻을 나타내는 조사와 어미는 '(-)든지'로 적는다. 예를 들면, '배든지 사과든지 마음대로 먹어라.', '가든지 오든지 마음대로 해라.' 등이 있다.

보충 설명하면, '-든'은 내용을 가리지 않는 뜻을 표하는 연결어미 '-든지'가 줄어진 형태이다. 결국, 회상의 의미가 있는지 없는지를 따져 보면 그리 어렵지 않게 구별할 수 있다.

문장 부호

1. '꺼진 불도 다시 보자/꺼진 불도 다시 보자.'

'문장 부호(文章符號)'는 '문장의 뜻을 돕거나 문장을 구별하여 읽고 이해하기 쉽도록 하기 위하여 쓰는 여러 가지 부호'를 말한다. 문장 부호는 '마침표(온점/고리점, 물음표, 느낌표), 쉼표(반점/모점, 가운뎃점, 쌍점, 빗금), 따옴표(큰따옴표/겹낫표, 작은따옴표/낫표), 묶음표(소괄호, 중괄호, 대괄호), 이음표(줄표, 붙임표, 물결표), 드러냄표, 안드러냄표(숨김표, 빠짐표, 줄임표)' 등으로 나뉜다.

'마침표[終止符]'는 '온점, 느낌표, 물음표'를 말한다.

'온점(-點)'은 '마침표의 하나이며, 가로쓰기에 쓰는 문장 부호'이고, '.'의 이름이다. '고리점(--點)'은 '마침표의 하나이며 세로쓰기에 쓰는 문장 부호'이고, '。'의 이름이다.

'꺼진 불도 다시 보자'는 표어이기에 온점을 쓰지 않는 것이 올바른 것이다.

① '서술, 명령, 청유 등을 나타내는 문장의 끝'에 쓰는 것으로 '젊은이는 나라의 기둥이다.', '황금 보기를 돌같이 하라.' 등이 있다.

② '아라비아 숫자만으로 연월일을 표시할 적'에 쓰는 것으로 '2010. 9. 5.(2010년 9월 5일)'이 있다.

③ 표시 문자 다음에 쓰는 것으로 '1. 마침표, 가. 인명' 등이 있다.

2. 철수네 강아지가 가출(?)/(!)을 했다고 하여 찾는 중이다.

'물음표(--標)'는 '마침표의 하나'이며, '?'의 이름이다. 특정한 어구 또는 그 내용에 대하여 의심이나 빈정거림, 비웃음 등을 표시할 때, 또는 적절한 말을 쓰기 어려운 경우에 소괄호 안에 쓴다. 예를 들면, '그것 참 훌륭한(?) 태도야.'가 있다. 그러므로 '가출(?)'로 적어야 한다.

그리고 [붙임 1] 한 문장에서 몇 개의 선택적인 물음이 겹쳤을 때에는 맨 끝의 물음에만 쓰지만, 각각 독립된 물음인 경우에는 물음마다 쓴다.

너는 한국인이냐, 중국인이냐?/너는 언제 왔니? 어디서 왔니? 무엇하러?

[붙임 2] 의문형 어미로 끝나는 문장이라도 의문의 정도가 약할 때에는 물음표 대신 온점(또는 고리점)을 쓸 수도 있다.

이 일을 도대체 어쩐단 말이냐./아무도 그 일에 찬성하지 않을 거야. 혹 미친 사람이면 모를까.

3. '그리고/그리고,' 최근 혁신도시 건설 사업의 지연 및 중단 우려…….

'쉼표(-標)'는 '문장 부호의 하나'이며, '반점(,)/모점(、), 가운뎃점(·), 쌍점(:), 빗금(/)' 등이 있는데 흔히 반점만을 이르기도 한다. 가로쓰기에는 반점, 세로쓰기에는 모점을 쓴다.

그러나 일반적으로 쓰이는 접속어(그러나, 그러므로, 그리고, 그런데 등) 뒤에는 쓰지 않음을 원칙으로 한다.

① '같은 자격의 어구가 열거'될 때에 쓰는 것으로 '근면, 검소, 협동은 우리 겨레의 미덕이다.'가 있다. ② '문장 첫머리의 접속이나 연결'을 나타내는 말 다음에 쓰는 것으로 '아무튼, 나는 집에 돌아가겠다.'가 있다. ③ '숫자를 나열'할 때에 쓰는 것으로 '5, 6, 7, 8' 등이 있다.

9. 길동이 아버지의 나이'[年歲]/(年歲)'는 희수(喜壽)가 되었다.

'묶음표(--標)'는 '문장 부호의 하나'이며, '소괄호(( )), 중괄호({ }), 대괄호([ ])' 등이 있다.

'대괄호(大括弧)'는 '묶음표의 하나'이다. 문장 부호 '[ ]'의 이름이다. 묶음표 안의 말이 바깥 말과 음이 다를 때 쓰고, 묶음표 안에 묶음표가 있을 때에 바깥 묶음표로 쓴다. 예를 들면, '낱말[單語], 손발[手足]', '명령에 있어서의 불확실[단호(斷乎)하지 못함]은 복종에 있어서의 불확실[모호(模糊)함]을 낳는다.' 등이 있다.

'중괄호(中括弧)'는 '묶음표의 하나'이다. 문장 부호 '{ }'의 이름이다. 여러 단위를 동등하게 묶어서 보일 때에 쓴다.

'소괄호(小括弧)'는 '묶음표의 하나'이다. 문장 부호 '( )'의 이름이다. 원어 · 연대 · 주석 · 설명 따위를 넣을 때에 쓰고, 특히 기호 또는 기호적인 구실을 하는 문자, 단어, 구에 쓰며, 빈자리임을 나타낼 때에 쓴다. '손톱괄호, 손톱묶음'이라고도 한다.

10. 2010년 1월 11일 '~/-' 2010년 12월 30일까지 국책과제를 진행해야 한다.

'이음표(--標)'는 '문장 부호의 하나'이며, '줄표(——), 붙임표(-), 물결표(~)' 등이 있다. '연결부(連結符), 연결 부호'라고도 한다.

'물결표'는 '이음표의 하나'이며, 문장 부호 '~'의 이름이다. '내지'의 뜻으로 쓰거나 어떤 말의 앞이나 뒤에 들어갈 말 대신에 쓴다.

① '내지'라는 뜻에 쓴다. ② 어떤 말의 앞이나 뒤에 들어갈 말 대신 쓴다. 예를 들면, '9월 15일~9월 25일, 새마을 : ~운동, ~노래' 등이 있다.

'붙임표'는 '이음표의 하나'이며, 문장 부호 '-'의 이름이다. 사전, 논문 등에서 파생어나 합성어를 나타내거나 접사나 어미임을 나타낼 때, 외래어와 고유어 또는 외래어와 한자어가 결합하는 경우에 쓴다. '연자 부호, 접합부, 하이픈'이라고도 한다. 예를 들면, '불-구경, 나일론-실' 등이 있다.

'줄표'는 '이음표의 하나'이며, 문장 부호 '——'의 이름이다. 이미 말한 내용을 다른 말로 부연하거나 보충할 때에 쓴다. '대시(dash), 말바꿈표, 풀이표, 환언표'라고도 한다.

11. 너는 오늘도 놀거니'……/…'

'안드러냄표'는 '문장 부호의 하나'이다. '숨김표(××, ○○), 빠짐표(□), 줄임표(……)' 등이 있다.

'줄임표(--標)'는 '안드러냄표의 하나'이며, 문장 부호 '……'의 이름이다. 할 말을 줄였을 때나 말이 없음을 나타낼 때에 쓴다. '말없음표, 말줄임표, 무언부, 무언표, 생략부, 생략표, 점줄'이라고도 한다.

'숨김표(--標)'는 '안드러냄표의 하나'이며, 문장 부호 '○○' 또는 '××'의 이름이다. 금기어나 비속어, 또는 비밀로 해야 할 사항 등과 같이 알면서도 고의로 드러내지 않을 때에 쓴다. '은자부(隱字符), 은자부호'라고도 한다.

'빠짐표(--標)'는 '안드러냄표의 하나'이며, 문장 부호 '□'의 이름이다. 글자의 자리를 비워 둘 때에 쓴다. '결자부'라고도 한다.

표준어 규정

1. 그는 물려받은 재산을 모두 털어먹었다/떨어먹었다.

'털다'는 '재산이나 돈을 함부로 써서 몽땅 없애다.', '자기가 가지고 있는 것을 남김없이 내다.', '남이 가진 재물을 몽땅 빼앗거나 그것이 보관된 장소를 모조리 뒤지어 훔치다.' 등의 뜻이다. 예를 들면, '그는 도박으로 물려받은 재산을 몽땅 털어먹었다.', '도박에 미치면 모든 것을 털어먹게 되어 있다.' 등이 있다.

표준어 규정 제3항 다음 단어들은 거센소리를 가진 형태를 표준어로 삼는다. 예를 들면, '살쾡이, 칸막이' 등이 있다. 그러므로 '털어먹었다'로 적어야 한다.

보충 설명하면, 거센소리[激音, 숨이 거세게 나오는 파열음(破裂音)이다. 국어의 'ㅊ, ㅋ, ㅌ, ㅍ' 따위]로 변한 어휘들을 인정한 것이다.

그러나 '떨다'는 '달려 있거나 붙어 있는 것을 쳐서 떼어 내다.', '돈이나 물건을 있는 대로 써서 없애다.' 등의 뜻이다.

표준어에 대하여 알아보겠다.

'표준어(標準語)'는 '한 나라에서 공용어로 쓰는 규범으로서의 언어'이다. 의사소통(意思疏通)의 불편을 덜기 위하여 전 국민이 공통적으로 쓸 공용어의 자격을 부여받은 말로, 우리나라에서는 교양 있는 사람들이 두루 쓰는 현대 서울말로 정함을 원칙으로 한다. '대중말, 표준말'이라고도 한다.

'파열음(破裂音)'은 폐에서 나오는 공기를 일단 막았다가 그 막은 자리를 터뜨리면서 내는 소리이다. 'ㅂ', 'ㅃ', 'ㅍ', 'ㄷ', 'ㄸ', 'ㅌ', 'ㄱ', 'ㄲ', 'ㅋ' 따위가 있다. '닫음소리, 정지음, 터짐소리, 폐색음,

폐쇄음'이라고도 한다.

2. 옆집은 학생들에게 사글세/삭월세를 주었다.

'사글세'는 어원에서 멀어진 것으로 적어야 한다. '사글세'는 '월세', '월세방'이라고도 한다. 예를 들면, '사글세를 받다.', '사글세를 살다.', '우리 부부는 돈이 없어 사글세로 방 하나를 얻어 신접살림을 시작했지만 어느 부부보다도 행복했다.' 등이 있다.

표준어 규정 제5항 어원에서 멀어진 형태로 굳어져서 널리 쓰이는 것은, 그것을 표준어로 삼는다. '사글세'는 한자로 '삭월세(朔月貰)'이다. 예를 들면, '강낭콩/강남콩, 고삿/고샅, 울력성당/위력성당' 등이 있다. 그러므로 '사글세'로 적어야 한다.

'고삿'은 '초가지붕을 일 때 쓰는 새끼(짚으로 꼬아 줄처럼 만든 것.).'를 뜻한다.

'울력성당'은 '떼 지어 으르고 협박함.'을 뜻하며, '완력성당'이라고도 한다. 모주 사발이나 두둑하게 얻어먹을까 하고 울력성당으로 모주 장사 편을 들어 승학이를 발돋움에다 넣으려 든다.

보충 설명하면, '어원(語源/語原)'은 어떤 단어의 근원적인 형태이며, 어떤 말이 생겨난 근원이고, '말밑'이라고도 한다. 어원이 아직 뚜렷한데도 언중들의 어원 의식이 약해져 어원으로부터 멀어진 형태를 표준어로 삼고, 어원에 충실한 형태이더라도 현실적으로 쓰이지 않는 것은 표준어로 인정하지 않는다.

3. 해가 막 떨어진 뒤라 그런지 그녀의 웃음이 적이/저으기 붉게 보였다.

'적이'는 어원적으로 원형에 가깝기 때문에 표준어로 인정한 것이다. 예를 들면, '적이 놀라다.', '적이 당황하다.', '그렇다면 별 큰일도 아니구나 싶어 적이 가슴이 가라앉았다.' 등이 있다.

표준어 규정 제5항 다만, 어원적으로 원형에 더 가까운 형태가 아직 쓰이고 있는 경우에는, 그것을 표준어로 삼는다. '적이'는 부사이며, '꽤 어지간한 정도로'의 의미이다. '적이'는 의미적으로 '적다'와는 멀어졌다(오히려 반대의 의미를 가지게 되었다.). 그 때문에 그동안 '저으기'가 널리 보급되기도 하였다. 그러나 '적다'와의 관계를 부정할 수 없어 이것을 인정하는 쪽으로 결정하였다. 예를 들면, '갈비/가리, 굴-젓/구-젓, 말-곁/말-겻, 물-수란/물-수랄' 등이 있다. 그러므로 '적이'라고 적어야 한다.

'말곁'은 '남이 말하는 옆에서 덩달아 참견하는 말.'을 뜻한다. 아버지가 말할 때마다 어머니도 말곁을 달았다.

'물수란'은 '달걀을 깨뜨려 그대로 끓는 물에 넣어 반쯤 익힌 음식.'을 일컫는다. '담수란'이라고도 한다.

보충 설명하면, 어원의식(語原意識)이 남아 있어 어원을 반영한 형태가 쓰이는 것들에 대하여 대응하는 비어원적인 형태보다 우선권을 인정하기로 한 것이다.

4. 생일 주기를 돌/돐이라고 한다.

'돌'은 한 가지 형태만을 표준어로 삼았다. '돌'은 '특정한 날이 해마다 돌아올 때, 그 횟수를 세는 단위이거나 생일이 돌아온 횟수를 세는 단위'를 일컫는다. 예를 들면, '우리 아이는 이제 겨우 두 돌이 넘었다.', '서울을 수도로 정한 지 올해로 600돌이 되었다.' 등이 있다.

표준어 규정 제6항 다음 단어들은 의미를 구별함이 없이, 한 가지 형태만을 표준어로 삼는다. 예를 들면, '둘-째/두-째('제2, 두 개째'의 뜻), 셋-째/세-째('제3, 세 개째'의 뜻), 넷-째/네-째('제4, 네 개째'의 뜻)' 등이 있다. 그러므로 '돌'이라고 적어야 한다.

5. 앞에서 열두째/열둘째 앉아 있는 사람은 일어나십시오.

'열두째'에서 '둘째'는 '두째'로 쓴다. 예를 들면, '이 줄 열두째에 앉은 애가 내 친구 순이야.', '그 쪽의 열두째 줄을 읽어 보아라.' 등이 있다.

표준어 규정 제6항 다만, '둘째'는 십 단위 이상의 서수사에 쓰일 때에는 '두째'로 한다. 보충 설명하면, 차례(次例)를 나타내는 말로서 '열두째, 스물두째' 등은 '두째' 앞에서 다른 수가 올 때에는 'ㄹ' 받침이 탈락(脫落)한 것을 표준어로 인정하였다. 그러므로 '열두째'로 적어야 한다.

6. 이 자리를 빌려/빌어 심심한 감사를 표합니다.

'빌리다[借]'는 '빌리어(빌려), 빌리니'로 활용하며, '남의 도움을 받거나 사람이나 물건 따위를 믿고 기대다.'라는 뜻이다. 예를 들면, '남의 손을 빌려 일을 처리할 생각은 하지 말아야 한다.', '일손을 빌려서야 일을 마칠 수 있었다.', '성인의 말씀을 빌려 설교하다.', '그는 수필이라는 형식을 빌려 자기의 속 이야기를 풀어 갔다.' 등이 있다.

표준어 규정 제6항 다음 단어들은 의미를 구별함이 없이, 한 가지 형태만을 표준어로 삼는다. 그러므로 '빌려'로 적어야 한다.

그러나 '빌다[乞]'는 '빌어, 비니, 비오' 등으로 활용되며, '바라는 바를 이루게 하여 달라고 신이나 사람, 사물 따위에 간청하다.', '잘못을 용서하여 달라고 호소하다.' 등의 뜻이다. 예를 들면, '소녀는 하늘에 소원을 빌었다.', '대보름날 달님에게 소원을 빌면 그 소원이 이루어진다고 한다.', '우리들은 할아버지가 빨리 완쾌되시기를 천주님께 빌었다.' 등이 있다.

7. 눈이 내린 뒤에 수꿩/수퀑/숫꿩을 잡으로 산으로 갔다.

'수꿩'은 '수놈을 일컫는 것'이다. 예를 들면, '수꿩은 색깔이 많이 화려하다.', '암꿩의 반댓말은 수꿩이다.' 등이 있다.

표준어 규정 제7항 수컷을 이르는 접두사는 '수-'로 통일한다. 예를 들면, '수-꿩/수-퀑/숫-꿩, 수-나사/숫나사, 수놈/숫-놈' 등이 있다. 그러므로 '수꿩'으로 적어야 하며, '수퀑'도 표준어이다.

보충 설명하면, '암-수'의 '수-'는 역사적으로 명사 '숳'이었다. 현재 '수캐, 수탉' 등에서 받침 'ㅎ'의 자취가 있다. 오늘날 '숳'이 혼자 명사로 쓰이는 일이 없어지고 접두사로만 쓰이게 됨에 따라 받침 'ㅎ'의 실현이 복잡하게 되었다. '수꿩'은 '꿩의 수컷'으로 '웅치(雄雉), 장끼'이며, '암꿩'은 '까투리'라고도 한다.

8. 음식점에서 수퇘지/수돼지는 팔지 않는다.

'수퇘지'는 '수+ㅎ+돼지'로 분석된다. 접두사 '수-' 다음에 나는 거센소리를 반영한 것이다. 예를 들면, '순간 웅보는 작년 봄 아버지와 함께 송월촌 윤 초시네 수퇘지를 몰고 와서 양 진사네 암퇘지와 흘레를 붙이던 기억이 퍼뜩 살아났다.'가 있다.

표준어 규정 제7항 다만 1. 다음 단어에서는 접두사 다음에서 나는 거센소리를 인정한다. 접두사 '암-'이 결합되는 경우에도 이에 준한다. 예를 들면, '수-캉아지/숫-강아지, 수-캐/숫-개, 수-컷/숫-것, 수-키와/숫-기와' 등이 있다. 그러므로 '수퇘지'로 적어야 한다.

보충 설명하면, 받침 'ㅎ'이 다음 음절 첫소리와 거센소리를 이룬 단어들로서 역사적으로 복합어(複合語, 하나의 실질 형태소에 접사가 붙거나 두 개 이상의 실질 형태소가 결합된 말이다. '덧신', '먹이'와 같은 파생어와 '집안'과 같은 합성어)가 되어 화석화한 것이라 보고 '숳'을 인정하되 표기에서는 받침 'ㅎ'을 독립시키지 않기로 하였다.

'흘레'는 '교미-하다(交尾--)'와 같은 뜻이며, '생식을 하기 위하여 동물의 암컷과 수컷이 성적(性的)인 관계를 맺는 것'을 말한다.

9. 우리 집에는 숫염소/수염소 5마리를 키우고 있다.

'숫염소'는 사이시옷과 비슷하게 발음되어 '숫-'으로 써야 한다. 예를 들면, '숫염소가 있어야지 교미를 시킬 수 있다.', '친구는 숫염소와 암염소를 키운다.' 등이 있다.

표준어 규정 제7항 다만 2. 다음 단어의 접두사는 '숫-'으로 한다. 예를 들면, '숫-양/수-양, 숫-염소/수-염소, 숫-쥐/수-쥐' 등이 있다. 그러므로 '숫염소'로 적어야 한다.

보충 설명하면, 발음상 사이시옷과 비슷한 소리가 있다고 하여 '숫-'의 형태를 취한 것이다. 모음 '야, 여, 요, 유, 이'로 시작되는 어휘가 붙어서 'ㄴ' 음이 첨가되는 것은 '숫-'으로 하였다.

10. 나의 친구 재관이는 늦둥이/늦동이로 아들을 낳았다.

'늦둥이'는 음성 모음 형태를 표준어로 인정한 것이다. 예를 들면, '그는 늦둥이라 부모의 사랑을 독차지하면서 자랐다.', '화가들은 하나같이 늦둥이들인가 봐, 세상을 모르기로 작정한 사람들이라서 그런지 어쩐지.' 등이 있다.

표준어 규정 제8항 양성 모음이 음성 모음으로 바뀌어 굳어진 다음 단어는 음성 모음 형태를 표준어로 삼는다. 예를 들면, '귀둥이, 막둥이, 쌍둥이, 바람둥이' 등이 있다. 그러므로 '늦둥이'로 적어야 한다.

보충 설명하면, '모음 조화(母音調和)'는 한국어의 특성에 해당된다. '모음 조화'는 '두 음절 이상의 단어에서, 뒤의 모음이 앞 모음의 영향으로 그와 가깝거나 같은 소리로 되는 언어 현상'이다. 'ㅏ, ㅗ' 따위의 양성 모음은 양성 모음끼리, 'ㅓ, ㅜ, ㅡ, ㅣ' 따위의 음성 모음은 음성 모음끼리 어울리는 현상이다.

11. 우리 동네는 부조/부주 하는 것을 관습으로 하고 있다.

'부조(扶助)'는 어원 의식이 강한 양성 모음을 표준어로 인정한 것이다. 예를 들면, '생계 부조', '이 딸이 집에 와 있으면 그만큼 살림에 부조가 되고 의지가 되련마는 뺏긴 것이 아깝고 샘도 나는 것이었다.' 등이 있다.

표준어 규정 제8항 다만, 어원 의식이 강하게 작용하는 다음 단어에서는 양성 모음 형태를 그대로 표준어로 삼는다. 예를 들면, '사돈(査頓)/사둔(밭~, 안~), 삼촌(三寸)/삼춘(시~, 외~, 처~)' 등이 있다. 그러므로 '부조'라고 적어야 한다.

보충 설명하면, '사돈(査頓), 삼촌(三寸)' 등은 양성 모음을 표준으로 인정한 것과는 대립된다. 이것은 현실 발음에서 '사둔, 삼춘'이 우세를 보이고 있으나 언중들이 그 어원을 분명히 인식하고 있기 때문이다.

12. 명수는 시골내기/시골나기로 유명하게 된 사람이다.

'시골내기'는 'ㅣ' 역행 동화 현상에 의한 발음을 인정한 것이다. 예를 들면, '대학생 때 시골내기라고 놀림을 받았다.', '시골내기였기에 기차를 한 번도 타 보지 못했다.' 등이 있다.

표준어 규정 제9항 'ㅣ' 역행 동화 현상에 의한 발음은 원칙적으로 표준 발음으로 인정하지 아니한다. 다만, 다음 단어들은 그러한 동화가 적용된 형태를 표준어로 삼는다. 예를 들면, '내기/-나기(서울-, 신출-, 풋-)'가 있다. 그러므로 '시골내기'로 적어야 한다.

보충 설명하면, 'ㅣ' 역행 동화 현상(逆行同化現象)은 앞 음절의 후설모음(後舌母音) 'ㅏ, ㅓ, ㅗ, ㅜ'가 각각 전설모음(前舌母音) 'ㅐ, ㅔ, ㅚ, ㅟ'로 바뀌어 발음된다는 사실을 확인할 수 있는데, 이는 뒤 음절 'ㅣ' 모음의 전설성에 이끌려 동화된 결과이다. 이 때 변동의 대상이 되는 것은 '혀의 최고점의 전후 위치'이고 다른 성질 즉, '혀의 높낮이나 입술 모양' 등은 원래대로 유지된다.

13. 아기/애기야 가자.

'아기'는 'ㅣ' 역행 동화 현상에 의한 발음은 표준 발음으로 인정하지 않는다. 예를 들면, '아기에게 젖을 먹이다.', '아기가 아장아장 걷는다.', '이불을 들치고 아기를 끌어다가 품었다.' 등이 있다. 그러므로 '아기'로 적어야 한다.

표준어 규정 제9항 'ㅣ' 역행 동화 현상에 의한 발음은 원칙적으로 표준 발음으로 인정하지 아니한다. 다만, 다음 단어들은 그러한 동화가 적용된 형태를 표준어로 삼는다. 예를 들면, '냄비/남비, 동댕이-치다/동당이-치다' 등이 있다.

14. 우리는 으레/의례 그럴 거라고 생각했다.

'으레'는 모음이 단순화한 형태를 표준어로 인정한 것이다. 예를 들면, '그가 으레 그렇게 행동하는 것을 모두 안다.'가 있다.

표준어 규정 제10항 다음 단어는 모음이 단순화한 형태를 표준어로 삼는다. 예를 들면, '미루나무, 케케묵다, 허우대, 허우적허우적' 등이 있다. 그러므로 '으레'로 적어야 한다.

보충 설명하면, 이중모음(二重母音, ‘ㅑ, ㅕ, ㅛ, ㅠ, ㅒ, ㅖ, ㅘ, ㅙ, ㅝ, ㅞ, ㅢ’ 따위)을 단모음(單母音, ‘ㅏ, ㅐ, ㅓ, ㅔ, ㅗ, ㅚ, ㅜ, ㅟ, ㅡ, ㅣ’ 따위)으로 발음하고, 원순모음(圓脣母音, ‘ㅗ, ㅜ, ㅚ, ㅟ, ㅘ, ㅝ’ 따위)을 평순모음(平脣母音, ‘ㅣ, ㅡ, ㅓ, ㅏ, ㅐ, ㅔ’ 따위)으로 발음하는 것은 일부 방언의 특징이다. 이 항에서 다룬 단어들은 표준어 지역에서도 모음의 단순화 과정을 겪고, 이제 애초의 형태는 들어 보기 어렵게 된 것이다. 모음은 입술 모양에 따라 원순모음과 평순모음으로 나뉜다. 원순모음은 발음할 때에 입술을 둥글게 오므려 내는 모음이다. ‘둥근홀소리’라고도 한다. 평순모음은 입술을 둥글게 오므리지 않고 발음하는 모음이다. ‘안둥근홀소리’라고도 한다.

15. 애들을 너무 나무라지/나무래지 마십시오.

‘나무라다’는 모음의 발음이 바뀌어진 것을 표준어로 인정하는 것이다. ‘나무라다’는 ‘나무라고, 나무라니’ 등으로 활용된다. ‘잘못을 꾸짖어 알아듣도록 말하다.’라는 뜻이다. 예를 들면, ‘아이의 잘못을 호되게 나무라다.’, ‘노인은 젊은이의 무례한 행동을 점잖게 나무랐다.’, ‘어머니는 동생과 싸운다고 나를 나무라신다.’ 등이 있다.

표준어 규정 제11항 다음 단어에서는 모음의 발음 변화를 인정하여, 발음이 바뀌어 굳어진 형태를 표준어로 삼는다. 예를 들면, ‘상추, 시러베아들, 주책, 튀기, 허드레’ 등이 있다. 그러므로 ‘나무라지’로 적어야 한다.

‘상추’는 ‘국화과의 한해살이풀 또는 두해살이풀’이다. 높이는 1미터 정도이며, 경엽은 어긋나고 근생엽은 큰 타원형이다. 초여름에 연누런빛 꽃이 원추(圓錐) 화서로 피고 열매는 작은 수과(瘦果)를 맺는다. 잎은 쌈을 싸서 먹는다. 유럽이 원산지로 전 세계에 분포한다. 나는 집 뒤의 상추와 고추가 심어져 있는 채마밭을 빠져 대숲 길로 들어섰다.

'시러베아들'은 '시러베자식(실없는 사람을 낮잡아 이르는 말.).'이라는 뜻이다. 세상이 수상해 놓으니까 별 시러베아들 놈들이 다 제 세상 만난 듯이들 야단이지만 또 지내보라죠.

'주책'은 '일정하게 자리 잡힌 주장이나 판단력.'을 뜻한다. 나이가 들면서 주책이 없어져 쉽게 다른 사람의 말에 귀를 기울이게 됐다.

'튀기'는 '혼혈인'을 낮잡아 이르는 말이다. 그는 백인 아버지와 흑인 어머니 사이에서 난 튀기였다.

'허드레'는 '그다지 중요하지 아니하고 허름하여 함부로 쓸 수 있는 물건.'을 일컫는다. 친정어머니는 딸이 결혼하여 살림을 날 때 자질구레한 허드레 그릇까지 세세히 챙겨 주셨다.

16. 그는 윗머리/웃머리를 손가락으로 빗어 넘겼다.

'윗머리'는 대립을 나타내는 것을 표준어로 인정한 것이다. '윗머리'는 '정수리 위쪽 부분의 머리'를 의미한다. 예를 들면, '햇볕에 오래 서 있었더니 윗머리가 뜨겁다.', '윗머리를 세우다.', '옆머리는 짧게 치고 윗머리만 길게 세워 밤송이 같다.' 등이 있다.

표준어 규정 제12항 '웃-' 및 '윗-'은 명사 '위'에 맞추어 '윗-'으로 통일한다. 예를 들면, '윗-넓이/웃-넓이, 윗-눈썹/웃-눈썹, 윗-니/웃-니, 윗-도리/웃-도리' 등이 있다. 그러므로 '윗머리'로 적어야 한다.

'윗넓이'는 '물체의 윗면의 넓이.'를 말한다.

'윗도리'는 '윗옷'을 말한다. 그의 쭈그러진 왼쪽 소매는 윗도리 주머니에 아무렇게나 꽂혀 있었다.

보충 설명하면, '웃'과 '윗'을 한쪽으로 통일하고자 한 결과이다.

이들은 명사 '위'에 사이시옷이 결합된 것으로 해석하여 '윗'을 기본으로 삼은 것이다.

17. 그의 집 위층/윗층으로 올라오십시오.

'위층'은 거센소리 앞에서는 '위-'로 적어야 한다. 예를 들면, '우리 집 위층에는 신혼부부가 세 들어 살고 있다.', '위층으로 올라가는 계단은 더 어둡고 삭막했다.' 등이 있다.

표준어 규정 제12항 다만 1. 된소리나 거센소리 앞에서는 '위-'로 한다. 예를 들면, '위-채/웃-채, 위-치마/웃-치마, 위-턱/웃-턱, 위-팔/웃-팔' 등이 있다. 그러므로 '위층'으로 적어야 한다.

보충 설명하면, 한글 맞춤법 제30항에 보인 사이시옷의 음운론적인 기능은 뒷말의 첫소리를 된소리[硬音, 'ㄲ, ㄸ, ㅃ, ㅆ, ㅉ' 따위]로 하거나 뒷말의 첫소리 'ㄴ, ㅁ'이나 모음 앞에서 'ㄴ' 또는 'ㄴㄴ' 소리가 덧나도록 하는 것으로 이해할 수 있다. 결국, 된소리나 거센소리 앞에서는 사이시옷을 쓰지 않기로 한 한글 맞춤법의 규정이다.

18. 그 사람은 잘못 알고 아래쪽이 아니고 위쪽/윗쪽으로 올라왔다.

'위쪽'은 된소리 앞에서는 '위-'를 표준어로 인정하였다. 예를 들면, '고개를 위쪽으로 쳐들었다.', '산 위쪽으로 올라갈수록 사람의 숫자가 줄어들었다.', '산 위쪽에서 사정없이 내려치듯 찬바람이 불어왔다.' 등이 있다.

표준어 규정 제12항 다만 1. 된소리나 거센소리 앞에서는 '위-'로 한다. 예를 들면, '위짝/웃짝'이 있다. 그러므로 '위쪽'으로 적어야 한다.

19. 웃어른/윗어른의 말씀은 잘 새겨들어야 한다.

'웃어른'은 '위, 아래'의 대립이 없기에 '웃-' 발음되는 형태를 표준어로 인정하였다. '웃-어른'은 '나이나 지위, 신분, 항렬 따위가 자기보다 높아 직접 또는 간접으로 모시는 어른'을 의미한다. 예를 들면, '웃어른으로 대접하였다.', '웃어른을 공경하자.', '웃어른 앞에서는 모든 것이 조심스럽다.' 등이 있다.

표준어 규정 제12항 다만 2. '아래, 위'의 대립이 없는 단어는 '웃-'으로 발음되는 형태를 표준어로 삼는다. 예를 들면, '웃-국/윗-국, 웃-돈/윗-돈, 웃-비/윗-비, 웃-옷/윗-옷' 등이 있다. 그러므로 '웃어른'으로 적어야 한다.

'웃국'은 '간장이나 술 따위를 담가서 익힌 뒤에 맨 처음에 떠낸 진한 국.'을 말한다. 보기만 해도 고리타분한 막걸리 웃국이오….

'웃돈'은 '본래의 값에 덧붙이는 돈.'을 의미한다. 구하기 힘든 약이라 웃돈을 주고 특별히 주문해서 사 왔다.

'웃비'는 '아직 우기(雨氣)는 있으나 좍좍 내리다가 그친 비.'를 말한다. 웃비가 걷힌 뒤라서 해가 한층 더 반짝인다.

'웃옷'은 '맨 겉에 입는 옷.'을 일컫는다. 날씨가 추워서 웃옷을 걸쳐 입었다.

보충 설명하면, '웃-'으로 표기되는 단어를 최대한 줄이고 '윗-'으로 통일함으로써 '웃-, 윗-'의 혼란은 한결 줄어든 셈이다. 결국, 대립이 있는 것은 '윗-'으로 쓰고, 대립이 없는 것은 '웃-'으로 쓰는 것이다.

20. 저기서 능구렁이가 똬리/또아리를 틀고 있었다.

'똬리'는 준말이 많이 쓰기고 있기에 표준어로 인정하였다. '똬리'는 '짐을 머리에 일 때 머리에 받치는 고리 모양의 물건으로 짚이나 천을 틀어서 만든다.' '둥글게 빙빙 틀어 놓은 것. 또는 그런 모양.' 등의 뜻이다. 예를 들면, '동이를 이고 부엌으로 들어오던 간난 어멈은 똬리 밑으로 흘러내리는 물을 손등으로 뿌리며 대청마루에 장승처럼 선 황 씨를 쳐다보았다.', '정수리에 내리붓고 있는 햇볕이 뜨거웠던지 그녀는 무명 수건으로 반백의 머리를 덮고 또 그 위에 다 똬리를 동그마니 올려놓았다.' 등이 있다.

표준어 규정 제14항 준말이 널리 쓰이고 본말이 잘 쓰이지 않는 경우에는, 준말만을 표준어로 삼는다. 예를 들면, '귀찮다/귀치 않다, 김/기음, 무/무우, 뱀/배암, 뱀-장어/배암-장어, 빔/비음, 샘/새암, 생-쥐/새앙-쥐' 등이 있다. 그러므로 '똬리'로 적어야 한다.

보충 설명하면, 사전에서만 밝혀져 있을 뿐 현실 언어에서는 전혀 또는 거의 쓰이지 않게 된 본딧말을 표준어에서 제거하고 준말만을 표준어로 삼은 것이다.

21. 사람의 국부와 항문을 씻는 대야를 뒷물대야/뒷대야라고 한다.

'뒷물대야'는 '사람의 국부나 항문을 씻을 때 쓰는 대야'를 뜻한다. 본말이 많이 쓰이기 때문에 표준어로 인정하였다. 예를 들면, '조선시대 때는 궁녀가 임금에게 뒷물대야를 드렸다.', '그 며느리는 부모님이 편찮으셔서 항상 뒷물대야를 준비한다.' 등이 있다.

표준어 규정 제15항 준말이 쓰이고 있더라도, 본말이 널리 쓰이고 있으면 본말을 표준어로 삼는다. 예를 들면, '경황-없다/경-없다, 궁상-떨다/궁-떨다, 귀이-개/귀-개, 낌새/낌, 내왕-꾼/냉-꾼' 등이 있다. 그러므로 '뒷물대야'로 적어야 한다.

'경황(驚惶)없다'는 '몹시 괴롭거나 바쁘거나 하여 다른 일을 생각할 겨를이나 흥미가 전혀 없다.'라는 뜻이다. 경황없는 피난길 속에서도 그는 주위의 병자를 도왔다.

'궁상떨다'는 '궁상(窮狀, 어렵고 궁한 상태.)이 드러나 보이도록 행동하다.'의 뜻이다. 남 줬던 돈도 받고, 외상 깔아 놓았던 것도 걷어 가면 그럭저럭 되니까 나 생각해서 너무 궁상떨 건 없고…….

'귀이개'는 '귀지를 파내는 기구.'를 말한다. 나무나 쇠붙이로 숟가락 모양으로 가늘고 작게 만든다. 귀이개를 찾아서 다시 누웠지.

'내왕꾼(來往-)'은 '절에서 심부름하는 일반 사람.'을 일컫는다.

보충 설명하면, 본말이 훨씬 널리 쓰이고 있고, 그에 대응되는 준말이 쓰인다고 해도 그 세력이 미진한 경우 본말만을 표준어로 삼았다.

22. 청주에 머물게/머무르게 되면 전화를 주세요.

'머물다'는 '머물게, 머물러, 머무르게, 머무르니' 등으로 활용되고, 준말과 본말이 함께 쓰이면 두 가지를 표준어로 인정하는 것이다. '머물다'는 '머무르다'의 준말이다. '도중에 멈추거나 일시적으로 어떤 곳에 묵다.', '더 나아가지 못하고 일정한 수준이나 범위에 그치다.' 등의 뜻이다. 예를 들면, '딸아이의 성적이 계속 하위권에 머무르고 있어 걱정이다.', '우승을 목표로 했으나 준우승에 머무르고 말았다.', '그는 단순한 기능인으로 머무르지 않으려고 노력했다.' 등이 있다.

표준어 규정 제16항 준말과 본말이 다 같이 널리 쓰이면서 준말의 효용이 뚜렷이 인정되는 것은, 두 가지를 다 표준어로 삼는다. 예를 들면, '거짓-부리/거짓-불, 노을/놀, 막대기/막대, 망태기/망태, 서두르다/서둘다' 등이 있다. 그러므로 '머물게, 머무르게'로 적어야 한다.

'거짓부리'는 '거짓말'을 속되게 이르는 말이다. '거짓부렁, 거짓부렁이, 거짓부리'라고도 한다.

'노을'은 '해가 뜨거나 질 무렵에, 하늘이 햇빛에 물들어 벌겋게 보이는 현상.'을 의미한다. 하늘에는 엷은 자주에서 짙은 자주로 변하며 노을이 불타올랐다.

'망태기'는 '물건을 담아 들거나 어깨에 메고 다닐 수 있도록 만든 그릇.'을 말한다. 주로 가는 새끼나 노 따위로 엮거나 그물처럼 떠서 성기게 만든다. 감자를 캐서 망태기에 담았다.

보충 설명하면, 본말과 준말을 모두 표준어(標準語)로 삼은 단어들이다. 두 형태가 모두 널리 쓰이는 것들이어서 어느 하나만을 표준어로 인정할 수 없다는 근거이다.

23. 여름에는 천장/천정에 파리가 붙어 있는 것을 종종 볼 수 있다.

'천장(天障, 반자의 겉면)'은 그 의미의 차이가 없고 더 널리 쓰이고 있으므로 표준어로 인정한 것이다. 예를 들면, '그 많은 밀기울로는 죄다 누룩을 디뎌 천장 속에 감춰 두기도 했다.', '천장에 매달린 전등을 켰다.', '그는 팔베개를 하고 누워 멍하니 천장만 쳐다보고 있었다.' 등이 있다. '반자'는 '지붕 밑이나 위층 바닥 밑을 편평하게 하여 치장한 각 방의 윗면'을 일컫는다.

표준어 규정 제17항 비슷한 발음의 몇 형태가 쓰일 경우, 그 의미에 아무런 차이가 없고, 그중 하나가 더 널리 쓰이면, 그 한 형태만을 표준어로 삼는다. 예를 들면, '귀고리/귀엣고리, 귀지/귀에지, 냠냠거리다/얌냠거리다, 멸치/며루치, 보습/보십, -습니다/-읍니다, 잠투정/잠투세' 등이 있다. 그러므로 '천장'이라고 적어야 한다.

'보습'은 '쟁기, 극젱이, 가래 따위 농기구의 술바닥에 끼우는, 넓적한 삽 모양의 쇳조각.'을 말한다. 농기구에 따라 모양이 조금씩 다르다. 장정이 다 된 듬직한 몸으로 쟁기 꼭지를 쥐고 보습을 흙 속에 깊숙이 박았다.

'잠투정'은 '어린아이가 잠을 자려고 할 때나 잠이 깨었을 때 떼를 쓰며 우는 짓.'을 말한다. 선잠을 깨어 잠투정으로 찜부럭을 부리는가 하였다.

24. 어머니는 검은콩을 서∨말/세∨말 샀다.

'서'는 의미 차이도 없고 널리 쓰이고 있음으로 표준어로 인정한 것이다. 예를 들면, '선규는 쌀 서 말을 가지고 왔다.', '그 책 값은 서 푼이라고 한다.' 등이 있다.

표준어 규정 제17항 비슷한 발음의 몇 형태가 쓰일 경우, 그 의미에 아무런 차이가 없고, 그중 하나가 더 널리 쓰이면, 그 한 형태만을 표준어로 삼는다. 예를 들면, '-던가/-든가, -려고/-ㄹ려고, 빰따귀/뺌따귀, 상판대기/쌍판대기, 오금팽이/오금탱이, -올시다/올습니다' 등이 있다. 그러므로 '서'로 적어야 한다.

'빰따귀'는 '빰'을 비속하게 이르는 말이다. 아편쟁이의 멱살을 잡아 당신 코앞으로 돌려 세워 놓고, 빰따귀를 사정없이 올려붙였다.

'상판대기'는 '얼굴'을 속되게 이르는 말이다. 알기는 아는데 나도 상판대기는 아직 못 봤네. '오금팽이'는 '오금(무릎의 구부러지는 오목한 안쪽 부분.)이나, 오금처럼 오목하게 팬 곳'을 낮잡아 이르는 말이다. 여름내 일해서 오금팽이가 느른한데 좀 놀아야지 안 되겠어.

'-올시다'는 '어떠한 사실을 평범하게 서술하는 종결 어미'이다. 화자가 나이가 꽤 들어야 쓴다. 그것은 제 것이 아니올시다.

25. 아침을 '이제 막 먹으려고/먹을려고 합니다.'라고 말을 한다.

'-려고'는 받침 없는 동사 어간, 'ㄹ' 받침인 동사 어간 또는 어미 '-으시-' 뒤에 붙어, '어떤 행동을 할 의도나 욕망을 가지고 있음을 나타내는 연결 어미'이다. 예를 들면, '내일은 일찍 일어나려고 한다.', '너는 여기서 살려고 생각했니?', '일찍 떠나려고 미리 준비를 해 두었다.' 등이 있다.

또한, ‘곧 일어날 움직임이나 상태의 변화를 나타내는 연결 어미’이다. 예를 들면, ‘하늘을 보니 곧 비가 쏟아지려고 할 태세다.’, ‘차가 막 출발하려고 한다.’ 등이 있다.

표준어 규정 제17항 비슷한 발음의 몇 형태가 쓰일 경우, 그 의미에 아무런 차이가 없고, 그중 하나가 더 널리 쓰이면, 그 한 형태만을 표준어로 삼는다. 그러므로 ‘먹으려고’로 적어야 한다.

그리고 ‘이다’의 어간, 받침 없는 용언의 어간, ‘ㄹ’ 받침인 용언의 어간 또는 어미 ‘-으시-’ 뒤에 붙어, ‘어떤 주어진 사태에 대하여 의심과 반문을 나타내는 종결 어미’이다. 예를 들면, ‘아무려면 싸우기야 하려고.’, ‘설마 그렇게 좋은 것을 버리려고?’, ‘설마 가구가 방보다 크려고?’ 등이 있다.

26. 웅덩이에 물이 괴어/고이어 지나가는 사람이 다쳤다.

‘괴다’는 ‘고이다’의 준말이다. 준말을 원칙으로 하고 본말도 표준어로 허용하는 것이다. 예를 들면, ‘마당 여기저기에 빗물이 괴어 있다.’, ‘연기가 안개처럼 골짜기에 가득 괴어 빠져나가지를 못했다.’ 등이 있다.

표준어 규정 제18항 다음 단어는 원칙으로 하고 허용도 한다. 예를 들면, ‘네/예, 쇠-/소-, 꾀다/꼬이다, 쐬다/쏘이다, 죄다/조이다, 쬐다/쪼이다’ 등이 있다. 그러므로 ‘괴어, 고이어’로 적어야 한다.

‘꾀다/꼬이다’는 ‘그럴듯한 말이나 행동으로 남을 속이거나 부추겨서 자기 생각대로 끌다.’라는 뜻이다. ‘꼬이다’의 준말이다. 그는 돈 많은 과부를 꾀어 결혼하였다.

‘쐬다/쏘이다’는 ‘얼굴이나 몸에 바람이나 연기, 햇빛 따위를 직접 받다.’라는 뜻이다. ‘쏘이다’의 준말이다. 교외로 나가 맑은 공기를 쐬었다.

'죄다/조이다'는 '느슨하거나 헐거운 것이 단단하거나 팽팽하게 되다. 또는 그렇게 되게 하다.'라는 뜻이다. 살이 쪘는지 바지가 너무 죄어서 불편하다.

'쬐다/쪼이다'는 '볕이 들어 비치다.'의 뜻이다. '쪼이다'의 준말이다. 우리 집은 햇볕이 잘 쬐는 남향집이다.

보충 설명하면, 비슷한 발음을 가진 두 형태에 대하여 그 발음 차이가 국어의 일반 음운 현상으로 설명되면서 두 형태가 널리 쓰이는 것들이기에 모두 표준어로 인정하였다.

27. 그는 졸려서 거슴츠레/게슴츠레한 눈을 비비고 있었다.

'거슴츠레하다/게슴츠레하다'는 어감이나 발음이 비슷한 것은 모두 표준어로 인정한다. '졸리거나 술에 취해서 눈이 정기가 풀리고 흐리멍덩하며 거의 감길 듯하다.'라는 뜻이고, '게슴츠레하다'라고도 쓴다. 예를 들면, '그 청년은 거슴츠레한 눈으로 술잔을 바라보며 앉아 있었다.', '불그스레한 얼굴이며 게슴츠레한 눈매에 얼큰하게 술이 올라 있었다.' 등이 있다.

표준어 규정 제19항 어감의 차이를 나타내는 단어 또는 발음이 비슷한 단어들이 다 같이 널리 쓰이는 경우에는, 그 모두를 표준어로 삼는다. 예를 들면, '고까/꼬까, 고린-내/코린-내, 교기(驕氣)/갸기, 구린-내/쿠린-내, 꺼림-하다/께름-하다, 나부랭이/너부렁이' 등이 있다. 그러므로 '거슴츠레, 게슴츠레'로 적어야 한다.

'고까/꼬까'는 '어린아이의 말로, 알록달록하게 곱게 만든 아이의 옷이나 신발 따위를 이르는 말'이다. '때때'라고도 한다.

'고린내/코린-내'는 '썩은 풀이나 썩은 달걀 따위에서 나는 냄새와 같이 고약한 냄새.'를 말한다. 여러 달 목욕을 하지 않은 듯, 몸에 때가 덕지덕지 끼고 고린내가 심하게 났다.

'교기/갸기'는 '남을 업신여기고 잘난 체하며 뽐내는 태도.'를 말한다. 일본이 아직도 방자스러운 교기를 버리지 못하여 한일 회담이 여전히 옥신각신하고 있는 오늘날….

'구린-내/쿠린-내'는 '똥이나 방귀 냄새와 같이 고약한 냄새.'를 뜻한다. 아이가 똥을 쌌는지 방 안에 구린내가 진동했다.

'꺼림-하다/께름-하다'는 '마음에 걸려 언짢은 느낌이 있다.'라는 뜻이다. 조카에게 차비도 주지 않고 그냥 보낸 것이 아무래도 꺼림하다.

'나부랭이/너부렁이'는 '어떤 부류의 사람이나 물건을 낮잡아 이르는 말'이다. 직원들이 일할 생각은 안 하고 잡지 나부랭이나 들여다보고 있다.

보충 설명하면, 어감(語感)이란 '말이 주는 느낌'을 이른다. 어감의 차이가 있다는 것은 별개의 단어라고 할 수 있으나 기원을 같이 하는 단어이면서 그 어감의 차이가 미미하기 때문에 복수 표준어로 인정하였다.

28. 오동나무/머귀나무로 거문고를 만든다는 말을 들었다.

'오동나무'는 현재 널리 사용되고 있기에 표준어로 인정한 것이다. 예를 들면, '그는 청주에서 터를 잡고 미자를 낳자 시집갈 때 장롱을 만들어 주겠다고 오동나무를 심은 지가 엊그제 같기만 한데 벌써 그렇게 세월이 흘렀는가 싶어….' 등이 있다.

표준어 규정 제20항 사어(死語)가 되어 쓰이지 않게 된 단어는 고어로 처리하고, 현재 널리 사용되는 단어를 표준어로 삼는다. 예를 들면, '난봉/봉, 낭떠러지/낭, 설거지-하다/설겆다, 애달프다/애닯다, 자두/오얏' 등이 있다. 그러므로 '오동나무'로 적어야 한다.

'난봉'은 '허랑방탕한 짓.'을 의미한다. 아들은 얼마 남지 않은 가

산을 거덜을 내 난봉을 피우면서 다섯 살 맏이의 아내를 구박했다.

'낭떠러지'는 '깎아지른 듯한 언덕.'을 의미한다. 그는 몸이 천 길 낭떠러지 아래로 떨어져 내리는 것처럼 아득해졌다.

'설거지-하다'는 '먹고 난 뒤의 그릇을 씻어 정리하다.'라는 뜻이다. 먹고 난 그릇을 설거지하다.

'애달프다'는 '마음이 안타깝거나 쓰라리다.'의 의미이다. 자기의 지체가 낮아서 품석 장군과 혼담이 있다가 깨어지고 자기는 이 이름도 없는 금일에게 시집을 온 것을 생각하니 애달프기 짝이 없다.

보충 설명하면, '사어(死語)'는 '과거(過去)에는 쓰였으나 현재(現在)에는 쓰이지 아니하게 된 언어'를 말한다. '고어(古語)'는 '오늘날은 쓰지 아니하는 옛날의 말'을 일컫는다. 발음상의 변화가 아니라 어휘적으로 형태를 달리하는 단어들을 사정한 것이다.

'오동-나무(梧桐--)'는 '현삼과의 낙엽 활엽 교목'이다. 높이는 15m 정도이며, 잎은 마주나고 넓은 심장 모양이다. 5~6월에 보라색 꽃이 원추(圓錐) 화서로 가지 끝에 피고 열매는 달걀 모양의 삭과(蒴果)로 10월에 익는다. 재목은 가볍고 고우며 휘거나 트지 않아 거문고, 장롱, 나막신을 만들고 정원수로 재배한다. 우리나라 특산종으로 남부 지방의 인가 근처에 분포한다.

29. 세탁기로 더러운 옷을 빨아 말린 옷을 마른빨래/건빨래라고 한다.

'마른빨래'는 한자어와 어울린 것보다 고유어가 널리 쓰이고 있음으로 표준어로 인정한 것이다. '마른-빨래'는 '흙 묻은 옷을 말려서 비벼 깨끗하게 하는 일.', '휘발유, 벤젠 따위의 약품으로 옷의 때를 지워 빼는 일.', '새 옷을 입은 사람 곁에서 잠으로써, 자기 옷의 이를 옮기게 하여 없애는 일.', '물에 적시지 않은 빨랫감이나 빨아서 말린 빨래.' 등의 뜻이다. 예를 들면, '마른빨래를 입으면 상쾌하다.',

'건(乾)빨래를 마른빨래로 알고 있어야 한다.' 등이 있다.

표준어 규정 제21항 고유어 계열의 단어가 널리 쓰이고 그에 대응되는 한자어 계열의 단어가 용도를 잃게 된 것은, 고유어 계열의 단어만을 표준어로 삼는다. 예를 들면, '가루-약/말-약(末藥), 구들-장/방-돌(房-), 길품-삯/보행-삯(步行-), 까막-눈/맹-눈(盲-), 꼭지-미역/총각-미역(總角--), 나뭇-갓/시장-갓(柴場-), 늙-다리/노닥다리(老---), 두껍-닫이/두껍-창(--窓)' 등이 있다. 그러므로 '마른빨래'로 적어야 한다.

'구들-장'은 '방고래 위에 깔아 방바닥을 만드는 얇고 넓은 돌.'을 말한다. '구들돌, 온돌석'이라고도 한다. 어쩌면 골방에 구들장이 깔린 이래 처음으로 웃음이 찐득하게 괴어 넘치고 있는 것인지도 몰랐다.

'길품-삯'은 '남이 갈 길을 대신 가 주고 받는 삯.'을 말한다. '보행료, 보행전'이라고도 한다.

'꼭지-미역'은 '한 줌 안에 들어올 만큼을 모아서 잡아맨 미역.'을 일컫는다. 꼭지미역 두 모숨을 사다.

'나뭇-갓'은 '나무를 가꾸는 말림갓(산의 나무나 풀 따위를 함부로 베지 못하게 단속하는 땅이나 산.).'을 말한다. 마을의 일꾼들은 열흘께까지 나뭇갓을 말끔하게 베어 놓고 집집마다 추석빔 할 대목장을 보기 위하여 제가끔 돈거리를 장만하기에 분주하였다.

'늙-다리'는 '늙은이'를 낮잡아 이르는 말이다. 늙다리 신세를 한탄해 봐야 아무 소용이 없다.

'두껍닫이'는 '미닫이를 열 때, 문짝이 옆벽에 들어가 보이지 아니하도록 만든 것.'을 뜻하며, '두껍집'이라고도 한다.

30. 우리들은 자장면을 먹을 때 양파/둥근파가 있어야 한다.

'양파(洋-)'는 한자어가 널리 쓰이고 있으므로 표준어로 인정한 것이다. 예를 들면, '양파즙을 먹으면 건강에 좋다.', '우리 아버지는 양파를 무척 좋아하신다.' 등이 있다.

표준어 규정 제22항 고유어 계열의 단어가 생명력을 잃고 그에 대응되는 한자어 계열의 단어가 널리 쓰이면, 한자어 계열의 단어를 표준어로 삼는다. 예를 들면, '개다리-소반(小盤)/개다리-밥상, 겸-상(兼床)/맞-상, 고봉-밥(高捧-)/높은-밥, 단-벌(單-)/홑-벌, 방-고래(房--)/구들-고래' 등이 있다. 그러므로 '양파'로 적어야 한다.

'개다리-소반'은 '상다리 모양이 개의 다리처럼 휜 막치 소반.'을 일컫는다. 개다리소반에 받쳐 온 건 샛노란 조밥 반 그릇에 시퍼런 열무김치 한 탕기뿐이었다.

'겸-상'은 '둘 또는 그 이상의 사람이 함께 음식을 먹을 수 있도록 차린 상.'을 말한다. 그는 부인과 겸상으로 마주 보고 앉아서 식사했다.

'고봉-밥'은 '그릇 위로 수북하게 높이 담은 밥.'을 뜻한다. 철기는 심각한 사태에도 불구하고 고봉밥 한 그릇을 단숨에 먹어 치웠다.

'단-벌'은 '오직 한 벌의 옷.'을 말하며, '단거리, 단건'이라고 한다. 이제 단벌 두루마기를 잃었으니 추운 겨울을 어떻게 나야 할지 모르겠다.

'방-고래'는 '방의 구들장 밑으로 나 있는, 불길과 연기가 통하여 나가는 길.'을 뜻한다. '고래'라고도 한다. 방고래가 막혀서 불김이 잘 돌지 않는다.

'양-파(洋-)'는 '백합과의 두해살이풀'이다. 꽃줄기의 높이는 50~100cm이며, 잎은 가늘고 길며 원통 모양이다. 9월에 흰색 또는 연한 자주색의 꽃이 산형(繖形) 화서로 피고 땅속의 비늘줄기는 매운 맛과 특이한 향기가 있어서 널리 식용한다. 페르시아가 원산지이며, '옥총(玉葱)'이라고도 한다.

31. 포장마차에 가면 서비스로 멍게/우렁쉥이를 한 접시 준다.

'멍게'는 표준어로 쓰이는 것은 원래대로 내버려 두고, 방언이던 것을 표준어로도 인정한 것이다. 예를 들면, '술안주로 멍게가 정말 좋다.', '멍게와 우렁쉥이는 표준어이다.' 등이 있다.

표준어 규정 제23항 방언이던 단어가 표준어보다 더 널리 쓰이게 된 것은, 그것을 표준어로 삼는다. 이 경우, 원래의 표준어는 그대로 표준어로 남겨 두는 것을 원칙으로 한다. 예를 들면, '물-방개/선두리, 애-순/어린-순' 등이 있다. 그러므로 '멍게, 우렁쉥이'로 적어야 한다.

'물-방개/선두리'는 '물방갯과의 곤충'이다. 몸의 길이는 3.5~4.0cm이며, 검은 갈색에 녹색 광택이 나고 딱지날개의 가에는 노란 띠가 둘려 있다. 뒷다리는 길고 크며 털이 많다. 수컷은 앞다리의 발목마디가 부풀어 빨판 모양으로 되어 있다. 연못, 무논 따위의 물속에 사는데 한국, 일본, 중국, 대만 등지에 분포한다.

'애-순/어린-순'은 '나무나 풀의 새로 돋아나는 어린싹.'을 말한다.

보충 설명하면, '방언(方言)'은 '한 언어에서, 사용 지역 또는 사회 계층에 따라 분화된 말'의 체계로 '사투리'라고도 한다. 방언 중에서도 언어생활을 하는 사람들이 널리 쓰게 된 것을 표준어(標準語)로 규정하였다.

'멍게'는 '멍겟과의 원삭동물'이다. 몸은 15~20cm이고 겉에 젖꼭지 같은 돌기가 있다. 더듬이는 나뭇가지 모양이고 수가 많으며 껍질은 두껍다. 한국, 일본 등지에 분포하며, '우렁쉥이(Halocynthia roretzi)'라고도 한다. '원삭동물(原索動物)'은 '척삭동물에서 미삭동물이나 두삭동물에 속하는 동물을 통틀어 이르는 말'이다. 발생 도중에 나타나는 척삭을 일생 동안 가지는 동물로, 중추 신경은 대롱 모양으로 척삭의 등 쪽에 있고 호흡 기관은 위창자관에서 발생한다. '척삭(脊索)'은 '척수의 아래로 뻗어 있는 연골로 된 줄 모양'의 물질이다. 척추의 기초가 되는 것으로, 원삭동물에서는 일생 동안 볼 수 있으나 척추동물에서는 퇴화한다.

32. 서희는 귀밑머리/귓머리를 남은 머리에 모아서 머리채를 앞으로 넘겨 다시 세 가닥으로 갈라땋는다.

'귀밑-머리'는 방언이던 단어를 표준어로 인정하였다. '이마 한가운데를 중심으로 좌우로 갈라 귀 뒤로 넘겨 땋은 머리.', '뺨에서 귀의 가까이에 난 머리털.' 등을 뜻한다.

'귀밑머리'는 방언이던 말이 많이 쓰여서 표준어로 인정한 것이다. 예를 들면, '웬 귀밑머리 땋은 총각 하나가 숨이 턱에 닿게 헐레벌떡 달려오더니….', '희끗희끗 귀밑머리가 세게 늙었으나 체대가 큰 모습은 아직 육중하였다.' 등이 있다.

표준어 규정 제24항 방언이던 단어가 널리 쓰이게 됨에 따라 표준어이던 단어가 안 쓰이게 된 것은, 방언이던 단어를 표준어로 삼는다. 예를 들면, '까-뭉개다/까-무느다, 빈대-떡/빈자-떡, 생인-손(생-손)/생안-손, 역-겹다/역-스럽다, 코-주부/코-보' 등이 있다. 그러므로 '귀밑머리'로 적어야 한다.

'까뭉개다'는 '높은 데를 파서 깎아 내리다.', '인격이나 문제 따위를 무시해 버리다.' 등의 뜻이다. 설 부장이 자신의 처지를 슬쩍 밑으로 깔면서 약간 처량한 투를 보이자, 장 씨는 댓바람에 그걸 까뭉개고 나섰다.

'생인손'은 '손가락 끝에 종기가 나서 곪는 병.'을 뜻한다. '대지(代指), 사두창, 생손, 생손앓이'라고도 한다. 손톱 밑에 기직가시가 박혀 있고 그것이 덧나 생인손을 앓고 있었던 것이옵지요.

'역겹다'는 '역정이 나거나 속에 거슬리게 싫다.'라는 뜻이다. 나는 그의 거만한 행동이 역겨워서 일찍 자리에서 일어났다.

'코주부'는 '코가 큰 사람을 놀림조로 이르는 말'이다. 중늙은이의 맞은편에 앉아 있는 그 나이 또래의 코주부가 막걸리 잔을 들며 말을 받았다.

33. 재떨이에는 니코틴을 잔뜩 머금은 담배꽁초/담배꽁추/담배꼬투리/담배꽁치가 수북이 쌓여 있었다.

'담배꽁초'는 의미가 같은 형태들 중, 압도적으로 많이 쓰이는 것을 표준어로 인정한 것이다. 예를 들면, '그는 담배꽁초를 주워 피웠다.', '담배꽁초를 함부로 버리지 맙시다.' 등이 있다.

표준어 규정 제25항 의미가 똑같은 형태가 몇 가지 있을 경우, 그중 어느 하나가 압도적으로 널리 쓰이면, 그 단어만을 표준어로 삼는다. 예를 들면, '겸사-겸사/겸지-겸지/겸두-겸두, 고구마/참-감자, 골목-쟁이/골목-자기, 광주리/광우리, 괴통/호구, 국-물/멀-국/말-국, 군-표/군용-어음, 까다롭다/까닭-스럽다/까탈-스럽다' 등이 있다. 그러므로 '담배꽁초'라고 적어야 한다.

'겸사-겸사'는 '한 번에 여러 가지 일을 하려고, 이 일도 하고 저 일도 할 겸 해서.'라는 뜻이다. 다음 주에 그쪽에 갈 일이 있으니까 겸사겸사 한번 들를게.

'골목쟁이'는 '골목에서 좀 더 깊숙이 들어간 좁은 곳.'을 일컫는다. 경애는 잠자코 걷다가 어느 조잡한 골목쟁이로 돌더니 커다란 문을 쩍 벌려 놓은 요릿집으로 뒤도 아니 돌아다보고 쑥 들어가 버린다.

'광주리'는 '대, 싸리, 버들 따위를 재료로 하여 바닥은 둥글고 촘촘하게, 전은 성기게 엮어 만든 그릇.'을 일컫는다. 일반적으로 바닥보다 위쪽이 더 벌어졌다. 동네 아낙들이 광주리를 겨드랑이에 끼고 고추를 따러 갔다.

'괴통'은 '괭이, 삽, 쇠스랑, 창 따위의 쇠 부분에 자루를 박도록 만든 통.'을 일컫는다.

'까다롭다'는 '성미나 취향 따위가 원만하지 않고 별스럽게 까탈이 많다.'라는 뜻이다. 성격이 까다롭기로 이름난 선생님을 알고 있다.

34. 자기의 책임을 남에게 넘기는 것을 안다미씌우다/안다미시키다라고 한다.

'안다미씌우다'는 '제가 담당할 책임을 남에게 넘긴다.'는 뜻이다. 예를 들면, '그는 당황을 해서 그런지 다른 사람에게 안다미를 씌었다.', '안다미씌우면 친구들이 무척 싫어할 것이다.' 등이 있다.

표준어 규정 제25항 의미가 똑같은 형태가 몇 가지 있을 경우, 그중 어느 하나가 압도적으로 널리 쓰이면, 그 단어만을 표준어로 삼는다. 예를 들면, '술-고래/술-꾸러기/술-부대/술-보/술-푸대, 식은-땀/찬-땀, 신기-롭다(신기하다)/신기-스럽다, 쌍동-밤/쪽-밤, 쏜살-같이/쏜살-로, 아주/영판, 안쓰럽다/안-슬프다, 안절부절-못하다/안절부절-하다' 등이 있다. 그러므로 '안다미씌우다'로 적어야 한다.

'술고래'는 '술을 아주 많이 마시는 사람을 비유적으로 이르는 말'이다. 그는 마셨다 하면 소주 서너 병은 마시는 술고래이다.

'식은-땀'은 '몸이 쇠약하여 덥지 아니하여도 병적으로 나는 땀.'을 의미한다. 그의 할아버지는 일을 하려고 기를 썼지만 무슨 중병이라도 깊이 안은 듯 식은땀만 쏟을 뿐 기운을 쓰지 못했다.

'신기롭다'는 '새롭고 기이한 느낌'이 있다. 서울에 처음 올라온 그는 모든 것이 신기로웠다.

'쏜살-같이'는 '쏜 화살과 같이 매우 빠르게.'라는 뜻이다. '살같이'라고도 한다. 순이는 기쁨에 설레는 가슴을 안고 쏜살같이 고개를 달음질쳐 내려왔다.

'안쓰럽다'는 '손아랫사람이나 약자에게 도움을 받거나 폐를 끼쳤을 때 마음에 미안하고 딱하다.'라는 의미이다. 어린 나이에 내 병수발을 드는 아들의 모습이 무척 안쓰럽다.

'안절부절-못하다'는 '마음이 초조하고 불안하여 어찌할 바를 모르다.'라는 말이다. 거짓말이 들통 날까 봐 안절부절못하다.

35. 그렇게 게을러빠져서/게을러터져서 무슨 일을 할 수 있겠니?

'게을러빠지다/게을러터지다'는 '몹시 게으르다.'라는 뜻이다. 한 가지 의미를 나타내면 모두 표준어로 인정하는 것이다. 예를 들면, '그렇게 게을러터져서 무슨 일을 할 수 있겠니?', '그는 게을러빠져서 앞길이 걱정이다.' 등이 있다.

표준어 규정 제26항 한 가지 의미를 나타내는 형태 몇 가지가 널리 쓰이며 표준어 규정에 맞으면, 그 모두를 표준어로 삼는다. 예를 들면, '가는-허리/잔-허리, 가락-엿/가래-엿, 가뭄/가물, 가엾다/가엽다, 가엾어/가여워, 가엾은/가여운, 감감-무소식/감감-소식, 개수-통/설거지-통, 개숫-물/설거지-물, 갱-엿/검은-엿' 등이 있다. 그러므로 '게을러빠져서/게을러터져서'로 적어야 한다.

'가는-허리/잔-허리'는 '잘록 들어간, 허리의 뒷부분.'을 일컫는다. '세요(細腰)'라고도 한다. '가락-엿/가래-엿'은 '둥근 모양으로 길고 가늘게 뽑은 엿.'을 말한다.

'가뭄/가물'은 '오랫동안 계속하여 비가 내리지 않아 메마른 날씨.'를 말한다. 이 논은 물이 많아 가뭄을 잘 타지 않는다.

'가엾다/가엽다'는 '마음이 아플 만큼 안되고 처연하다.'라는 뜻이다. 한꺼번에 부모와 형제를 모두 잃은 그 애가 가엾어 보인다.

'감감-무소식/감감-소식'은 '소식이나 연락이 전혀 없는 상태.'를 말한다. 심부름을 보낸 아이가 한 시간이 지났는데도 감감무소식이다.

'개수-통/설거지-통'은 '음식 그릇을 씻을 때 쓰는, 물을 담는 통.'을 말한다. 식사가 끝나자 아내는 빈 그릇들을 챙겨 개수통에 넣고 식탁을 훔쳐 냈다.

'개숫-물/설거지-물'은 '음식 그릇을 씻을 때 쓰는 물.'을 뜻한다. 아내는 전화를 받고 개숫물에 불은 손을 말리지도 못한 채 달려 나갔다.

'갱-엿/검은-엿'은 '푹 고아 여러 번 켜지 않고 그대로 굳혀 만든, 검붉은 빛깔의 엿.'을 말한다. 딱딱한 갱엿 한 조각을 입에 넣고 녹여 먹었다.

36. 울타리에 넝쿨/덩굴/덩쿨을 올려 심은 애호박도 따고, 그 밑을 파고 몇 포기 심어서 열은 가지도 따고….

'넝쿨/덩굴'은 같은 의미의 형태 몇 가지를 모두 표준어로 인정하는 것이다. '넝쿨'은 '길게 뻗어 나가면서 다른 물건을 감기도 하고 땅바닥에 퍼지기도 하는 식물의 줄기'를 뜻한다. 예를 들면, '찔레 넝쿨이 담장을 넘어오고 있다.', '뒤엉킨 덩굴 더미를 뒤적거려 참외를 고르던 이장이 말했다.', '머루와 다래 덩굴이 엉킨 경사진 언덕 아래, 언제 올라왔는지 산지기 늙은이 모녀가 머루를 따며 지껄이고 있었다.' 등이 있다.

표준어 규정 제26항 한 가지 의미를 나타내는 형태 몇 가지가 널리 쓰이며 표준어 규정에 맞으면, 그 모두를 표준어로 삼는다. 예를 들면, '귀퉁-머리/귀퉁-배기, 극성-떨다/극성-부리다, 기세-부리다/기세-피우다, 기승-떨다/기승-부리다, 깃-저고리/배내-옷/배냇-저고리, 까까-중/중-대가리, 꼬까/때때/고까' 등이 있다. 그러므로 '넝쿨, 덩굴'로 적어야 한다.

'극성-떨다/극성-부리다'는 '몹시 드세거나 지나치게 적극적으로 행동하다.'라는 뜻이다. 공부하겠다고 그렇게 극성떨더니 기어코 대학에 들어갔다.

'기세-부리다/기세-피우다'는 '남에게 영향을 끼칠 기운이나 태도'를 드러내 보인다.는 뜻이다.

'기승떨다/기승-부리다'는 '기운이나 힘 따위가 성해서 좀처럼 누그러들지 않다.'라는 의미이다. 이튿날은 영등바람이 몰고 온 꽃샘추위가 유별나게 기승부리는 날씨였건만 회민들은 아침부터 화톳불(한데다가 장작 따위를 모으고 질러 놓은 불.)을 피우고 종일 자리를 뜨지 않았다.

'깃-저고리/배내-옷/배냇-저고리'는 '깃과 섶을 달지 않은, 갓난아이의 옷.'을 일컫는다. 배냇저고리는 형편에 따라 다르지만, 여유있는 집에서는 딸과 아들이 입는 것을 구분하였다.

'까까-중/중-대가리'은 '까까머리를 한 중, 또는 그런 머리.'를 말한다. 머리가 까까중인 것으로 미루어 그는 틀림없는 적군이었다.

37. 그는 여자에게 자리를 양보하고 멀찌감치/멀찌가니/멀찍이 물러앉았다.

'멀찌감치/멀찌가니'는 '사이가 꽤 떨어지게'라는 뜻이다. 예를 들면, '여인이 나타나자 아이들은 멀찌감치 물러서서 두 사람을 엿보고 있었다.', '두 내외는 피차에 얼굴을 마주 보기가 싫어서 외면들을 하고 멀찌감치 떨어져서 걸었다.', '어머니는 아버지의 뒤를 멀찍이 따라오셨다.', '방에서 나온 길상은 멀찍이 공 노인을 끌고 갔다.' 등이 있다.

표준어 규정 제26항 한 가지 의미를 나타내는 형태 몇 가지가 널리 쓰이며 표준어 규정에 맞으면, 그 모두를 표준어로 삼는다. 예를 들면, '뒷-갈망/뒷-감당, 뒷-말/뒷-소리, 들락-거리다/들랑-거리다, 들락-날락/들랑-날랑, 딴-전/딴-청, 땔-감/땔-거리, -뜨리다/-트리다, 뜬-것/뜬-귀신, 만장-판/만장-중(滿場中), 만큼/만치, 말-동무/말-벗, 먹-새/먹음-새, 면-치레/외면-치레, 모-내다/모-심다, 모-내기/모-심기' 등이 있다. 그러므로 '멀찌감치, 멀찌가니' 등으로 적어야 한다.

'뒷-말/뒷-소리'는 '계속되는 이야기의 뒤를 이음, 또는 그런 말.'을 뜻한다. 그는 몹시 흥분해서 뒷말을 단숨에 끝맺지 못했다.

'들락-거리다/들랑-거리다'는 '자꾸 들어왔다 나갔다 하다.'라는 뜻이다. 쓸데없이 사무실에 들락거리지 마시오.

'딴-전/딴-청'은 '어떤 일을 하는 데 그 일과는 전혀 관계없는 일이나 행동.'을 일컫는다. 지난 설에는 다녀가지도 않았고, 두 차례나 보낸 편지에 답장마저 없는 걸 보면, 길남이 딴전을 벌이고 있는지 모를 일이다.

'-뜨리다/-트리다'는 몇몇 동사의 '-아/어' 연결형 또는 어간 뒤에 붙어, '강조'의 뜻을 더하는 접미사이다. '-트리다'와 같다. 깨뜨리다/밀어뜨리다/부딪뜨리다/밀뜨리다/쏟뜨리다/찢뜨리다.

'뜬-것/뜬-귀신'은 '떠돌아다니는 못된 귀신.'을 의미한다. '등신, 부귀(浮鬼), 부행신'이라고도 한다.

'만장-판/만장-중(滿場中)'은 '많은 사람이 모인 곳. 또는 그 많은 사람.'을 말한다.

'만큼/만치'는 '주로 어미 '-은, -는, -던' 뒤에 쓰여, 뒤에 나오는 내용의 원인이나 근거가 됨을 나타내는 말'이다. 어른이 심하게 다그친 만큼 그의 행동도 달라져 있었다.

'말-동무/말-벗'은 '더불어 이야기할 만한 친구.'라는 뜻이다. 구장 어른과 진구네 식구들만이 나중까지 남아 실의에 잠긴 우리 일가의 말동무가 되어 주었다.

'먹-새/먹음-새'는 '음식을 먹는 태도.'를 말한다. 경수는 먹음새가 바르다.

'면-치레/외면-치레'는 '체면이 서도록 일부러 어떤 행동을 함, 또는 그 행동.'을 뜻한다. '낯닦음, 사당치레, 외면치레, 이면치레, 체면치레'라고도 한다.

'모-내기/모-심기'는 '모를 못자리에서 논으로 옮겨 심는 일.'을 말한다. 논에서는 지금 모내기가 한창이다.

38. 우리는 뒷산의 가파른 언덕바지/언덕배기/언덕빼기로 올라갔다.

'언덕바지/언덕배기'는 여러 형태로 나타나는 것을 모두 표준어로 인정하는 것이다. '언덕-바지'는 '언덕의 꼭대기 또는 언덕의 몹시 비탈진 곳'을 의미하며, '언덕배기'라고도 한다. 예를 들면, '할아버지 댁은 동네의 맞은편 언덕바지에 자리 잡고 있다.', '계곡의 비탈진 언덕배기에 단풍나무 몇 그루가 어슷하게 뿌리를 박고 서서 빨갛게 물든 온몸을 바람에 실려 흐늘거렸다.' 등이 있다.

표준어 규정 제26항 한 가지 의미를 나타내는 형태 몇 가지가 널리 쓰이며 표준어 규정에 맞으면, 그 모두를 표준어로 삼는다. 예를 들면, '물-봉숭아/물-봉선화, 물-부리/빨-부리, 물-심부름/물-시중, 물추리-나무/물추리-막대, 물-타작/진-타작, 민둥-산/벌거숭이-산, 밑-층/아래-층, 바깥-벽/밭-벽, 바른/오른[右], 버들-강아지/버들-개지, 벌레/버러지, 변덕-스럽다/변덕-맞다' 등이 있다. 그러므로 '언덕바지, 언덕배기'로 적어야 한다.

'물-봉숭아/물-봉선화'는 '봉선화과의 한해살이풀'이다. 줄기는 높이가 60㎝ 정도이고 붉고 물기가 많으며, 잎은 어긋나고 넓은 피침 모양이며 뾰족한 톱니가 있다. 8~9월에 붉은 자주색 꽃이 줄기의 끝에서 꽃대가 나와 방상(房狀) 화서로 핀다. 산이나 들의 습지에 나는데 한국, 일본, 만주 등지에 분포한다.

'물-부리/빨-부리'는 '담배를 끼워서 빠는 물건.'을 말한다. 원호는 물부리에 담배를 꽂았다.

'물-심부름/물-시중'은 '세숫물이나 숭늉 따위를 떠다 줌, 또는 그런 잔심부름.'을 일컫는다. 그는 차가운 물을 한 사발 들이켜고 깊은 잠을 자고 싶은 마음이 간절했다. 그러나 그녀에게 물심부름을 시키고 싶지 않았다.

'물추리-나무/물추리-막대'는 '쟁기의 성에(쟁기의 윗머리에서 앞으로 길게 뻗은 나무. 허리에 한마루 구멍이 있고 앞 끝에 물추리 막대가 가로 꽂혀 있다.) 앞 끝에 가로로 박은 막대기.'를 말한다. '끌이막대'라고도 한다.

'물-타작/진-타작'은 '베어 말릴 사이 없이 물벼 그대로 이삭을 떨어서 낟알을 거둠. 또는 그 타작 방법.'을 말한다. 우선 사람이 먹고살아야지 물타작, 마른타작 가리게 됐느냐고?

'버들-강아지/버들-개지'는 '버드나무의 꽃.'을 말하며, 솜처럼 바람에 날려 흩어진다. '개지, 유서(柳絮)'라고도 한다.

'벌레/버러지'는 '곤충을 비롯하여 기생충과 같은 하등 동물을 통틀어 이르는 말'이다. 벌레가 꿈지럭거리며 기어가고 있다.

'변덕-스럽다/변덕-맞다'는 '이랬다저랬다 하는, 변하기 쉬운 태도나 성질이 있다.'라는 뜻이다. 사람이 너무 변덕스러우면 믿음이 잘 가지 않는다.

39. 내가 설령 천하에 다시 없는 불한당이요, 오사리잡놈/오색잡놈이며, 불효막심한 자식이라 할지라도….

'오사리잡놈/오색잡놈'은 여러 형태가 한 가지 의미를 나타내는 것은 모두 표준어로 인정하는 것이다.

'오사리-잡놈(---雜-)'은 '온갖 못된 짓을 거침없이 하는 잡놈'을 말하며, '오가잡탕, 오구잡탕, 오사리잡탕놈, 오색잡놈'이라고도 한다. 예를 들면, '오사리잡놈들이 다 모여드는 시궁창 같은 데서도 인정은 있게 마련이다.', '온갖 나쁜 일을 하는 사람을 오색잡놈이라고도 한다.' 등이 있다.

표준어 규정 제26항 한 가지 의미를 나타내는 형태 몇 가지가 널리 쓰이며 표준어 규정에 맞으면, 그 모두를 표준어로 삼는다. 예를 들면, '아무튼/어떻든/어쨌든/하여튼/여하튼, 앉음-새/앉음-앉음, 알은-척/알은-체, 애-갈이/애벌-갈이, 애꾸눈-이/외눈-박이, 양념-감/양념-거리, 어금버금-하다/어금지금-하다, 어기여차/어여차, 어림-잡다/어림-치다, 어이-없다/어처구니-없다' 등이 있다. 그러므로 '오사리잡놈, 오색잡놈' 등으로 적어야 한다.

'아무튼/어떻든/어쨌든/하여튼/여하튼'은 '의견이나 일의 성질, 형편, 상태 따위가 어떻게 되어 있든.'이라는 뜻이다. 아무튼, 불행 중 다행이다. 자네 어렸을 적이던가, 낳기도 전이던가 아무튼 오래전에 자네 어르신네로부터는 이런 대접을 받으면서….

'앉음-새/앉음-앉음'은 '자리에 앉아 있는 모양새.'를 말한다. 학생들은 선생님이 들어오시자 앉음새를 바로 했다.

'알은-척/알은-체'는 '어떤 일에 관심을 가지는 듯한 태도를 보임.'이라는 뜻이다. 그녀는 일일이 따졌지만 벽창호 같은 벙어리는 알은척도 않고 자기 고집만을 내세웠다.

'애-갈이/애벌-갈이'는 '논이나 밭을 첫 번째 가는 일.'을 말한다. 그것으로 이미 애벌갈이는 끝난 거나 다름없다고 종술은 지레 김칫국부터 마셨다.

'애꾸눈-이/외눈-박이'는 '한쪽 눈이 먼 사람을 낮잡아 이르는 말'이다. 볼호령 소리가 나서 돌아다보니 과연 애꾸눈이 한 놈이 길옆 숲 앞에 칼을 잡고 나섰다.

'양념-감/양념-거리'는 '양념으로 쓰는 재료.'를 말한다.

'어금버금-하다/어금지금-하다'는 '…과'가 나타나지 않을 때는 '여럿임'을 뜻하는 말이 주어로 온다. 장석인하고 비교해서 둘이 서로 어금버금할 정도로 작은 체구였다.

'어기여차/어여차'는 '여럿이 힘을 합할 때 일제히 내는 소리.'를 의미한다.

'어림-잡다/어림-치다'는 '대강 짐작으로 헤아려 보다.'라는 뜻이다. 모인 사람의 수효를 어림잡다.

'어이-없다/어처구니-없다'는 '일이 너무 뜻밖이어서 기가 막히는 듯하다.'라는 의미이다. 약이 뒤바뀌는 어처구니없는 간호사의 실수로 상처가 도리어 덧나고 말았다.

표준 발음

1. 어머니는 보리차를 병:(瓶)에 부어 냉장고에 넣었다./그는 한 달 동안 병:(病)을 심하게 앓더니 얼굴이 반쪽이 되었다.

'병(甁)/병:(病)'은 단음절로 된 장단음(長短音)에 대한 발음이다. 장단음은 우리말 낱말의 첫 음절에만 긴소리를 인정하고 그 이하의 음절은 모두 짧게 발음함을 원칙으로 한다. 또한 동음이의어에 대한 의미의 구별도 가능하다. 표준 발음법 제6항 모음의 장단을 구별하되, 단어의 첫 음절에서만 긴소리 나타나는 것을 원칙으로 한다.

예를 들면, '말:(언어)/말(동물), 발:(-을 치다)/발(-바닥), 살:(-다)/살(-결), 밤:(-송이)/밤(-낮), 벌:(-집)/벌(-받다), 병:(-원)/병(-마개), 시:장(--님)/시자(--하다), 모:자(--관계)/모자(--쓰다), 과:장(--하다)/과장(--님)' 등이 있다.

2. 정:(丁)약용의 호는 다산이다./정:(鄭)몽주의 호는 포은이다.

'정:(丁)약용/정:(鄭)몽주'는 첫 음절을 장음으로 발음하여야 하는 것들이다. 표준발음법 제6항에서 '모음의 장단을 구별하여 발음하되, 단어의 첫 음절에서만 긴소리가 나타나는 것을 원칙으로 한다.'는 규정으로 '멀리[멀:리], 벌리다[벌:리다]' 등은 장음으로 발음한다.

'정약용'은 조선 후기의 학자(1762~1836)이다. 자는 미용(美鏞), 호는 다산(茶山), 사암(俟菴), 자하도인(紫霞道人), 철마산인(鐵馬山人), 탁옹(籜翁), 태수(苔叟)이다. 문장과 경학(經學)에 뛰어난 학자로, 유형원과 이익 등의 실학을 계승하고 집대성하였다. 신유사옥 때 전라남도 강진으로 귀양 갔다가 19년 만에 풀려났다. 저서에

≪목민심서≫, ≪흠흠신서≫, ≪경세유표≫ 따위가 있다.

"목민심서(牧民心書)"는 조선 순조 때 정약용이 지은 계몽 도서이다. 지방 관리들의 폐해를 없애고 지방 행정의 쇄신을 위해 옛 지방 관리들의 잘못된 사례를 들어 백성들을 다스리는 도리를 설명하였다. 48권 16책의 사본(寫本).

"흠흠신서(欽欽新書)"는 조선 정조 때에 정약용이 지은 책이다. 형벌 일을 맡은 벼슬아치들이 유의할 점에 관한 내용이다. 순조 22년(1822)에 간행되었다. 30권 10책.

"경세유표(經世遺表)"는 조선 순조 17년(1817)에 정약용이 관제 개혁과 부국강병을 논한 책이다. 관제(官制)에 관한 고금(古今)의 실례 및 정치의 폐단을 지적하고 개혁에 대한 견해를 적었다. 44권 15책. 방례초본.

'정몽주'는 고려 말기의 충신, 유학자(1337~1392)이다. 초명은 몽란(夢蘭), 몽룡(夢龍)이며, 자는 달가(達可)이고, 호는 포은(圃隱)이다. 오부 학당과 향교를 세워 후진을 가르치고, 유학을 진흥하여 성리학의 기초를 닦았다. 명나라를 배척하고 원나라와 가깝게 지내자는 정책에 반대하고, 끝까지 고려를 받들었다. 문집에 ≪포은집≫이 있다.

"포은집(圃隱集)"은 고려 말의 문인 정몽주의 문집이다. 조선 세종 21년(1439)에 그의 아들 종성(宗誠)이 편집하였고, 후대 여러 사람에 의하여 중간(重刊)되었다. 7권 4책.

3. 어쩐지 그의 행동을 실수로 보아(봐:) 줄 수가 없었다./이 사태를 적당히 보아(봐:) 넘길 수는 없다.

'보아→봐:'는 용언의 단음절 어간에 어미 '-아'가 결합되어 한 음절로 축약되는 경우에 긴소리로 발음한다. 용언의 단음절 어간에

'-아/어, -아라/어라, -았다/었다' 등이 결합되는 때에 그 두 음절이 다시 한 음절로 축약되는 경우에는 긴소리로 발음한다. 또한 용언의 활용이 아니더라도 피동·사동이 어간과 접미사가 축약된 형태의 경우로 '누이다→뉘다[뉘:다], 트이다→틔다[티:다]' 등은 긴소리로 발음한다. 표준 발음법 제6항 [붙임]에는 '용언의 단음절 어간에 어미 '-아/어'가 결합되어 한 음절로 축약되는 경우에도 긴소리로 발음한다.'라는 규정으로 '되어→돼[돼:], 하여→해[해:]' 등이 있다.

'축약(縮約)'은 두 형태소가 서로 만날 때에 앞뒤 형태소의 두 음소나 음절이 한 음소나 음절로 되는 현상이다. '좋고'가 '조코'로, '국화'가 '구콰'로, '가리+어'가 '가려'로, '되+어'가 '돼'로 되는 것 따위이다.

4. 못을 박다가 망치로 손을 쳐(치어) 손이 퉁퉁 부었다./할머니가 위독하시다고 전보를 쳐라(치어라).

'치어→쳐'는 긴소리로 발음하지 않는 것으로 '오아->와, 지어->져' 등이 있다. 또한 '가아—→가, 서어→서' 등은 같은 모음끼리 만나 모음 하나가 빠진 경우로 짧게 발음한다.

5. 나는 신이 있다[읻따]고 믿는다./날지 못하는 새도 있다[읻따].

'있다[읻따]'에서 'ㅆ'은 대표음 'ㄷ'으로 뒤 음절의 첫소리는 된소리로 발음한다. 결국, 국어의 음절 끝소리 규칙은 'ㄱ, ㄴ, ㄷ, ㄹ, ㅁ, ㅂ, ㅇ' 7개의 자음만으로 발음하는 것을 말한다.

표준 발음법 제9항에서 "받침 'ㄲ, ㅋ', 'ㅅ, ㅆ, ㅈ, ㅊ, ㅌ', 'ㅍ'은 어말 또는 자음 앞에서 각각 대표음 'ㄱ, ㄷ, ㅂ'으로 발음한다."라는 규정으로 '키읔[키윽], 키읔과[키윽꽈]'는 'ㄱ', '젖[젇], 쫓다[쫃따],

뱉다[밷:따]'는 'ㄷ', '앞[압], 덮다[덥따]'는 'ㅂ' 등으로 발음한다.

6. 선각자들의 넋과[넉꽈] 얼을 이어받자./유관순 누나의 넋과[넉꽈] 혼을 학생들에게 알려주었다.

'넋과[넉꽈]'에서 겹받침 'ㄳ'은 'ㅅ'이 발음되지 않고 'ㄱ'이 발음되며, 뒤의 음절은 된소리로 발음한다. 국어의 겹받침은 'ㄳ, ㄵ, ㄶ, ㄺ, ㄻ, ㄼ, ㄽ, ㄾ, ㄿ, ㅀ, ㅄ' 11개가 있다. 이 중에서 'ㅎ'을 가진 'ㄶ, ㅀ'을 제외하면 어말이나 자음 앞에서는 하나의 자음이 탈락되고, 나머지 하나의 자음만 발음된다. 두 자음 중에서 어떤 것이 발음되느냐 하는 것은 겹자음에 따라 다르다. 겹자음의 발음을 예를 들면, '넋[넉], 앉다[안따], 넓다[널따], 핥다[할따], 값[갑]' 등이 있다. 결국 겹받침 'ㄳ, ㄵ, ㄶ, ㄼ, ㄽ, ㄾ, ㅀ, ㅄ'인 경우에는 앞 자음이 발음되고, 겹받침 'ㄺ, ㄻ, ㄿ'인 경우에는 뒤 자음이 발음된다. 다만 'ㄿ'의 경우는 뒤 자음 'ㅍ'이 중화 현상을 거쳐 'ㅂ'으로 발음된다. 표준 발음법 제10항에서 "겹받침 'ㄳ', 'ㄵ', 'ㄼ, ㄽ, ㄾ', 'ㅄ'은 어말 또는 자음 앞에서 각각 'ㄱ, ㄴ, ㄹ, ㅂ'으로 발음한다." 라는 규정에 근거한다.

'탈락(脫落)'은 둘 이상의 음절이나 형태소가 서로 만날 때에 음절이나 음운이 없어지는 현상이다. '가+아서'가 '가서'로, '울+는'이 '우는'이 되는 것 따위이다.

7. 그녀는 살며시 즈려밟고[즈려밥꼬] 어디론가 사라졌다./위에서 내리눌러 밟는 것을 지르밟다[밥따]라고 한다.

'즈려밟고[즈려밥꼬]'는 표준 발음법 제10항에서 "겹받침 'ㄳ', 'ㄵ', 'ㄼ, ㄽ, ㄾ', 'ㅄ'은 어말 또는 자음 앞에서 각각 'ㄱ, ㄴ, ㄹ,

ㅂ'으로 발음한다."라는 규정을 따르지 않는다. 결국 겹받침 'ㄼ'은 'ㄹ'로 발음되지 않고 'ㅂ'으로 발음되며, 뒤의 음절은 된소리로 발음한다. 겹받침의 발음에서 예외적인 규정으로 'ㄼ'은 'ㄹ'로 발음되는데, 동사 '밟다[밥:따]'는 'ㅂ'으로 발음되고, '넓다[널따]'로 발음된다. 표준 발음법 제10항에서 "다만, '밟-'은 자음 앞에서 '밥'으로 발음하는 것"으로 '밟지[밥:찌], 밟게[밥:께]' 등이 있다.

8. 저녁을 먹지 않은[아는] 학생이 없다./전공 책을 보지 않은[아는] 사람이 없을 것이다.

'않은[아는]'은 받침 'ㄶ' 뒤에 모음으로 시작되는 어미가 결합되는 경우에는 'ㅎ'을 발음하지 않는다. 표준 발음법 제12항에서 "받침 'ㅎ'의 발음은 다음과 같다. 'ㅎ(ㄶ, ㅀ)' 뒤에 모음으로 시작된 어미나 접미사가 결합되는 경우에는 'ㅎ'을 발음하지 않는다."는 규정으로 '많아[마나], 닳아[다라], 싫어도[시러도]' 등이 있다.

9. 그녀는 우스갯소리를 곧이듣다[고지듣따]./네 허황된 말을 곧이듣다[고지듣따]니 내가 잘못이다.

'곧이듣다[고지듣따]'는 받침 'ㄷ'이 모음 'ㅣ'로 시작하는 형식 형태소와 만나 받침 'ㄷ'이 'ㅈ'으로 바뀌어서 발음된다. 다시 말하면, 구개음화(口蓋音化)는 조건이나 환경이 매우 다양한 방식으로 기술된다. "첫째, 'ㄷ, ㅌ(ㄾ)'이 모음 'ㅣ'나 반모음 'ㅣ'로 시작하는 형식 형태소와 만나면 'ㄷ, ㅌ'이 센입천장소리 'ㅈ, ㅊ'으로 바뀐다. 둘째, 받침 'ㄷ, ㅌ(ㄾ)'이 조사나 접미사의 모음 'ㅣ'와 결합되는 경우에는, 'ㅈ, ㅊ'으로 바뀌어 뒤 음절 첫소리로 옮겨 발음한다. 셋째, 'ㄷ, ㅌ' 받침 뒤에 종속적 관계를 가진 '-이-'나 '-히-'가 올 적에는 그 'ㄷ, ㅌ'이 'ㅈ, ㅊ'으로 소리나더라도 'ㄷ, ㅌ'으로 적는다."라는 것이다.

표준 발음법 제17항에서 "받침 'ㄷ, ㅌ(ㄾ)'이 조사나 접미사의 모음 'ㅣ'와 결합되는 경우에는, 'ㅈ, ㅊ'으로 바뀌어서 뒤 음절 첫소리로 옮겨 발음한다."는 규정으로 '미닫이[미다지], 밭이[바치]' 등이 있다.

10. 교자상이 몫몫이[몽목씨] 나와서 주전자를 든 아이들은 손님 사이를 간신히 비비고 다닌다./있는 재산 몫몫이[몽목씨] 나눠서 저울에 달아도 안 틀리게 갈라 줘도 뭣한 마당에….

'몫몫이[몽목씨]'에서 앞 음절의 받침 'ㄳ'이 'ㄱ', 다시 'ㅇ'으로 바뀌는 것은 뒤 음절 첫소리 'ㅁ'이 있기 때문이다. 뒤 음절 받침 'ㄳ'이 'ㄱ'으로 발음되며, 마지막 음절의 'ㅅ'은 'ㅆ'의 된소리로 발음하는 것이다. 결국, 동화 규칙(同化規則)은 동화의 대상에 따라 자음동화와 모음동화로 나눌 수 있고, 동화의 정도에 따라 부분동화와 완전동화, 동화의 방향에 따라 순행동화와 역행동화로 나눈다. 자음 동화의 하나로서 비음화는 받침이 파열음이 오면 뒤에 오는 비음에 동화되어 비음으로 바뀌는 것이다. 표준 발음법 제18항에서 "받침 'ㄱ(ㄲ, ㅋ, ㄳ, ㄺ), ㄷ(ㅅ, ㅆ, ㅈ, ㅊ, ㅌ, ㅎ), ㅂ(ㅍ, ㄼ, ㄿ, ㅄ)'은 'ㄴ, ㅁ' 앞에서 'ㅇ, ㄴ, ㅁ'으로 발음한다."라는 규정이다. 이러한 변동의 양상을 음운 규칙으로 정리하면 다음과 같다. 첫째, /ㄱ, ㄲ, ㅋ, ㄳ, ㄺ/ → [ㅇ] _ /ㄴ, ㅁ/으로 '깎는[깡는], 키읔만[키응만], 흙만[흥만]' 등이 있다. 둘째, /ㄷ, ㅅ, ㅆ, ㅈ, ㅊ, ㅌ, ㅎ/ → [ㄴ] _ /ㄴ, ㅁ/으로 '옷맵시[온맵시], 있는[인는], 맞는[만는], 놓는[논는]' 등이 있다. 셋째, /ㅂ, ㅍ, ㄼ, ㄿ, ㅄ/ → [ㅁ] _ /ㄴ, ㅁ/으로 '앞마당[암마당], 읊는[음는], 값매다[감매다]' 등이 있다.

11. 옻 맞추다[온마추다]의 발음은 어떻게 할까?

'옻 맞추다[온마추다]'는 단어와 단어 사이에서 비음으로 바뀌는 현상을 말하는 것이다. 두 단어를 이어서 한 마디로 발음하는 경우 뒤 음절의 첫소리가 'ㅁ'일 때 앞 음절 'ㅅ'은 비음 'ㄴ'으로 발음한다. 장애음(障碍音)의 비음화(鼻音化)는 여러 낱말을 하나의 말토막으로 발음할 때에는 낱말 경계를 넘어서 적용해야 한다는 것이다. 표준 발음법 제18항 [붙임]에서 '두 단어를 이어서 발음하는 경우에도 이와 같다.'라는 규정으로 '흙 말리다[홍말리다], 밥 먹는다[밤멍는다], 값 매기다[감매기다]' 등이 있다.

12. 학생들이 줄넘기[줄럼끼] 놀이를 아주 잘하고 있다./줄넘기[줄럼끼]를 하면 건강에 엄청 좋다.

'줄넘기[줄럼끼]'는 받침 'ㄹ' 뒤에서 'ㄴ'이 'ㄹ'로 발음되는 경우이다. 이것을 유음화라고 한다. 유음화는 순행적 유음화와 역행적 유음화로 나눈다. 위의 예는 순행적 유음화이다. 국어에서 자음강도를 바탕으로 하는 음소배열제약을 지키는 데도 불구하고 소리의 변동이 일어나는 것은 'ㄹ-ㄴ'의 연쇄가 국어에서는 불가능한 음소배열이기 때문이다. 표준 발음법 제20항에서 "'ㄴ'은 'ㄹ'의 앞이나 뒤에서 'ㄹ'로 발음한다."라는 규정으로 '대관령[대:괄령], 물난리[물랄리], 할는지[할른지]' 등이 있다.

13. 정부에서는 공권력[공꿘녁]을 투입했다./경찰은 공권력[공꿘녁]을 행사하였다.

'공권력[공꿘녁]'은 받침 'ㄴ' 뒤에 'ㄹ'이 오는 경우 'ㄴ'이 'ㄹ'로 발음되는 것의 예외이다. 이러한 형태를 가진 낱말의 경우 앞 자음

'ㄴ'을 유음화시킴으로써 자칫 우리의 인식 범위를 벗어나는 것을 막기 위한 것이라고 할 수 있다. '공권력'은 [공꿘녁]을 표준발음으로 인정한다. 이유는 '공권력'을 사람에 따라서는 [공꿜력]으로 발음하기도 하기 때문이다. 그것은 낱말을 '공권+력'으로 인식하기보다는 '공+권력'으로 인식하기 때문이다. 표준 발음법 제20항에서 "다만, 다음과 같은 단어들은 'ㄹ'을 'ㄴ'으로 발음한다."라는 규정으로 '의견란[의:견난], 횡단로[횡단노], 입원료[이붠뇨]' 등이 있다.

14. 집 밖에서 죽은 사람의 넋을 위로하고 집으로 데려오기 위하여 하는 앉은굿을 넋받이[넉빠지]라고 한다.

'넋받이[넉빠지]'는 받침 'ㄳ'이 'ㄱ'으로 발음되면서, 뒤 음절이 된소리로 발음되고, 마지막 음절은 받침 'ㄷ'이 'ㅈ'으로 바뀌어 발음되는 구개음화 현상이다. 받침의 발음 중 파열음은 'ㄱ, ㄷ, ㅂ' 등이 있다. 경음의 짝을 가진 평음은 'ㄱ, ㄷ, ㅂ, ㅅ, ㅈ' 등이다. 이 경우에는 예외 없이 뒤 자음이 반드시 경음으로 발음된다. 표준 발음법 제23항에서 "받침 'ㄱ(ㄲ, ㅋ, ㄳ, ㄺ), ㄷ(ㅅ, ㅆ, ㅈ, ㅊ, ㅌ), ㅂ(ㅍ, ㄼ, ㄿ, ㅄ)' 뒤에 연결되는 'ㄱ, ㄷ, ㅂ, ㅅ, ㅈ'은 된소리로 발음한다."라는 규정으로 '닭장[닥짱], 낯설다[낟썰다], 읊조리다[읍쪼리다]' 등이 있다.

15. 흥선을 비범한 인물로 알기는 알았으나 이다지 불세출[불쎄출]의 포부를 가진 줄은 과연 몰랐다./ 그보다 더 불세출[불쎄출]한 사람을 역사에서 찾아내기도 어렵다.

'불세출[불쎄출]'은 한자어에서 'ㄹ' 받침 뒤에 연결되는 'ㅅ'은 된소리 'ㅆ'으로 발음한다. 우리말의 평장애음 'ㄱ, ㄷ, ㅂ, ㅅ, ㅈ'은

'ㄱ, ㄲ, ㅋ, ㄷ, ㅌ, ㅂ, ㅍ, ㅅ, ㅆ, ㅈ, ㅊ, ㅎ' 등의 장애음 뒤에서 경음 'ㄲ, ㄸ, ㅃ, ㅆ, ㅉ'으로 발음하는 것이다. 표준 발음법 제26항에서 "한자어에서, 'ㄹ' 받침 뒤에 결합되는 'ㄷ, ㅅ, ㅈ'은 된소리로 발음한다."라는 규정으로 '말살[말쌀], 불소(弗素)[불쏘], 일시[일씨]' 등이 있다. 그러나 '결과[결과], 물건[물건], 열기[열기]' 등은 된소리로 발음되지 않는다.

16. 철수는 공부를 열심히 할 듯하다[할뜨타다]./기차가 연착할 듯하다[할뜨타다].

'할 듯하다[할뜨타다]'는 관형사형 어미 '-(으)ㄹ' 뒤에 연결되는 장애음 'ㄷ'이 된소리로 바뀌는 현상이다. 관형사형 어미 다음에 오는 요소가 의존 명사나 보조 용언일 때에는 어김없이 된소리되기가 일어나고 자립 명사일 때에는 '용언의 관형사형+명사'를 하나의 말토막으로 발음할 때, 관형사형 어미 뒤에 휴지가 오지 않을 때에만 된소리되기가 일어난다. 표준 발음법 제27항에서 "관형사형 '-(으)ㄹ' 뒤에 연결되는 'ㄱ, ㄷ, ㅂ, ㅅ, ㅈ'은 된소리로 발음한다."라는 규정으로 '할 바를[할빠를], 갈 곳[갈꼳], 만날 사람[만날싸람]' 등이 있다.

17. 밀밭[밀받]만 지나가도 취한다./옛날에 밀밭[밀받]에서 놀다가 주인에게 꾸중을 들었다.

'밀밭[밀받]'은 뒤 음절 첫소리가 된소리로 나지 않는 것이다. 첫말이 관형격의 주체, 수식의 관형어가 충분히 되지 못하는 경우 두 말을 분리할 것이 아니라 단일한 명사로 보아야 하기 때문이다. 위와 같이 경음화되지 않는 것으로 몇 가지를 제시하겠다. 첫째, 첫말이 다음 말에서 포함하고 있는 내용의 한 재료가 되는 경우이며,

'마루방, 돌담, 질그릇' 등이 있다. 둘째, 말이 한 개의 완전히 독립된 명사가 아니고 동사, 형용사의 어간으로부터 명사로 바뀐 경우로 '해돋이, 손잡이, 덤받이' 등이 있다.

18. 중학교 때 국민윤리[궁민뉼리] 과목을 들었다./국민윤리[궁민뉼리]는 학생들에게 꼭 필요하다.

'국민윤리[궁민뉼리]'는 한자어로 'ㄴ' 첨가 현상이 일어나면서 발음한다. 'ㄴ' 첨가는 합성어나 파생어의 앞 말이 자음으로 끝나고 뒷말이 'i'나 'j'로 시작할 때 'ㄴ' 소리가 첨가되는 음운현상이다. 'ㄴ' 첨가가 일어나는 환경은 합성어나 파생어 앞 낱말이나 접두사의 끝이 자음이고, 뒤 낱말이나 접미사의 첫 음절이 '이, 야, 여, 요, 유'인 경우이다. 자세히 살펴보면 첫째, 'ㄴ' 음 첨가는 합성어나 파생어에서 일어난다. 앞말에 받침이 있고 뒷말의 첫 음절이 '이, 야, 여, 요, 유'인 경우라도 그것이 합성어나 파생어가 아니면 'ㄴ' 음 첨가가 일어나지 않는다. 둘째, 앞말은 반드시 받침을 가지고 있어야 한다. 셋째, 뒷말의 첫소리는 반드시 '이, 야, 여, 요, 유' 중의 하나이어야 'ㄴ' 첨가가 된다.

표준 발음법 제29항 합성어 및 파생어에서, 앞 단어나 접두사의 끝이 자음이고 뒤 단어나 접미사의 첫음절이 '이, 야, 여, 요, 유'인 경우에는 'ㄴ' 소리를 첨가하여 [니, 냐, 녀, 뇨, 뉴]로 발음한다. 예를 들면, '한-여름[한녀름], 색-연필[생년필], 직행-열차[지캥녈차], 눈요기[눈뇨기], 영업-용[영엄뇽], 식용-유[시공뉴]' 등이 있다.

19. 창문으로 따사로운 봄 햇살[해쌀]이 비껴 들어왔다./햇살[해쌀]에 반짝이는 물줄기 속으로 아버지의 옛 모습이 떠올랐다.

'햇살[해쌀]'은 'ㅅ'으로 시작하는 단어 앞에 사이시옷이 올 때 이들 자음만을 된소리로 발음하는 것이다. 사이시옷 현상이란 두 낱말 사이에 어떤 소리가 들어가 소리의 변동이 일어나는 현상을 일컫는다. 위와 같은 경우는 합성명사 중에서 앞의 말이 모음으로 끝나고 뒷말의 초성이 된소리로 발음된다. 표준 발음법 제30항에서 "사이시옷이 붙은 단어는 다음과 같이 발음한다. 'ㄱ, ㄷ, ㅂ, ㅅ, ㅈ'으로 시작하는 단어 앞에 사이시옷이 올 때는 이들 자음만을 된소리로 발음하는 것을 원칙으로 하되, 사이시옷을 'ㄷ'으로 발음하는 것도 허용한다."라는 규정으로 '빨랫돌[빨래똘/빨랟똘], 뱃전[배쩐/밷쩐]' 등이 있다.

20. 눈물은 추적추적 끝없이 베갯잇[베갠닏]을 적셨다./어머니께서는 깨끗한 베갯잇[베갠닏]을 사오셨다.

'베갯잇[베갠닏]'은 '베개'와 '잇'이 합쳐진 합성어로서 '개'에서는 'ㄴ'으로 덧나고, '잇'에서 첫소리 'ㅇ'이 'ㄴ'으로 발음된다. 위와 같은 규정은 'ㄴ' 첨가와 다른 점이 있다. 첫 번째는 앞말의 끝이 자음이 아닌 모음으로 끝난다는 것이고, 두 번째는 파생어의 경우는 제외하고 합성어만 인정한다는 것이다. 표준 발음법 제30항에서 "사이시옷 뒤에 '이' 소리가 결합되는 경우에는 'ㄴㄴ'으로 발음한다."라는 규정으로 '깻잎[깯닙→깬닙], 나뭇잎[나묻닙→나문닙]' 등이 있다.

그 밖에 틀리기 쉬운 것

1. 두 갈래로 땋아 늘인 머리 복판에 흰 가르마/가리마가 선명하게 그어졌고….
   '가르마'는 '이마에서 정수리까지의 머리카락을 양쪽으로 갈랐을 때 생기는 금'을 말한다.
2. 손가락 마디가 모두 구부러져서 마치 갈고리/갈고랑이/갈구리 같았다.
   '갈고리/갈고랑이'는 '끝이 뾰족하고 꼬부라진 물건.'의 뜻이다. 흔히 쇠로 만들어 물건을 걸고 끌어당기는 데 쓴다.
3. 남이 잘되면 배 아프고 남이 못되면 신이 나는 그 따위 심보/마음보/심뽀부터 고치라니까.
   '심보/마음보'는 '마음을 쓰는 속 바탕.'을 의미한다.
4. 바람은 시원하고 귀이개/귀개로 귀를 후비니 기분 좋고….
   '귀이개'는 '귀지를 파내는 기구'이다. 나무나 쇠붙이로 숟가락 모양으로 가늘고 작게 만든다.
5. 햇살이 가득한 골목 안 저편에서 동리 조무래기/조무라기들이 공놀이를 하고 있었다.
   '조무래기'는 '자질구레한 물건.'이나 '어린아이들을 낮잡아 이르는 말'이다.
6. 그건 우리가 둘 다 서로 그 방면에 풋내기/풋나기라는 데서 오는 초조감하곤 달랐다.
   '풋내기'는 '경험이 없어서 일에 서투른 사람.'이나 '차분하지 못하여 객기를 잘 부리는 사람.'을 말한다.
7. 그는 일 처리가 흐리멍덩/흐리멍텅해서 상사에게 자주 꾸지람을 듣는다.

'흐리멍덩'은 '흐리멍덩하다'의 어근이며, '정신이 맑지 못하고 흐리다.', '옳고 그름의 구별이나 하는 일 따위가 아주 흐릿하여 분명하지 아니하다.'라는 뜻이다.

8. 먼저 직원실에 나와서 있어야 할 당직 선생 오 선생이 웬일/왠일인지 보이지 않았었다.
   '웬일'은 '어찌 된 일이나 의외'의 뜻을 나타낸다.
9. 술은 알맞게 취했으나 왠지/웬지 기분은 유쾌하지 않았다.
   '왠지'는 '왜 그런지 모르게, 또는 뚜렷한 이유도 없이.'라는 뜻이다.
10. 그녀는 화투판에서 파투/파토를 놓고 나갔다.
    '파투'는 '화투 놀이에서, 잘못되어 판이 무효가 됨, 또는 그렇게 되게 함.', '장수가 부족하거나 순서가 뒤바뀔 경우에 일어난다.', '일이 잘못되어 흐지부지됨을 비유적으로 이르는 말'이다.
11. 너 같은 땡추/땡추중/땡초 때문에 불공이 안 들어온다.
    '땡추/땡추중'은 '파계하여 중답지 못한 중을 낮잡아 이르는 말'이다.
12. 그는 노래를 아주/영판 잘 부른다.
    '아주'는 '형용사 또는 상태의 뜻을 나타내는 일부 동사나 명사, 부사 앞에 쓰여, 보통 정도보다 훨씬 더 넘어선 상태.', '동사 또는 일부의 명사적인 성분 앞에 쓰여, 어떤 행동이나 작용 또는 상태가 이미 완전히 이루어져 달리 변경하거나 더 이상 어찌할 수 없는 상태에 있음.'을 나타내는 말이다.
13. 학생이 버스에서 연방/연신 머리를 떨어뜨리며 졸고 있었다.
    '연방'은 '잇따라 자꾸, 또는 연이어 금방.'이라는 뜻이다.
14. 하늘에는 초승달/초생(初生)달 뒤에 별이 총총 나 있었다.
    '초승달'은 '초승에 뜨는 달.'을 의미한다. '각월(却月), 세월(細月), 신월(新月), 초월(初月), 현월(弦月)'이라고도 한다.
15. 머리칼을 아무렇게나 흩뜨리/흩어뜨리/흩어트리/흐트리면서 차

가운 바람이 지나가고 있었다.

'흩어뜨리다/흩어트리다/흩트리다'는 '흩어지게 하다.', '태도, 마음, 옷차림 따위를 바르게 하지 못하다.'라는 뜻이다.

16. 단칸 셋방일망정 우리 식구는 오순도순/오손도손 잘 지내고 있다.
    '오순도순'은 '정답게 이야기하거나 의좋게 지내는 모양.'을 말한다.
17. 말이 두루뭉술/두루뭉실하여 의미가 분명치 않다.
    '두루뭉술하다'는 '모나지도 둥글지도 아니하다.', '말이나 행동 따위가 철저하거나 분명하지 아니하다.'라는 뜻이다.
18. 담벼락에는 괴발개발/개발새발 아무렇게나 낙서가 되어 있었다.
    '괴발개발'은 '고양이의 발과 개의 발'이라는 뜻으로, '글씨를 되는대로 아무렇게나 써 놓은 모양을 이르는 말.'을 의미한다.
19. 그들은 모두 배가 고팠던 터라 자장면을 곱빼기/곱배기로 시켜 먹었다.
    '곱빼기'는 '음식에서, 두 그릇의 몫을 한 그릇에 담은 분량.', '계속하여 두 번 거듭하는 일.'을 뜻한다.
20. 총각은 윗옷을 훌훌 벗어젖히고, 샅바/삿바를 단단히 착용한 다음 모래판으로 올라섰다.
    '샅바'는 '죄인의 다리를 얽어 묶던 바.', '씨름에서, 허리와 다리에 둘러 묶어서 손잡이로 쓰는 천.'을 의미한다.
21. 씨름이나 유도 따위에서, 걸거나 후리는 상대의 바깥쪽 다리를 밭다리/바깥다리/밧다리라고 한다.
    '밭다리/바깥다리'는 씨름이나 유도 따위에서, '걸거나 후리는 상대의 바깥쪽 다리'를 일컫는다.
22. 어머니는 마름질하고 남은 헝겊/헝겁을 모아 책상보를 만들어 주셨다.
    '헝겊'은 '피륙의 조각.'을 의미한다.
23. 밖에 내다보이는 아지랑이/아지랭이 가물거리는 봄은 여간 아

름답지 않았다.

'아지랑이'는 '주로 봄날 햇빛이 강하게 쬘 때 공기가 공중에서 아른아른 움직이는 현상.'을 말하며, '야마(野馬), 양염(陽炎), 연애(煙靄), 유사(遊絲).'라고도 한다.

24. 그는 사업의 실패로 풍비박산/풍지박산이 된 집안을 수습하였다.

'풍비박산(風飛雹散)'은 '사방으로 날아 흩어짐.'을 뜻한다.

25. 일곱 명의 치다꺼리/치닥거리를 도맡은 그녀는 무척 피곤해 보였다.

'치다꺼리'는 '일을 치러 내는 일.', '남의 자잘한 일을 보살펴서 도와줌.'의 뜻이다.

26. 그는 여태껏/이제껏/입때껏/여지껏 그 일을 모르는 척했다.

'여태껏/이제껏/입때껏'은 '여태'를 강조하여 이르는 말이다. '지금까지, 아직까지, 어떤 행동이나 일이 이미 이루어졌어야 함에도 그렇게 되지 않았음을 불만스럽게 여기거나 또는 바람직하지 않은 행동이나 일이 현재까지 계속되어 옴을 나타낼 때 쓰는 말'이다.

27. 어린 색시가 서방 흉을 보는 것처럼 말을 꺼내 놓고 은근슬쩍 자랑을 하는 게 어찌나 징그럽던지 너하고 말 안 할 거라고 야멸치게/야멸차게 쏘아 주곤 했었다.

'야멸치다'는 '남의 사정은 돌보지 아니하고 자기만 생각하다.', '태도가 차고 야무지다.'라는 뜻이다.

28. 시간이 지날수록 경기는 더욱 가열한/가열찬 양상을 띠었다.

'가열하다(苛烈--)'는 '싸움이나 경기 따위가 가혹하고 격렬하다.'라는 의미이다.

29. 네놈의 엉큼한/응큼한 속셈을 내가 모를 줄 알았더냐?

'엉큼하다'는 '엉뚱한 욕심을 품고 분수에 넘치는 짓을 하고자 하는 태도가 있다.', '보기와는 달리 실속이 있다.'의 뜻이다.

30. 협상에 나섰던 두 사람은, 기다리기에 지루해서/지리해서 잠시 다른 장소로 이동했다.
'지루하다'는 '시간이 오래 걸리거나 같은 상태가 오래 계속되어 따분하고 싫증이 나다.'라는 의미이다.
31. 흰 점이 듬성듬성 박힌 얼루기/얼룩이는 형이 좋아하는 말이다.
'얼루기'는 '얼룩얼룩한 점이나 무늬, 또는 그런 점이나 무늬가 있는 짐승이나 물건.'을 말한다.
32. 걸핏하면 적삼 밑으로 불거져 나오는 할아버지의 배꼽이 종덕이는 어쩐지 남세스러웠다/남우세스러웠다/남사스러웠다.
'남세스럽다/남우세스럽다'는 '남에게 놀림과 비웃음을 받을 듯하다.'라는 뜻이며, '우세스럽다'라고도 한다.
33. 그 집 아들들은 모두가 밋밋하고/민밋하고 훤칠하여 보는 사람을 시원스럽게 해 준다.
'밋밋하다'는 '생김새가 미끈하게 곧고 길다.', '경사나 굴곡이 심하지 않고 평평하고 비스듬하다.', '생긴 모양 따위가 두드러진 특징이 없이 평범하다.'라는 뜻이다.
34. 적잖은 액수의 퇴직금은 받았지만 고향에 계시는 아버지의 위 수술 비용을 대고 나머지로 몇 달 생활하고 나니 빈털터리/빈털털이가 돼 버렸다.
'빈털터리'는 '재산을 다 없애고 아무것도 가진 것이 없는 가난뱅이가 된 사람.', '실속이 없이 떠벌리는 사람을 낮잡아 이르는 말.'의 의미이다.
35. 할머니가 돌아가시자 손녀는 다시 외톨이/외돌토리/외토리가 되었다.
'외톨이/외돌토리'는 '매인 데도 없고 의지할 데도 없는 홀몸.'을 말한다.
36. 우리 동네 아이들은 숨바꼭질/숨박꼭질과 줄넘기를 즐겨 한다.

'숨바꼭질'은 '아이들 놀이의 하나'이다. 여럿 가운데서 한 아이가 술래가 되어 숨은 사람을 찾아내는 것인데, 술래에게 들킨 아이가 다음 술래가 된다.

37. 어린아이들이 마당에 모여 앉아 소꿉놀이/소꼽놀이를 하고 있었다.
'소꿉놀이'는 '소꿉(아이들이 살림살이하는 흉내를 내며 놀 때 쓰는, 자질구레한 그릇 따위의 장난감.)을 가지고 노는 아이들의 놀이.'를 의미한다.

38. 사범이 널빤지/널판지 다섯 장을 겹쳐 놓고 격파하였다.
'널빤지'는 '판판하고 넓게 켠 나뭇조각.'을 의미한다. '나무판자, 널, 널판, 널판자, 널판장, 판, 판자(板子)'라고도 한다.

39. 나지막한 언덕으로 둘러싸여/둘러쌓여 있는 저수지의 물은 알맞게 찰랑거리고 있었다.
'둘러싸이다'는 '둘러서 감싸다.', '둥글게 에워싸다.', '어떤 것을 행동이나 관심의 중심으로 삼다.'라는 뜻이다.

40. 그들은 주위의 반대를 무릅쓰고/무릎쓰고 결혼식을 올렸다.
'무릅쓰다'는 '힘들고 어려운 일을 참고 견디다.', '뒤집어서 머리에 덮어쓰다.'라는 뜻이다.

41. 아이가 뛰어가다 넘어져 무르팍/무릎팍이 까졌다.
'무르팍'은 '무릎'을 속되게 이르는 말이다.

42. 토끼털로 만든 귀걸이/귀고리/귀거리를 찾아 들고 동수는 밖으로 나갔다.
'귀걸이/귀고리'는 '귀가 시리지 않도록 귀를 덮는 물건.', '귓불에 다는 장식품.'을 의미한다.

43. 거추장스러운/거치장스러운 우주복을 입지 않으면 기지 밖으로 나갈 수 없다.
'거추장스럽다'는 '물건 따위가 크거나 무겁거나 하여 다루기가 거북하고 주체스럽다.', '일 따위가 성가시고 귀찮다.'라는 뜻이다.

44. 골짜기에서 물 흐르는 소리란 그냥 꾸며 댄 말이었으므로 아씨는 되레 놀라면서 긴가민가/깅가밍가 귀를 기울였다.

'긴가민가'는 '그런지 그렇지 않은지 분명하지 않은 모양.'의 뜻이며, '기연미연'이라고도 한다.

45. 감자처럼 푸근푸근하지 않고 설컹거렸지만 그런대로 진득거리고 쌉싸래/쌉싸름한 맛이 있었다.

'쌉싸래하다'는 '조금 쓴 맛이 있는 듯하다.'라는 뜻이다.

46. 이 방은 신방으로 쓰기에 딱 십상/쉽상이겠다.

'십상이다'는 '일이나 물건 따위가 어디에 꼭 맞는 것.', '꼭 맞게.'라는 의미이다.

47. 딱쇠가 잠든 사이 보리와 쌀을 반반 섞어서 볶고 맷돌/멧돌에 갈았던 모양이다.

'맷돌'은 '곡식을 가는 데 쓰는 기구'이다. 둥글넓적한 돌 두 짝을 포개고 윗돌 아가리에 갈 곡식을 넣으면서 손잡이를 돌려서 간다. '돌매, 마석(磨石), 매, 석마(石磨), 연애(碾磑)'라고도 한다.

48. 봉숭아꽃을 돌멩이/돌맹이로 곱게 빻아 손톱에 물들였다.

'돌멩이'는 '돌덩이보다 작고 자갈보다 큰 돌.'을 일컫는다.

49. 사냥꾼은 노루의 발자국/발자욱을 따라 노루를 추격해 갔다.

'발자국'은 '발로 밟은 자리에 남은 모양.', '수량을 나타내는 말 뒤에 쓰여, 발을 한 번 떼어 놓는 걸음을 세는 단위.'를 나타낸다.

50. 하나같이 굼벵이/굼뱅이들이라서 아직 아무도 도착하지 않았다.

'굼벵이'는 '매미, 풍뎅이, 하늘소와 같은 딱정벌레목의 애벌레.'이다. 누에와 비슷하게 생겼으나 몸의 길이가 짧고 뚱뚱하다. 그리고 '동작이 굼뜨고 느린 사물이나 사람을 비유적'으로 이르는 말이다.

51. 노국 공주의 얼굴은 조금 해쓱/핼쓱하게 놀란 듯하다가 고개를

숙이어 잠자코 끝까지 왕의 말을 들었다.

'해쓱하다'는 '얼굴에 핏기나 생기가 없어 파리하다.'라는 뜻이다.

52. 어젯밤에 늦게 취침을 했더니 졸리고/졸립고 피곤하다.

'졸리다'는 '자고 싶은 느낌이 들다.'라는 뜻이다.

53. 남들은 내가 과부가 되어서 자식을 가르치지 못하고 호래자식/호로자식을 만들었다고 손가락질하고 욕하지 않느냐! 기막힌 일이다.

'호래자식'은 '배운 데 없이 막되게 자라 교양이나 버릇이 없는 사람을 낮잡아' 이르는 말이다. '호노자식, 호래아들'이라고도 한다.

54. 어머니는 며칠째 몸도 못 추스르고/추스리고 누워만 계신다.

'추스르다'는 '추어올려 다루다.', '몸을 가누어 움직이다.', '일이나 생각 따위를 수습하여 처리하다.'라는 뜻이다.

55. 아침을 치르고/치루고 대문을 나서던 참이었다.

'치르다'는 '무슨 일을 겪어 내다.', '아침, 점심 따위를 먹다.'라는 의미이다.

56. 그는 집에 가는 길에 술집을 들러/들어 한잔했다.

'들르다'는 '지나는 길에 잠깐 들어가 머무르다.'라는 뜻이다.

57. 실망하지 말고 오뚝이/오뚜기처럼 다시 일어서서 새로 시작해 봐.

'오뚝이'는 '밑을 무겁게 하여 아무렇게나 굴려도 오뚝오뚝 일어서는 어린아이들의 장난감.'을 의미한다.

58. 그는 변소 쇠창살을 두 손으로 움켜잡은 채, 멀어져 가는 그 소리를 두 귀를 곤두세워 아등바등/아둥바둥 쫓아갔다.

'아등바등'은 '무엇을 이루려고 애를 쓰거나 우겨 대는 모양.'을 의미한다.

59. 그 양복이 너한테는 딱 안성맞춤/안성마춤이로구나.

'안성맞춤'은 '요구하거나 생각한 대로 잘된 물건을 비유적으로 이르는 말.', '경기도 안성에 유기를 주문하여 만든 것처럼 잘 들어맞는다는 데서 유래한다.', '조건이나 상황이 어떤 경우나 계제에 잘 어울림.'의 뜻이다.

60. 그는 여러 논문을 짜깁기/짜집기하여 보고서를 작성하였다.
'짜깁기'는 '직물의 찢어진 곳을 그 감의 올을 살려 본디대로 흠집 없이 짜서 깁는 일.', '기존의 글이나 영화 따위를 편집하여 하나의 완성품으로 만드는 일.'의 의미이다.

61. 그녀는 배가 고파서 찌개/찌게에 밥을 비벼 먹었다.
'찌개'는 '뚝배기나 작은 냄비에 국물을 바특하게 잡아 고기, 채소, 두부 따위를 넣고, 간장, 된장, 고추장, 젓국 따위를 쳐서 갖은 양념을 하여 끓인 반찬.'을 의미한다.

62. 여름에는 메밀국수/모밀국수가 정말 맛있다.
'메밀국수'는 '메밀가루로 만든 국수.'를 뜻한다. '교맥면, 백면(白麵)'이라고도 한다.

63. 아귀를 콩나물, 미나리, 미더덕 따위의 재료와 함께 갖은 양념을 하고 고춧가루와 녹말풀을 넣어 걸쭉하게 찐 음식을 아귀찜/아구찜이라고 한다.
'아귀찜'은 '아귀를 콩나물, 미나리, 미더덕 따위의 재료와 함께 갖은 양념을 하고 고춧가루와 녹말풀을 넣어 걸쭉하게 찐 음식.'을 일컫는다.

64. 무릇 문학이나 학문이나 예술의 세계에서 선인의 훌륭한 작품을 통틀어서/통털어서 우리는 고전이라고 일컫는다.
'통틀다'는 '있는 대로 모두 한데 묶다.'라는 의미이다.

65. 영감은 한달음에 통째/통채 삼켜 버릴 것 같은 눈으로 한 놈씩 얼굴을 더듬었다.
'통째'는 '통째로' 꼴로 쓰여, '나누지 아니한 덩어리 전부.'를 말한다.

66. 그녀는 오래전부터 아들한테 가겠다고 되뇌고/되뇌이고 있다.
'되뇌다'는 '같은 말을 되풀이하여 말하다.'의 뜻이다.

67. 그 사람들한테 밥을 지어 준 대가로, 전 그 사람들한테서 밥찌꺼기하고 눌은밥/누룽밥을 얻어먹었어요.
'눌은밥'은 '솥 바닥에 눌어붙은 밥에 물을 부어 불려서 긁은 밥.'을 말한다.

68. 어머니는 한숨을 내쉬며 넋두리/넋풀이/넉두리 같은 혼잣말을 했다.
'넋두리/넋풀이'는 '불만을 길게 늘어놓으며 하소연하는 말.'을 의미한다.

69. 그는 당황하지 않고 곰곰이/곰곰히 혼자 대책을 궁리하였다.
'곰곰이'는 '여러모로 깊이 생각하는 모양.'을 말한다.

70. 그의 걸쭉한 너스레/너스래에 우리 모두 크게 웃었다.
'너스레'는 '수다스럽게 떠벌려 늘어놓는 말이나 짓.'을 일컫는다.

71. 옷은 새것이었으나 수염을 못 깎으셔서 콧수염에 구레나룻/구렛나루까지 거멓게 자라 있더군요.
'구레나룻'은 '귀밑에서 턱까지 잇따라 난 수염.'을 의미한다.

72. 어쨌든 돈 많고 전문학교 나왔으면 귀부인 흉내는 못 내도 새침데기/새침때기 흉내야 왜 못 내겠습니까?
'새침데기'는 '새침한 성격을 지닌 사람.'을 말한다.

73. 고무 코를 붙이고 두 볼에 빨간 점을 찍고 인생의 애환을 몸으로 그리는 서커스의 어릿광대/어리광대, 그의 얼간이 연기는 사람들의 배를 잡게 했고 어디서나 어린아이들 사랑을 독차지했다.
'어릿광대'는 '곡예나 연극 따위에서, 얼럭광대의 재주가 시작되기 전이나 막간에 나와 우습고 재미있는 말이나 행동으로 판을 어울리게 하는 사람.', '무슨 일에 앞잡이로 나서서 그 일을 시작하기 좋게 만들어 주는 사람을 비유적으로 이르는 말.'의 뜻이다.

74. 솔개 한 마리가 날갯죽지/날개쭉지를 펴고 빙 돌고 있었다.

'날갯죽지'는 '날개가 몸에 붙어 있는 부분.'을 일컫는다.

75. 옛날 선비들은 괴나리봇짐/개나리봇짐을 하나씩 둘러메고 과거를 보러 한양으로 왔다.

'괴나리봇짐'은 '걸어서 먼 길을 떠날 때에 보자기에 싸서 어깨에 메는 작은 짐.'을 뜻한다.

76. 돈 좀 있다고 사람을 이렇게 괄시/괄세해도 되는 겁니까?

'괄시하다'는 '업신여겨 하찮게 대하다.'라는 뜻이다.

77. 아이들이 연을 연방 꼬드기며/꾀며/꼬이며/꼬시며 놀고 있다.

'꼬드기다/꾀다/꼬이다'는 '그럴듯한 말이나 행동으로 남을 속이거나 부추겨서 자기 생각대로 끌다.'의 의미이다.

78. 나의 성미가 남달리 괴팍/괴퍅하여 사람을 싫어한다거나 하는 것은 아니다.

'괴팍하다'는 '붙임성이 없이 까다롭고 별나다.'라는 말이다.

79. 문벌이나 가세를 보아 억지로 혼인을 하였다가 내외 금실/금슬이 있게 지내는 사람은 열에 하나 백에 하나이오.

'금실'은 '부부간의 사랑.'을 의미하며, '금실지락, 이성지락'이라고도 한다.

80. 살림살이가 규모 있는 집일수록 잔치 설거지/설겆이가 매서운 법이다.

'설거지'는 '먹고 난 뒤의 그릇을 씻어 정리하는 일.'을 의미한다.

81. 형은 앞서 가고 있던 출입문이 세 개짜리인 큰 전차 뒤꽁무니/뒤꽁무늬까지 바싹 차를 몰아붙이다가는 홱 오른쪽으로 핸들을 틀어 비켜나며 앞질러 갔다.

'뒤꽁무니'는 '사물의 맨 뒤나 맨 끝.'을 의미한다.

82. 어머니께서는 해어진 양말 뒤꿈치/뒷꿈치를 꿰매었다.

'뒤꿈치'는 '신이나 양말 따위의 발뒤꿈치가 닿는 부분.'을 일컫는다.

83. 좁고 주름살 많은 이마 밑으로 찌푸려진 눈살/눈총/눈쌀과 튀어나온 광대뼈를 빤히 건너다보았다.

'눈살/눈총'은 '애정 있게 쳐다보는 눈.'을 말한다.

84. 수민이는 세수하면서 눈곱/눈꼽을 닦았다.

'눈곱'은 '눈에서 나오는 진득진득한 액, 또는 그것이 말라붙은 것.'을 일컫는다.

85. 척박한 언덕이 등 뒤에 있었고 수로 건너편 마주 보이는 곳은 햇볕에 등쌀/등살을 펴듯 산의 능선은 부드럽다.

'등쌀'은 '몹시 귀찮게 구는 짓.'을 의미한다.

86. 단출한/단촐한 살림에 먹을 사람도 없는 것이라 찹쌀 두 되를 쪘는데 아직도 두어 그릇이 남아 있었다.

'단출하다'는 '식구나 구성원이 많지 않아서 홀가분하다.', '일이나 차림차림이 간편하다.'라는 뜻이다.

87. 우리나라 고유의 전통 무예 가운데 하나이며, 유연한 동작을 취하며 움직이다가 순간적으로 손질, 발질을 하여 그 탄력으로 상대편을 제압하고 자기 몸을 방어하는 것을 태껸/택견이라고 한다.

'태껸'은 '우리나라 고유의 전통 무술'이다.

88. 인마/임마, 너나 잘해.

'인마'는 '이놈아'가 줄어든 말이다.

89. 날이 밝자 강 건너 선창에서 왁자지껄/왁짜지껄하고 떠드는 소리가 들려왔다.

'왁자지껄하다'는 '여럿이 정신이 어지럽도록 시끄럽게 떠들고 지껄이는 것이나, 또는 그런 소리가 나다.'라는 의미이다.

90. 건물 중간쯤으로 통하게 나 있는 대문은 칠흑/칠흙의 문짝을 큼직하게 끼운 웅장한 것이었는데….

'칠흑'은 '옻칠처럼 검고 광택이 있음, 또는 그런 빛깔.'을 일컫는다.

91. 알나리깔나리/얼레리꼴레리, 철수는 오줌싸개래요.

'알나리깔나리'는 '아이들이 남을 놀릴 때 하는 말.'을 나타낸다.

92. 동생들은 매일 아옹다옹/아웅다웅 싸우다가 어머니께 꾸중을 듣곤 한다.

'아옹다옹'은 '대수롭지 아니한 일로 서로 자꾸 다투는 모양.'을 의미한다.

93. 우리는…으스름/어스름해 가는 법당에 앉아, 언제나처럼 말없이 저마다의 생각에 잠겨 있었다.

'으스름하다'는 '빛 따위가 침침하고 흐릿하다.'라는 뜻이다.

94. 형사들은 범인을 잡기 위해 일주일간 잠복근무를 했으나 허탕/헛탕이었다.

'허탕'은 '어떤 일을 시도하였다가 아무 소득이 없이 일을 끝냄, 또는 그렇게 끝낸 일.'을 나타낸다.

95. 그들은 악담인지 으름장/어름장인지 모를 소리를 하고 나서 문밖으로 사라졌다.

'으름장'은 '말과 행동으로 위협하는 짓.'을 뜻한다.

96. 악수 세례가 쏟아지고 등을 두드리고, 체육 시간에는 헹가래/행가래까지 시키려고 했지만 형우가 도망을 쳤다.

'헹가래'는 '사람의 몸을 번쩍 들어 자꾸 내밀었다 들이켰다 하는 일.', '던져 올렸다 받았다 하는 일.', '기쁘고 좋은 일이 있는 사람을 축하하거나, 잘못이 있는 사람을 벌줄 때' 한다.

97. 깔끔하게 밥 먹는 모습이 참 예뻐/이뻐 보인다.

'예쁘다'는 '생긴 모양이 아름다워 눈으로 보기에 좋다.', '행동이나 동작이 보기에 사랑스럽거나 귀엽다.'의 뜻이다.

98. 아기/애기가 아장아장 걷는다.

'아기'는 '어린 젖먹이 아이.', '나이가 많지 않은 딸이나 며느리를 정답게 이르는 말'이다.

99. 식장을 가득 메운/메꾼 축하객들은 식장에 신랑이 들어오자, 모두 일어서서 박수를 쳤다.
'메우다'는 '통 따위의 둥근 물체에 테를 끼우다.', '체, 어레미 따위의 바퀴에 쳇불을 맞추어 씌우다.', '북, 장구 따위를 천이나 가죽을 씌워서 만들다.'라는 뜻이다.

100. 자네도 이 어려운 세월을 넘어가자면 제 몸 제 마음을 지키는 데 악바리/악발이가 되어야 하네.
'악바리'는 '성미가 깔깔하고 고집이 세며 모진 사람.', '지나치게 똑똑하고 영악한 사람.'을 의미한다.

101. 손님은 종업원에게 당장 주인을 불러오라고 닦달하였다/닥달하였다.
'닦달하다'는 '남을 단단히 윽박질러서 혼을 내다.'라는 뜻이다.

102. 한라산 봉우리/봉오리에 묵은 솜같이 우중충한 구름 덩이 하나 얹혀 있을 뿐 하늘은 여전히 멀겋게 비어 있었다.
'봉우리'는 '산에서 뾰족하게 높이 솟은 부분.'을 일컫는다. '봉(峯), 봉수(峯岫), 봉우리, 산령(山嶺), 산봉(山峯)'이라고도 한다.

103. 딸애는 틈만 나면 전화로 제 친구와 시시덕거렸다./히히덕거렸다.
'시시덕거리다'는 '실없이 웃으면서 조금 큰 소리로 계속 이야기하다.'라는 뜻이다. '시시덕대다'라고도 한다.

104. 우리의 이사 소동에 동네는 비로소 잠을 깨어 사람들은 들창을 열거나 길가에 면한 출입문으로 부스스한/부시시한 머리를 내밀었다.
'부스스하다'는 '머리카락이나 털 따위가 몹시 어지럽게 일어나거나 흐트러져 있다.'라는 뜻이다. '푸시시하다'라고도 한다.

105. 내가 담배 한 대를 다 피웠을 때 그녀는 한 팔에 핸드백을 걸

치고 있었고 빤질빤질하게 윤이 나는 검은색/검정/검정색 구두를 신고 있었다.

'검은색/검정'은 '숯이나 먹의 빛깔과 같이 어둡고 짙은 색.'을 일컫는다.

106. 막 잠에서 깨어난 아내는 머리칼이 온통 헝클어져/헝크러져 있었다.

'헝클어지다'는 '실이나 줄 따위의 가늘고 긴 물건이 풀기 힘들 정도로 몹시 얽히다.', '어떤 물건이 한데 뒤섞여 몹시 어지럽게 되다.', '일이 몹시 뒤섞여 갈피를 잡을 수 없게 되다.'라는 뜻이다.

107. 그 사람은 어수룩한/어리숙한 시골 사람들을 상대로 장사를 해서 많은 돈을 모았다.

'어수룩하다'는 '말이나 행동이 매우 숫되고 후하다.', '되바라지지 않고 매우 어리석은 데가 있다.', '제도나 규율에 의한 통제가 제대로 되지 않아 매우 느슨하다.'라는 뜻이다.

108. 오늘도 그 영감님은 복덕방에서 장기를 두다가 느지막이/느즈막이 집으로 가셨다.

'느지막이'는 '시간이나 기한이 매우 늦게.'의 뜻이다.

109. 우리 동네에는 나지막한/나즈막한 건물이 많다.

'나지막하다'는 '위치가 꽤 나직하다.', '소리가 꽤 나직하다.'의 뜻이다.

110. 국물을 많이 넣은 냄비에 해산물이나 야채 따위의 여러 가지 재료를 넣고 끓이면서 먹는 일본식 요리를 모둠냄비/모듬냄비라고 한다.

'모둠냄비'는 '일본식 요리'를 말한다.

111. 허둥지둥 달려온 자명은 집 안으로 들어서며 댓돌에 벗어 놓은 상호의 낯선/낯설은 고무신을 보았다.

'낯설다(낯선)'는 '전에 본 기억이 없어 익숙하지 아니하다.', '사물이 눈에 익지 아니하다.'라는 뜻이다.

112. 얼마를 돌아가니 사람의 그림자라곤 뵈지 않는 외딴/외따른 전각이 아늑하게 앞을 가로막았다.
'외딴'은 관형사이며, '외따로 떨어져 있는'의 뜻이다.

113. 내일 배낭여행을 떠난다는 생각에 마음이 설레어서/설레이어서 잠이 오지 않는다.
'설레다'는 '마음이 가라앉지 아니하고 들떠서 두근거리다.', '가만히 있지 아니하고 자꾸만 움직이다.'라는 뜻이다.

114. 아침부터 오던 눈이 개고/개이고 하늘에는 구름 한 점 없다.
'개다'는 '흐리거나 궂은 날씨가 맑아지다.', '언짢거나 우울한 마음이 개운하고 홀가분해지다.'라는 뜻이다.

115. 갑자기 가슴을 에는/에이는 듯한 슬픔이 몰아쳤다.
'에다'는 '칼 따위로 도려내듯 베다.', '마음을 몹시 아프게 하다.'라는 뜻이다.

116. 주모는 걸쭉한/걸찍한 말솜씨로 손님들의 흥을 돋우었다.
'걸쭉하다'는 '액체가 묽지 않고 꽤 걸다.', '말 따위가 매우 푸지고 외설스럽다.', '음식 따위가 매우 푸지다.', '노래 따위가 매우 구성지고 분위기에 어울리는 데가 있다.'라는 뜻이다.

117. 무언가 등 뒤가 섬뜩해서/섬찟해서 돌아보자 사내가 나를 노려보고 있었다.
'섬뜩하다'는 '갑자기 소름이 끼치도록 무섭고 끔찍하다.'라는 의미이다.

118. 잘못은 네가 해 놓고 되레/도리어/되려 나한테 화를 내면 어떡해?
'되레/도리어'는 '예상이나 기대 또는 일반적인 생각과는 반대되거나 다르게.'라는 뜻이다.

119. 나는 그가 젠체하며 거드름 피우는 꼴이 밉살/밉쌀스러웠다.
'밉살스럽다'는 '보기에 말이나 행동이 남에게 몹시 미움을 받을 만한 데가 있다.'라는 의미이다.

120. 난쟁이/난장이의 키는 두 여자의 어깨 밑까지밖에 안 찼다.
'난쟁이'는 '기형적으로 키가 작은 사람을 낮잡아 이르는 말.', '보통의 높이나 키보다 아주 작은 사물을 비유적으로 이르는 말.'을 일컫는다.

121. 그는 머리가 하얗고 주름이 있어 나이보다 늙수그레하다/늙수레하다/늑수레하다.
'늙수그레하다/늙수레하다'는 '꽤 늙어 보이다.'라는 뜻이다.

122. 범인이나 범죄 사건이 알쏭달쏭/알송달송 꼬리를 감춰 버리는 것을 좋아하신다는 말씀은 아니겠지요?
'알쏭달쏭'은 '여러 가지 빛깔로 된 점이나 줄이 고르지 않게 뒤섞여 무늬를 이룬 모양.', '그런 것 같기도 하고 그렇지 않은 것 같기도 하여 얼른 분간이 안 되는 모양.'을 일컫는다.

123. 가난뱅이 주제에 어쭙잖게/어줍잖게 자가용을 산대?
'어쭙잖다'는 '비웃음을 살 만큼 언행이 분수에 넘치는 데가 있다.', '아주 서투르고 어설프다. 또는 아주 시시하고 보잘것없다.'라는 뜻이다.

124. 멀쩡한 꿩을 보고 닭이라고? 억지/어거지도 가지가지이구려.
'억지'는 '잘 안될 일을 무리하게 기어이 해내려는 고집.'을 의미한다.

125. 길상은 별안간 마구간/마굿간에서 말을 꺼내어 이 사내랑 함께 타고 달아나고 싶은 충동을 느낀다.
'마구간'은 '말을 기르는 곳.'을 말한다. '구사(廏舍), 마구(馬廏), 마방간, 마사(馬舍), 말간'이라고도 한다.

126. 혼례를 치르면 먹을거리/먹거리가 많이 남기 때문에 동네 걸

인이 모여들기 마련이다.

'먹을거리'는 '사람이 먹고 살 수 있는 온갖 것.'을 의미한다.

127. 재래시장에는 떠버리/떠벌이 약장수가 있다.

'떠버리'는 '자주 수다스럽게 떠드는 사람을 낮잡아 이르는 말'이다.

128. 너는 시험이 코앞인데 만날/맨날 놀기만 하니?

'만날'은 '매일같이 계속하여서.'라는 뜻이다.

129. 조개껍데기를/조개껍질을 이어서 목걸이를 만들었다.

'조개껍데기'는 '조갯살을 겉에서 싸고 있는 단단한 물질.'을 의미한다.

130. 그는 화풀이라도 하듯 발부리/발뿌리로 돌을 걷어찼다.

'발부리'는 '발끝의 뾰족한 부분.', '어떤 물체의 기초나 아랫부분을 비유적으로 이르는 말'이다.

131. 그들은 마치 자기들이 당한 일이라도 되는 것처럼 게거품/개거품을 뿜어내며 새벽 호랑이처럼 으르렁댔다.

'게거품'은 '사람이나 동물이 몹시 괴롭거나 흥분했을 때 입에서 나오는 거품 같은 침.', '게가 토하는 거품.'을 뜻한다.

132. 둥구나무 무성한 이파리/잎파리마다 매미 소리가 물소리를 내며 쏟아지는데….

'이파리'는 '나무나 풀의 살아 있는 낱 잎.'을 말한다.

133. 햇볕에 앉아 있었으므로 어둠에 눈이 익숙지/익숙치 않았는데….

'익숙하다'는 '어떤 일을 여러 번 하여 서투르지 않은 상태에 있다.', '어떤 대상을 자주 보거나 겪어서 처음 대하지 않는 느낌이 드는 상태에 있다.'라는 의미이다.

134. 그렇게도 그립고 그렇게도 보고 싶던 남편을 지척에 두고 못 만나는 슬프고 애달픈/애닯은 마음이야 여북하랴마는….

'애달프다'는 '마음이 안타깝거나 쓰라리다.', '애처롭고 쓸쓸하다.'라는 의미이다.

135. 그네가 제상 위의 제물에서 고수레/고수래할 것을 조금씩 떼어 물 대접에 담자….

'고수레'는 '주로 흰떡을 만들 때에, 반죽을 하기 위하여 쌀가루에 끓는 물을 훌훌 뿌려서 물이 골고루 퍼져 섞이게 하는 일.', '주로 논농사에서, 갈아엎은 논의 흙을 물에 잘 풀리게 짓이기는 일.'의 의미이다.

민간 신앙에서, 산이나 들에서 음식을 먹을 때나 무당이 굿을 할 때, 귀신에게 먼저 바친다는 뜻으로 음식을 조금 떼어 던지는 일이다. 고시(高矢)는 단군 때에 농사와 가축을 관장하던 신장(神將)의 이름으로, 그가 죽은 후에도 음식을 먹을 때는 그에게 먼저 음식을 바친 뒤에 먹게 된 데서 유래한다.

136. 순철이 옆구리를 간질이다/간지르다.

'간질이다'는 '살갗을 문지르거나 건드려 간지럽게 하다.'라는 의미이다.

137. 식물의 가지, 줄기, 잎 따위를 자르거나 꺾어 흙 속에 꽂아 뿌리 내리게 하는 일을 꺾꽂이/꺾꽃이라고 한다.

'꺾꽂이'는 '식물의 가지, 줄기, 잎 따위를 자르거나 꺾어 흙 속에 꽂아 뿌리 내리게 하는 일.'을 의미한다. '삽목(揷木), 삽수(揷樹), 삽식(揷植), 삽지(揷枝)'라고 한다.

138. 아버지는 손자/손주를 보지 못한 채 칠십 고개에 마주 서 있는 형편이었다.

'손자'는 '아들의 아들, 또는 딸의 아들.'을 일컫는다. '남손, 손아'라고도 한다.

139. 명절이 되어 화려한 고깔/꼬깔에 채복을 두른 농악대가 집집이 돌아가며 지신을 밟아 주면…….

'고깔'은 '승려나 무당 또는 농악대들이 머리에 쓰는, 위 끝이 뾰족하게 생긴 모자.'를 말한다.

140. 우리가 탄 차는 야트막한/얕으막한 언덕길로 접어들었다.
'야트막하다'는 '조금 얕은 듯하다.'라는 뜻이다.

141. 할아버지 앞에서는 말을 한 마디도 허투루/헛투루 할 수가 없었다.
'허투루'는 '아무렇게나 되는대로.'라는 뜻이다.

142. 그녀는 메줏덩이들을 새끼 오라기로 얽매어서/얽메어서 벽의 구석 쪽에 달아 놓았다.
'얽매이다'는 '얽매다'의 피동사이다.

143. 그는 뙤약볕/뙤악볕 아래서 땀을 흘리며 일했다.
'뙤약볕'은 '여름날에 강하게 내리쬐는 몹시 뜨거운 볕.'을 뜻한다.

144. 이순신은 발목을 접질려서 복사뼈/복숭아뼈가 아프다고 엄살을 하는 것이었다.
'복사뼈'는 '발목 부근에 안팎으로 둥글게 나온 뼈.'를 일컫는다.

145. 봉선화/봉숭아/붕숭화로 물들인 갸름한 손톱은 떨리지도 않은 채 고왔다.
'봉선화/봉숭아'는 봉선화과의 한해살이풀이다. 줄기는 높이가 60cm 정도 되는 고성종(高性種)과 25~40cm로 낮은 왜성종(矮性種)이 있는데, 곧게 서며 살이 찌고 밑에는 마디가 있으며 막뿌리가 나오기도 한다. 잎은 어긋나고 피침 모양으로 잔톱니가 있다. 7~10월에 잎겨드랑이에서 나온 2~3개의 가는 꽃자루 끝에 붉은색, 흰색, 분홍색, 누런색 따위의 꽃이 아래로 늘어져서 핀다. 열매는 삭과(蒴果)로 잔털이 있으며, 익으면 탄성에 의하여 다섯 조각으로 갈라져 누런 갈색의 씨가 튀어 나와 먼 곳까지 퍼져 나간다. 꽃잎을 따서 백반, 소금 따위와 함께 찧어 손톱에 붉게 물을 들이기도 한다. 인도, 동남 아시아가 원산지로 전 세계에서 관상용으로 재배한다. '금봉화, 농동우, 봉숭아, 지갑화'라고도 한다.

146. 돌로 만든 할아버지라는 뜻으로, 제주도에서 안녕과 질서를 수호하여 준다고 믿는 수호 석신을 돌하르방/돌하루방이라고 한다.
'돌하르방'은 '벅수머리, 우석목'이라고도 한다.

147. 그들은 볼썽/볼쌍사나운 옥방 앞에 몰려들어 왁자지껄 떠들어 댔다.
'볼썽사납다'는 '어떤 사람이나 사물의 모습이 보기에 역겹다.' 라는 의미이다.

148. 일을 해 나가다 보니 상배로선 미처 생각지 못한, 그러나 으레 있을 수 있는 골칫거리/골치꺼리로 묻혀 있는 게 한두 가지가 아니었다.
'골칫거리'는 '성가시거나 처리하기 어려운 일.', '일을 잘못하거나 말썽만 피워 언제나 애를 태우게 하는 사람이나 사물.'의 뜻이다.

149. 네가 원한다면 구태여/구태어 나서지는 않겠다.
'구태여'는 부정하는 말과 어울려 쓰이거나 반문하는 문장에 쓰여, '일부러 애써.'라는 뜻이다.

150. 오늘도 김 씨는 빈속에 강술/깡술을 마셔 대고 있었다.
'강술'은 '안주 없이 마시는 술.'을 의미한다.

151. 불량 청년들의 해코지/해꼬지는 어른도 겁낸다.
'해코지'는 '남을 해치고자 하는 짓.'을 의미한다.

152. 심한 곱슬머리/꼽슬머리이기 때문에 머리 땋고 다니기를 허락받은 아이였다.
'곱슬머리'는 '고불고불하게 말려 있는 머리털. 또는 그런 머리털을 가진 사람.'을 일컫는다. '고수머리, 권발(卷髮)'이라고도 한다.

153. 직원들이 일할 생각은 안 하고 잡지 나부랭이/너부렁이/나부래기나 들여다보고 있다.
'나부랭이/너부렁이'는 '종이나 헝겊 따위의 자질구레한 오라기.', '어떤 부류의 사람이나 물건을 낮잡아 이르는 말.'을 나타낸다.

154. 내로라/내노라하는 재계의 인사들이 한곳에 모였다.
'내로라'는 '내로라하다'의 어근이다. '어떤 분야를 대표할 만하다.'라는 뜻이다.

155. 그러니까 빨리 가 보는 게 좋을 거라고 넌지시/넌즈시 권했다.
'넌지시'는 '드러나지 않게 가만히.'라는 뜻이다.

156. 작은 문 옆에 차가 드나들 수 있을 만큼 널따란/넓다란 문이 나 있다.
'널따란'은 실제적인 공간을 나타내는 명사와 함께 쓰여, '꽤 넓다.'라는 의미이다.

157. 차멀미로 토악질을 해 대어 나까지 메스껍게/메시껍게 만드는 할머니가 아니면….
'메스껍다'는 '먹은 것이 되넘어 올 것같이 속이 몹시 울렁거리는 느낌이 있다.', '태도나 행동 따위가 비위에 거슬리게 몹시 아니꼽다.'라는 뜻이다.

158. 우리는 그가 음모를 꾸민 사실에 아연실색/아연질색하여 아무 말도 할 수 없었다.
'아연실색(啞然失色)'은 '뜻밖의 일에 얼굴빛이 변할 정도로 놀람.'을 일컫는다. '크게 놀람.'으로 순화하였다.

159. 마당에 노적가리가 열둘이더라도 쌀 한 톨을 초판 쌀로 애바르게 여겨야 살림이 붇는/불는 것이고….
'붇다'는 '물에 젖어서 부피가 커지다.', '분량이나 수효가 많아지다.'라는 뜻이다.

160. 학부형들은 노골적으로 비아냥거리기/비양거리기 시작했고, 다소 실망하는 눈치들도 엿보였다.
'비아냥거리다'는 '얄밉게 빈정거리며 자꾸 놀리다.'라는 뜻이다. '비아냥대다.'라고도 한다.

161. 그는 김 선생에게서 창을 사사하였다/사사받았다.
'사사하다(師事--)'는 '스승으로 섬기다. 또는 스승으로 삼고 가르침을 받다.'라는 의미이다.

162. 사병들도 더 이상 길목을 막고 있을 수가 없어 흐지부지/시시부지 길을 터 주고 말았다.
'흐지부지'는 '확실하게 하지 못하고 흐리멍덩하게 넘어가거나 넘기는 모양.'을 의미한다.

163. 형제는 쌍동밤/쌍둥밤을 나누어 먹었다.
'쌍동밤'은 '한 껍데기 속에 두 쪽이 들어 있는 밤.'을 일컫는다.

164. 그는 세상 물정을 모르는 숙맥/쑥맥이다.
'숙맥(菽麥)'은 '콩과 보리를 아울러 이르는 말.', '사리 분별을 못하고 세상 물정을 잘 모르는 사람.'을 일컫는다. '숙맥불변'에서 나온 말이다.

165. 안주도 없이 술을 연거푸/연거퍼 들이켜고 그는 마지막 남은 한 대의 담배를 피워 물었다.
'연거푸'는 '잇따라 여러 번 되풀이하여.'라는 뜻이다.

166. 그녀는 쇠뼈를 세 번이나 우려/울궈먹었다.
'우려먹다'는 '음식 따위를 우려서 먹다.', '이미 썼던 내용을 다시 써먹다.'라는 의미이다.

167. 그의 연주가 끝나자 우레/우뢰와 같은 박수가 쏟아져 나왔다.
'우레'는 '천둥'과 같은 뜻이다.

168. 어머니가 멀건 육개장/육계장 국물이 담긴 오지그릇을 밀어

주며 하는 말에 철은 퍼뜩 아이답지 않은 회상에서 깨어났다. '육개장'은 '쇠고기를 삶아서 알맞게 뜯어 넣고, 얼큰하게 갖은 양념을 하여 끓인 국.'을 말한다.

169. 중앙선을 벗어난 차는 맞은편 인도의 전봇대/전선대를 들이받고 멈춰 섰다.
'전봇대'는 '전선이나 통신선을 늘여 매기 위하여 세운 기둥.', '키가 큰 사람을 비유적으로 이르는 말.'을 의미한다. '전간목, 전선주, 전신주, 전주(電柱)'라고도 한다.

170. 외촌동은 하루아침에 미군이 철수해 버린 기지촌처럼 썰렁해졌었고, 여태까지 천정부지/천장부지로 뛰어오르던 땅값은 폭락하여 버렸었다.
'천정부지(天井不知)'는 '천장을 알지 못한다는 뜻으로, 물가 따위가 한없이 오르기만 함을 비유적으로 이르는 말'이다. '하늘 높은 줄 모름.'으로 순화하였다.

171. 젊은 처녀가 하고 다니는 꼴이 도대체 그게 뭐니? 칠칠맞지 못하게/칠칠맞게.
'칠칠하다'는 주로 '못하다', '않다'와 함께 쓰여, '주접이 들지 아니하고 깨끗하고 단정하다.', 주로 '못하다', '않다'와 함께 쓰여, '성질이나 일 처리가 반듯하고 야무지다.'라는 뜻이다.

173. 술이 취하면 그는 주책없게/주책맞게 횡설수설하는 버릇이 있다.
'주책없다'는 '일정한 줏대가 없이 이랬다저랬다 하여 몹시 실없다.'라는 뜻이다.

174. 합격자 발표를 기다리며 안절부절못하다/안절부절하다.
'안절부절못하다'는 '마음이 초조하고 불안하여 어찌할 바를 모르다.'라는 의미이다.

175. 선잠을 깨어 잠투정으로/잠투세로 찜부럭을 부리는가 하였다.
'잠투정'은 '어린아이가 잠을 자려고 할 때나 잠이 깨었을 때

떼를 쓰며 우는 짓.'을 말한다.

176. 떫은 자두가/오얏이 새콤해지기만이라도 목마르게 기다리다 지친 나는 꼴깍 군침을 삼켰다.

'자두'는 '자두나무의 열매'이다. 살구보다 조금 크고 껍질 표면은 털이 없이 매끈하며 맛은 시큼하며 달콤하다. '자리(紫李)'라고도 한다.

177. 오늘은 선희네서 총각무/알타리무 다듬던데. 엄마, 우리도 총각깍두기는 그 아줌마더러 해 달래.

'총각무(總角-)'는 '무청째로 김치를 담그는, 뿌리가 잔 무.'를 말한다.

178. 그들은 길라잡이/길잡이/길앞잡이 등불도 없이 어둠을 더듬고 갔다.

'길라잡이/길잡이'는 '길을 인도해 주는 사람이나 사물.', '나아갈 방향이나 목적을 실현하도록 이끌어 주는 지침을 비유적으로 이르는 말'이다.

179. 그 기계는 조작 방법이 까다롭다/까탈지다/까탈스럽다.

'까다롭다/까탈지다'는 '조건 따위가 복잡하거나 엄격하여 다루기에 순탄하지 않다.', '성미나 취향 따위가 원만하지 않고 별스럽게 까탈이 많다.'라는 뜻이다.

180. 친구들은 킬킬대며 농지거리/농짓거리들을 주고받았다.

'농지거리(弄---)'는 '점잖지 아니하게 함부로 하는 장난이나 농담을 낮잡아 이르는 말'이다.

181. 손님이 먹다 남긴 요리 부스러기/부스럭지를 먹었다.

'부스러기'는 '잘게 부스러진 물건.', '쓸 만한 것을 골라내고 남은 물건.', '하찮은 사람이나 물건을 비유적으로 이르는 말'이다.

182. 아버지는 몹시 화가 나신 듯 얼굴이 붉으락푸르락/푸르락붉으

락 달아올랐다.

'붉으락푸르락'은 '몹시 화가 나거나 흥분하여 얼굴빛 따위가 붉게 또는 푸르게 변하는 모양.'을 의미한다.

183. 이 아이들은 한국 음악계를 밝게 비출 샛별/새벽별들이다.

'샛별'은 '금성(金星)'을 일상적으로 이르는 말이다. '계명(啓明), 계명성(啓明星), 명성(明星), 서성(曙星), 신성(晨星), 효성(曉星)'이라고도 한다. '장래에 큰 발전을 이룩할 만한 사람을 비유적으로 이르는 말'이다.

184. 그는 약속한 시간이 지나자 친구를 기다리며 수시로 손목시계/팔목시계/팔뚝시계를 들여다본다.

'손목시계'는 '손목에 차는 작은 시계.'를 말한다.

185. 그는 손바닥에 서너 개의 알사탕/구슬사탕을 꺼내 들었다.

'알사탕(-沙糖)'은 '알처럼 작고 둥글둥글하게 생긴 사탕.'을 말한다.

186. 정수리에 내리붓고 있는 햇볕이 뜨거웠던지 그녀는 무명 수건으로 반백의 머리를 덮고 또 그 위에다 똬리/또아리를 동그마니 올려놓았다.

'똬리'는 '짐을 머리에 일 때 머리에 받치는 고리 모양의 물건.', '둥글게 빙빙 틀어 놓은 것. 또는 그런 모양.'을 말한다.

187. 부엌이며 안방 드나드는 생쥐/새앙쥐들이 다 해 먹는 거야.

'생쥐'는 쥣과의 하나이다. 몸의 길이는 6~10cm, 꼬리의 길이는 5~10cm이다. 야생종은 몸 윗면이 잿빛을 띤 갈색이다. 인가에서 볼 수 있는 것은 검은 회색, 다색, 검은색 따위이고 몸 아랫면도 희지 않다. 귀가 크고 위턱의 앞니 뒷면에 점각이 있는데 위턱 제1어금니에 두 개의 돌기가 있다. 한 배에 3~8마리의 새끼를 한 해에 네 번 정도 낳는다. 유전학, 의학, 생리학 따위 여러 가지 실험용이나 애완용으로 기르며 야생종은

극지방을 제외한 전 세계에 분포한다. '정구(鯖鮈) · 혜서'라고 도 한다.

188. 나는 아무것도 모르고 있었구려/있었구료.

'-구려'는 '이다'의 어간, 형용사 어간 또는 어미 '-으시-', '-었-', '-겠-' 뒤에 붙어, 하오할 자리에 쓰여, 화자가 새롭게 알게 된 사실에 주목함을 나타내는 종결 어미이다. 흔히 감탄의 뜻이 수반된다.

동사 어간이나 어미 '-으시-' 뒤에 붙어, 하오할 자리에 쓰여, 상대에게 권하는 태도로 시키는 뜻을 나타내는 종결 어미이다.

189. 선생님께서는 출발 신호로 호루라기/호루루기를 부셨다.

'호루라기'는 '살구씨의 양쪽에 구멍을 뚫고 속을 파내어 만든 호각 모양의 부는 물건.', '호각이나 우레 따위'를 통틀어 이르는 말이다.

190. 이 산을 조금만 더 올라가면 주춧돌/주촛돌만이 여러 개 남아 있는 절터가 있다.

'주춧돌'은 '기둥 밑에 기초로 받쳐 놓은 돌.'을 말한다. '모퉁잇돌, 초반(礎盤), 초석(礎石)'이라고도 한다.

191. 이 딸이 집에 와 있으면 그만큼 살림에 부조/부주가 되고 의지가 되련마는 뺏긴 것이 아깝고 샘도 나는 것이었다.

'부조(扶助)'는 '잔칫집이나 상가(喪家) 따위에 돈이나 물건을 보내어 도와줌, 또는 돈이나 물건.', '남을 거들어서 도와주는 일.'을 일컫는다.

192. 서울을 수도로 정한 지 올해로 600돌/돐이 되었다.

'돌'은 '어린아이가 태어난 날로부터 한 해가 되는 날.', '생일이 돌아온 횟수를 세는 단위.', '특정한 날이 해마다 돌아올 때, 그 횟수를 세는 단위.'를 일컫는다.

193. 순간 웅보는 작년 봄 아버지와 함께 송월촌 윤 초시네 수태지

/수퇘지를 몰고 와서 양 진사네 암퇘지와 흘레를 붙이던 기억이 퍼뜩 살아났다.

'수퇘지'는 '돼지의 수컷.'을 일컫는다.

194. 쥐의 수컷을 숫쥐/수쥐라고 한다.

'숫쥐'는 '쥐의 수컷.'을 의미한다.

195. 지금 저쪽에서는 트집을 못 잡아 안달이니까, 괜히 선부른/섯부른 짓 하지 마라.

'선부르다'는 '솜씨가 설고 어설프다.'라는 뜻이다.

196. 금방 문을 박차고 총부리/총뿌리를 앞세운 누군가가 뛰어들 것만 같았다.

'총부리'는 '총에서 총구멍이 있는 부분.'을 말한다.

197. 아이는 등굣길/등교길에 문구점에 잠깐 들른다.

'등굣길'은 '학생이 학교로 가는 길.'을 의미한다.

198. 밖에서는 장맛비/장마비 가랑잎에 내리는 소리가 우수수 들려온다.

'장맛비'는 '장마 때에 오는 비.'를 의미한다. '음림(霪霖), 음우(霪雨), 장우(長雨)'라고도 한다.

199. 이상을 실현하기 위해서는 그만큼의 대가/댓가를 치러야 하는 법이다.

'대가(代價)'는 '일을 하고 그에 대한 값으로 받는 보수.', '노력이나 희생을 통하여 얻게 되는 결과. 또는 일정한 결과를 얻기 위하여 하는 노력이나 희생.'의 뜻이다.

200. 그의 말은 지나가는 인사말/인삿말이 아니라 진심에서 우러나오는 말이다.

'인사말(人事-)'은 '인사로 하는 말, 또는 인사를 차려 하는 말.'을 일컫는다.

201. 힘이 부쳐 다리가 후들거리고 방귀/방구가 뽕뽕 터져 나오는

건 예사였다.

'방귀'는 '음식물이 배 속에서 발효되는 과정에서 생기어 항문으로 나오는 구린내 나는 무색의 기체.'이며, '방기(放氣)'라고도 한다.

202. 마을에 닿았을 때 서편에 해가 뉘엿뉘엿/뉘엇뉘엇 떨어지고 있었다.

'뉘엿뉘엿'은 '해가 곧 지려고 산이나 지평선 너머로 조금씩 차츰 넘어가는 모양.', '속이 몹시 메스꺼워 자꾸 토할 듯한 상태.'를 일컫는다.

203. 예부터 윤달/군달이 든 해에는 이야깃거리가 많다.

'윤달'은 '윤년에 드는 달'이다. 달력의 계절과 실제 계절과의 차이를 조절하기 위하여, 1년 중의 달수가 어느 해보다 많은 달을 이른다. 즉, 태양력에서는 4년마다 한 번 2월을 29일로 하고, 태음력에서는 19년에 일곱 번, 5년에 두 번의 비율로 한 달을 더하여 윤달을 만든다. '윤월(閏月)'이라고도 한다.

204. 자기에게 불리한 사람은 수단 방법을 불구하고 일을 꾸며서까지 밀고하여 밀뜨려/밀트려/미뜨려 버려야 한다.

'밀뜨리다/밀트리다'는 '갑자기 힘 있게 밀어 버리다.'라는 뜻이다.

205. 닁큼/닝큼 일어나지 못하겠느냐?

'닁큼'은 '머뭇거리지 않고 단번에 빨리.'라는 뜻이다.

206. 배가 고팠던지 그는 밥그릇을 가랑이/가랭이 사이에 끼고 허겁지겁 먹었다.

'가랑이'는 '하나의 몸에서 끝이 갈라져 두 갈래로 벌어진 부분.', '바지 따위에서 다리가 들어가도록 된 부분.'을 일컫는다.

207. 사업 실패로 집안이 완전히 결딴났어/결단났어.

'결딴나다'는 '어떤 일이나 물건 따위가 아주 망가져서 도무지 손을 쓸 수 없는 상태가 되다.', '살림이 망하여 거덜 나다.'의 뜻이다.

208. 우리는국기 게양대/계양대를 보면서 국기에 대한 맹세를 하였다.
'게양대(揭揚臺)'는 '기(旗) 따위를 높이 걸기 위하여 만들어 놓은 대(臺).'를 일컫는다.

209. 술을 주는 대로 넙죽/넙쭉 받아 마시다가 금세 취해 버렸다.
'넙죽'은 '말대답을 하거나 무엇을 받아먹을 때 입을 너부죽하게 닁큼 벌렸다가 닫는 모양.', '몸을 바닥에 너부죽하게 대고 닁큼 엎드리는 모양.', '망설이거나 주저하지 않고 선뜻 행동하는 모양.'을 말한다.

210. 손님은 종업원에게 당장 주인을 불러오라고 닦달하였다/닥달하였다.
'닦달하다'는 '남을 단단히 윽박질러서 혼을 내다.'라는 뜻이다.

211. 독한 술을 여러 잔 들이마시는/들여마시는 걸 보니 안 좋은 일이 있나 본데.
'들이마시다'는 '물이나 술 따위를 목구멍으로 마구 넘기다.'라는 뜻이다.

212. 아버님 제사가 5월 며칟날/며칫날이지?
'며칟날'은 '며칠'의 본말이다.

213. 수위가 점점 차올라 머지않아/멀지않아 강이 범람할 것이다.
'머지않다'는 주로 '머지않아' 꼴로 쓰여, '시간적으로 멀지 않다.'라는 뜻이다.

214. 그는 자신의 행동이 멋쩍/멋적은지 뒷머리를 긁적이며 웃어 보였다.
'멋쩍다'는 '하는 짓이나 모양이 격에 어울리지 않다.', '어색하고 쑥스럽다.'라는 뜻이다.

215. 고기의 비곗덩어리/비곗덩이/비겟덩어리를 떼고 나니 살점은 별로 없었다.

'비곗덩어리/비곗덩이'는 '돼지 따위에서 뭉쳐진 비계의 덩어리.', '몹시 살찐 사람을 비유적으로 이르는 말.', '추잡하거나 무능한 사람을 속되게 이르는 말'이다.

216. 서희는 오지랖/오지랍을 걷고 아이에게 젖을 물린다.

'오지랖'은 '웃옷이나 윗도리에 입는 겉옷의 앞자락.'을 일컫는다.

217. 그들이 환자를 어둠침침/어두침침한 방공호 속으로 끌어 내린 것은 남의 눈에 띄지 않게 하기 위해서였다.

'어둠침침'은 '어둠침침하다'의 어근이다. '어둡고 침침하다.'라는 뜻이다.

218. 우리는 친구의 집을 못 찾아 골목에서 헤매고/해매고 다녔다.

'헤매다'는 '갈 바를 몰라 이리저리 돌아다니다.', '갈피를 잡지 못하다.', '어떤 환경에서 헤어나지 못하고 허덕이다.'라는 뜻이다.

219. 매를 많이 맞아서 엉덩이가 짓물렀다/진물렀다.

'짓무르다'는 '살갗이 헐어서 문드러지다.', '채소나 과일 따위가 너무 썩거나 무르거나 하여 푹 물크러지다.', '눈자위가 상하여서 핏발이 서고 눈물에 젖다.'라는 뜻이다.

220. 이번 입찰 경쟁에서 다른 회사보다 뒤처져서/뒤쳐져서는 안 되니 열심히 하시오.

'뒤처지다'는 '어떤 수준이나 대열에 들지 못하고 뒤로 처지거나 남게 되다.'라는 의미이다.

221. 훈련 나온 병사가 모두 소풍 나온 아이처럼 정신이 해이해/헤이해 있으니 무슨 훈련을 하겠어.

'해이하다'는 '긴장이나 규율 따위가 풀려 마음이 느슨하다.'라는 의미이다.

222. 산이 가팔라서/가파라서 보통 사람은 오르기 어렵다.

'가파르다'는 '산이나 길이 몹시 비탈지다.'라는 뜻이다.

223. 그녀는 추위에 떨었는지 입술이 시퍼렇게/싯퍼렇게 변해 있었다.

'시퍼렇다'는 '매우 퍼렇다.', '춥거나 겁에 질려 얼굴이나 입술 따위가 몹시 푸르께하다.', '날 따위가 몹시 날카롭다.'라는 뜻이다.

224. 벽지까지 길이 트여서/틔여서 가는 데에 하루가 안 걸린다.

'트이다'는 '트다'의 피동사이다. '막혀 있던 운 따위가 열려 좋은 상태가 되다.', '마음이나 가슴이 답답한 상태에서 벗어나게 되다.', '생각이나 지적 능력이 낮은 수준이나 정도에서 상당한 수준이나 정도에 이르게 되다.'라는 뜻이다.

225. 이곳은 교통의 요지라 사람의 왕래/왕내가 빈번하다.

'왕래(往來)'는 '가고 오고 함'의 뜻이다. '오감'으로 순화하였다.

226. 가난한 자에게 동정을 베풀다/베플다.

'베풀다'는 '일을 차리어 벌이다.', '남에게 돈을 주거나 일을 도와주어서 혜택을 받게 하다.'라는 뜻이다.

227. 나는 상호의 대답하는 내용이나 태도가 여간 아니꼽지 않았지만 지그시/지긋이 참았다.

'지그시'는 '슬며시 힘을 주는 모양.', '조용히 참고 견디는 모양.'을 의미한다.

228. 지갑을 주워/주어 경찰서에 맡겼다.

'줍다'는 '바닥에 떨어지거나 흩어져 있는 것을 집다.', '남이 분실한 물건을 집어 지니다.', '버려진 아이를 키우기 위하여 데려오다.', 주로 '주워'의 꼴로 다른 동사 앞에 쓰여, '이것저것 되는대로 취하거나 가져오다.'라는 의미이다.

229. 위에서 내리눌러 밟는 것을 지르밟다/지려밟다.

'지르밟다'는 '위에서 내리눌러 밟다.'라는 의미이다.

230. 정미는 휘둥글게/휘둥굴게 뜬 눈이 무섭다.

'휘둥글다'는 '놀라거나 두려워서 크게 뜬 눈이 유별나게 둥글다.'라는 뜻이다.

231. 정갈한 춤으로 단련된 그녀의 몸매는 가냘픈/갸냘픈 듯하면서도 탄력이 넘쳤다.
'가냘프다'는 '몸이나 팔다리 따위가 몹시 가늘고 연약하다.', '소리가 가늘고 약하다.'라는 의미이다.

232. 그는 부정의 표시로 고개를 살래살래/살레살레 흔들었다.
'살래살래'는 '작은 동작으로 몸의 한 부분을 가볍게 잇따라 가로흔드는 모양.'을 나타낸다.

233. 남은 삭정이와 장작개비/장작깨비로 함실아궁이를 가득 메우고 나서 쇠스랑을 쥐고 나와 방마다 다니며 덧문 고리를 걸었다.
'장작개비'는 '쪼갠 장작의 낱개.', '은어로, '담배'를 이르는 말'이다.

234. 방 안은 훈훈하고, 청수는 손바닥에 배/베는 땀을 느꼈다.
'배다'는 '스며들거나 스며 나오다.'라는 뜻이다.

235. 이삼십 개는 돼 보이는 체를 쳇바퀴/챗바퀴에 달린 고리로 둥글게 이어서 양쪽 어깨에 걸고 나갔다.
'쳇바퀴'는 '체의 몸이 되는 부분.'을 말한다. 얇은 나무나 널빤지를 둥글게 휘어 만든 테로, 이 테에 쳇불을 메워 체를 만든다.

236. 애들은 별 재미도 없는 얘기를 수군거리며/수근거리며 낄낄대고 있다.
'수군거리다'는 '남이 알아듣지 못하도록 낮은 목소리로 자꾸 가만가만 이야기하다.'라는 뜻이며, '수군대다'라고도 한다.

237. 만듦새/만듬새를 보니, 정성을 들인 것이 분명하다.
'만듦새'는 '물건이 만들어진 됨됨이나 짜임새.'를 의미한다.

238. 그는 혐의 사실을 딱 잡아뗐다/잡아땠다.
'잡아떼다'는 '아는 것을 모른다고 하거나 한 것을 아니하였다고 하다.'라는 뜻이다.

239. 그는 책의 중요한 부분에 붉은 연필로 테두리/태두리를 쳐 두

었다.

'테두리'는 '죽 둘러서 친 줄이나 금 또는 장식.', '둘레의 가장 자리.', '일정한 범위나 한계.'를 의미한다.

240. 그는 사내대장부의 체통/채통을 생각하여 눈물을 삼키고 울음을 참았다.

'체통'은 '지체나 신분에 알맞은 체면.', '관리로서의 체면.'을 의미한다.

241. 손바닥만 한 밭뙈기/밭떼기에 농사를 지어 살아가는 형편이다.

'밭뙈기'는 '얼마 안 되는 자그마한 밭.'을 뜻한다.

242. 약속 장소에 도착을 하려면 늑장/늦장/늣장을 피울 시간이 없다.

'늑장/늦장'은 '느릿느릿 꾸물거리는 태도.'를 의미한다.

243. 나는 큰 빗과 작은 빗, 면도칼 따위를 잽싸게 바꿔 들며 움직이는 이발사의 굳은살 박인/박힌 손을 바라보았다.

'박이다'는 '손바닥, 발바닥 따위에 굳은살이 생기다.'라는 의미이다.

244. 철봉에 매달려 턱걸이/턱거리를 하였다.

'턱걸이'는 '철봉을 손으로 잡고 몸을 올려 턱이 철봉 위까지 올라가게 하는 운동.'을 말한다.

245. 아침을 빵과 우유로 때우다/떼우다.

'때우다'는 '뚫리거나 깨진 곳을 다른 조각으로 대어 막다.', '단한 음식으로 끼니를 대신하다.'라는 의미이다.

246. 올해는 마늘장아찌/마늘짱아찌가 알맞게 삭았다.

'마늘장아찌'는 '마늘이나 마늘종, 마늘잎을 식초와 설탕에 절여 진간장에 넣어 두었다가 간이 밴 다음에 먹는 반찬.'을 뜻하며, '장선, 장산'이라고도 한다.

247. 장사가 잘 안되어서 텃세/텃새를 내고 나면 남는 것이 없다.

'텃세(-貰)'는 '터를 빌려 쓰고 내는 세.'의 의미이다.

248. 찌개가 맛깔스럽게/맛갈스럽게 뚝배기에서 끓었다.

'맛깔스럽다'는 '입에 당길 만큼 음식의 맛이 있다.', '마음에 들다.'라는 뜻이며, '맛깔나다'라고도 한다.

249. 목숨을 붙여 살려 하는 피란민/피난민들은…천 리 길을 멀다 않고 고금도로 모여든다.

'피란민(避亂民)'은 '난리를 피하여 가는 백성.'을 뜻한다.

250. 그는 술만 취하면 세간을 마구잡이/마구자비로 부순다.

'마구잡이'는 '이것저것 생각하지 아니하고 닥치는 대로 마구 하는 짓.'을 의미하며, '생잡이'라고도 한다.

251. 이 방의 자질구레/자질구래한 것들 좀 치워 버리고 정리를 해야겠다.

'자질구레'는 '자질구레하다'의 어근이다. '모두가 잘고 시시하여 대수롭지 아니하다.'라는 뜻이며, '자차분하다'라고도 한다.

252. 근무 전후의 자투리/짜투리 시간을 효과적으로 이용하였다.

'자투리'는 '자로 재어 팔거나 재단하다가 남은 천의 조각.', '어떤 기준에 미치지 못할 정도로 작거나 적은 조각.'을 의미한다.

253. 은행잎과 단풍잎을 책갈피/책깔피에 끼워 놓았다.

'책갈피'는 '책장과 책장의 사이.', '읽던 곳이나 필요한 곳을 찾기 쉽도록 책의 낱장 사이에 끼워 두는 물건을 통틀어 이르는 말'이다.

254. 만석이 노랫가락에 그들은 흥겹게 추임새/추임세를 넣었다.

'추임새'는 '판소리에서, 장단을 짚는 고수(鼓手)가 창(唱)의 사이사이에 흥을 돋우기 위하여 삽입하는 소리.'를 말한다. 예를들면, '좋지', '얼씨구', '흥' 따위이다.

255. 아닌 게 아니라 회민들은 어디 하룻강아지/하루강아지가 짖느냐는 듯이 오히려 욕설이 더 낭자하게 쏟아졌다.

'하룻강아지'는 '난 지 얼마 안 되는 어린 강아지.', '사회적 경험이 적고 얕은 지식만을 가진 어린 사람을 놀림조로 이르는 말'이다.

256. 옷소매가 너덜너덜하게 해지다/헤지다.

'해지다'는 '해어지다'의 준말이다. '닳아서 떨어지다.'의 뜻이다.

257. 그녀는 그 소문을 듣고 기가 막혀 까무러칠/까무라칠 뻔했다.

'까무러치다'는 '얼마 동안 정신을 잃고 죽은 사람처럼 되다.' 라는 뜻이다.

258. 바이올린을 켜다/키다.

'켜다'는 '현악기의 줄을 활 따위로 문질러 소리를 내다.'라는 뜻이다.

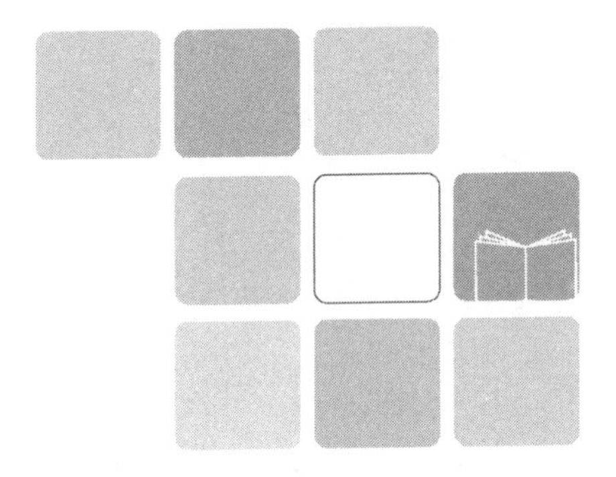

Ⅱ. 국어 어문 규정

- 한글 맞춤법_211
- 표준어 규정_247

차 례

한글 맞춤법 / 211

제1장 총칙 ··· 211

제2장 자모 ··· 212

제3장 소리에 관한 것 ··· 215

제1절 된소리 ··· 215

제2절 구개음화 ··· 216

제3절 'ㄷ' 소리 받침 ··· 217

제4절 모음 ··· 217

제5절 두음 법칙 ··· 218

제6절 겹쳐 나는 소리 ··· 220

제4장 형태에 관한 것 ··· 221

제1절 체언과 조사 ··· 221

제2절 어간과 어미 ··· 221

제3절 접미사가 붙어서 된 말 ··· 224

제4절 합성어 및 접두사가 붙은 말 ··· 228

제5절 준말 ··· 230

제5장 띄어쓰기 ··· 232

제1절 조사 ··· 232

제2절 의존 명사, 단위를 나타내는 명사 및 열거하는 말 등 ··· 232

제3절 보조 용언 ··· 233

제4절 고유 명사 및 전문 용어 ··· 233

제6장 그 밖의 것 ··· 233

부록 문장부호 ··· 239

표준어 규정 / 247

제1부 표준어 사정 원칙 ······ 247

제1장 총칙 ······ 247

제2장 발음 변화에 따른 표준어 규정 ······ 247

제1절 자음 ······ 247

제2절 모음 ······ 249

제3절 준말 ······ 252

제4절 단수 표준어 ······ 253

제5절 복수 표준어 ······ 254

제3장 어휘 선택의 변화에 따른 표준어 규정 ······ 254

제1절 고어 ······ 254

제2절 한자어 ······ 255

제3절 방언 ······ 256

제4절 단수 표준어 ······ 256

제5절 복수 표준어 ······ 257

제2부 표준 발음법 ······ 260

제1장 총칙 ······ 260

제2장 자음과 모음 ······ 261

제3장 소리의 길이 ······ 267

제4장 받침의 발음 ······ 269

제5장 소리의 동화 ······ 276

제6장 된소리되기 ······ 280

제7장 소리의 첨가 ······ 284

한글 맞춤법

제1장 총 칙

제1항 한글 맞춤법은 표준어를 소리대로 적되, 어법에 맞도록 함을 원칙으로 한다.

한글 맞춤법[正書法]의 대원칙(大原則)을 정한 것이다. '표준어(標準語)를 소리대로[表音主義] 적는다'라는 근본 원칙에 '어법에 맞도록 한다[表意主義]'는 조건이 붙어 있다.

맞춤법[正書法]이란 자모(字母, 낱글자)를 맞추어서 글을 쓰는 법[音素文字, 표음 문자 가운데 음소적 단위의 음을 표기하는 문자]을 말한다. 표준어(標準語)는 '교양(敎養)있는 사람들이 두루 쓰는 현대(現代) 서울말'로 정함을 원칙으로 한다(표준어규정, 문교부 고시 제88-2호, 1988. 1. 19.).

'표준어(標準語)를 소리대로 적되'라는 것은 자음(子音)과 모음(母音)의 결합형식에 의하여 표준어를 소리대로 표기하는 것이 근본원칙이다. 어법(語法)이란 언어 조직의 법칙, 또는 언어 운용의 법칙을 말한다.

'어법(語法)에 맞도록 함을 원칙'으로 한다는 것은 뜻을 파악하기 쉽도록 하기 위하여 각 형태소(形態素, 의미를 가진 최소의 단위)의 본 모양을 밝히어 적는다는 말이다. 형태소는 의미에 따라 실질형태소(하늘, 땅, 사람, 맑- 등)와 형식형태소(에게, 조차, -다 등)라 나뉜다. 또한 자립성 유무에 따라서 자립형태소(하늘, 노래 등)와 의존형태소(이, 맑-, -다)로 나눌 수 있다.

제2항 문장의 각 단어는 띄어 씀을 원칙으로 한다.

문장(文章)이란 어떤 생각이나 느낌을 줄거리를 세워 글자로써 적어 나타낸 것을 일컫고, '글월, 문'이라고도 한다. 단어(單語, 자립할 수 있는 말이나, 자립할 수 있는 형태소에 붙어서 쉽게 분리할 수 있는 말)는 독립적으로 쓰이는 말의 단위이다.

띄어쓰기의 필요성은 첫째, 의미적 단위의 경계를 표시함으로써 독서의 능률(能率)을 높이고 내용을 이해하기 쉽게 하며, 둘째, 해석상의 오해를 방지하여 뜻을 바르게 파악하기 위함이다.

제3항 외래어는 '외래어 표기법'에 따라 적는다(문교부 고시 제85-11호, 1986. 1. 7.).

외래어(外來語)란 외국말이 들어와서 한국말처럼 굳어진 것을 일컫는다. '차용어(借用語), 들온말'이라고도 한다. 외래어의 표기에서는 각 언어가 지닌 특질이 고려되어야 하므로 외래어 표기법을 따로 정하고(1986년 1월 7일 문교부 고시), 그 규정에 따라 적도록 한 것이다.

제 2 장 자 모

제4항 한글 자모의 수는 스물넉 자로 하고, 그 순서와 이름은 다음과 같이 정한다.

ㄱ(기역), ㄴ(니은), ㄷ(디귿), ㄹ(리을), ㅁ(미음), ㅂ(비읍),
ㅅ(시옷), ㅇ(이응), ㅈ(지읒), ㅊ(치읓), ㅋ(키읔), ㅌ(티읕),
ㅍ(피읖), ㅎ(히읗)
ㅏ(아), ㅑ(야), ㅓ(어), ㅕ(여), ㅗ(오), ㅛ(요), ㅜ(우), ㅠ(유),
ㅡ(으), ㅣ(이)

한글 자모(字母, 한 개의 음절을 자음과 모음으로 분석하여 적을 수 있는 글자)의 수는 자음 14자, 모음 10자로 합이 24자이다. '기역, 디귿, 시옷'처럼 예외의 명칭이 생긴 이유가 훈몽자회(訓蒙字會, '其役, 池末, 時衣')에서 보이고 있다. 한글 창제 당시 자모는 기존 24자에 'ㆆ, ㆁ, ㅿ, ㆍ'를 합하여 28자였다.

<초성>

	基本字	發音器官 象形	加劃字	異體字
아음(牙音)	ㄱ	혀뿌리가 목구멍을 막는 모양	ㅋ	ㆁ
설음(舌音)	ㄴ	혀가 윗잇몸에 닿는 모양	ㄷ ㅌ	
순음(脣音)	ㅁ	입의 모양	ㅂ ㅍ	
치음(齒音)	ㅅ	이의 모양	ㅈ ㅊ	
후음(喉音)	ㅇ	목구멍의 모양	ㆆ ㅎ	
반설음(半舌音)				ㄹ
반치음(半齒音)				ㅿ

<중성>

◎ 기본자

글 자	혀의 위치	상 형	모 양	혀의 모양
ㆍ	深	天	圓	縮
ㅡ	不深不淺	地	平	小縮
ㅣ	淺	人	立	不縮

◎ 초출자

形	합 자 형 태	입 술 모 양
ㅗ	ㆍ와 ㅡ	입을 오므린다
ㅏ	ㅣ와 ㆍ	입을 벌린다
ㅜ	ㅡ와 ㆍ	입을 오므린다
ㅓ	ㆍ와 ㅣ	입을 벌린다

◎ 재출자

形	발음의 시작과 끝의 내용
ㅛ	ㅣ → ㅗ
ㅑ	ㅣ → ㅏ
ㅠ	ㅣ → ㅜ
ㅕ	ㅣ → ㅓ

종합하면, 자음(子音)은 'ㄱ, ㅋ, ㆁ(牙音)', 'ㄷ, ㅌ, ㄴ(舌音)', 'ㅂ, ㅍ, ㅁ(脣音)', 'ㅈ, ㅊ, ㅅ(齒音)', 'ㆆ, ㅎ, ㅇ(喉音)', 'ㄹ(半舌音)', 'ㅿ(半齒音)'으로 17자이며, 모음(母音)은 'ㆍ, ㅡ, ㅣ', 'ㅗ, ㅏ, ㅜ, ㅓ', 'ㅛ, ㅑ, ㅠ, ㅕ'로 11자이다.

[붙임 1] 위의 자모로써 적을 수 없는 소리는 두 개 이상의 자모를 어울러서 적되, 그 순서와 이름은 다음과 같이 정한다.

ㄲ(쌍기역), ㄸ(쌍디귿), ㅃ(쌍비읍), ㅆ(쌍시옷), ㅉ(쌍지읒)
ㅐ(애), ㅒ(얘), ㅔ(에), ㅖ(예), ㅘ(와), ㅙ(왜), ㅚ(외), ㅝ(워), ㅞ(웨), ㅟ(위), ㅢ(의)

[붙임 2] 사전에 올릴 적의 자모 순서는 다음과 같이 정한다.

자음 ㄱ ㄲ ㄴ ㄷ ㄸ ㄹ ㅁ ㅂ ㅃ ㅅ ㅆ ㅈ ㅉ ㅊ ㅋ ㅌ ㅍ ㅎ
모음 ㅏ ㅐ ㅑ ㅒ ㅓ ㅔ ㅕ ㅖ ㅗ ㅘ ㅙ ㅚ ㅛ ㅜ ㅝ ㅞ ㅟ ㅠ ㅡ ㅢ ㅣ

사전에 올릴 적의 차례를 정하였는데, 글자의 차례가 일정하지 않기 때문에 사전 편찬자의 임의로 배열하는 데 따른 혼란을 적게 하기 위한 것이다. 받침 글자의 순서는 다음과 같다.

ㄱ, ㄲ, ㄳ, ㄴ, ㄵ, ㄶ, ㄷ, ㄹ, ㄺ, ㄻ, ㄼ, ㄽ, ㄾ, ㄿ, ㅀ, ㅁ, ㅂ, ㅄ, ㅅ, ㅆ, ㅇ, ㅈ, ㅊ, ㅋ, ㅌ, ㅍ, ㅎ(27개)

제 3 장 소리에 관한 것

제 1 절 된소리

제5항 한 단어 안에서 뚜렷한 까닭 없이 나는 된소리는 다음 음절의 첫소리를 된소리로 적는다.

'한 단어 안'이란 하나의 형태소 내부를 뜻한다. '소쩍-새'는 두 개 형태소로 분석되는 구조이긴 하지만 된소리 문제는 그중 한 형태소에만 해당하는 것이다.

'뚜렷한 까닭 없이 나는 된소리[硬音]'는 한 개의 단어 속에 포함된 둘 혹은 그 이상의 음절(音節, 단어 또는 단어의 일부를 이루며 하나의 종합된 음의 느낌을 주는 음의 단위)이다. 몇 개의 음소(音素, 그 이상 더 작게 나눌 수 없는 음운론상의 최소 단위이며, '낱소리'라고도 한다.)로 이루어지며, 각각 또는 두 덩어리 이상의 독립된 의미를 가지고 있을 경우에는 그 중간에 끼여 있는 자음을 아래 음절의 첫소리로 적을 수 없다.

1. 두 모음 사이에서 나는 된소리

소쩍새, 어깨, 으뜸, 부썩, 어찌, 이따금, 기쁘다, 나쁘다, 미쁘다, 바쁘다

한 개 형태소 내부의 두 모음 사이에서 나는 된소리는 된소리로 적는다. 예를 들면, '솟적새>소쩍새, 엇개>어깨, 읏듬>으뜸, 붓석>부썩, 엇지>어찌, 잇다금>이따금' 등이 있다.

'꾀꼬리, 메뚜기, 부뚜막, 새끼, 가꾸다, 가까이, 부쩍'은 한 개 형태소 내부에 있어서 두 모음 사이에서는 된소리로 적는다.

다만, '기쁘다(깃브다), 나쁘다(낮브다), 미쁘다(믿브다), 바쁘다(밫브다)'는 어원적인 형태가 양 괄호( )처럼 해석되지만 현실적으

로 그 원형이 인식되지 않으므로 본 항에서 다룬 것이다.

2. 'ㄴ, ㄹ, ㅁ, ㅇ' 받침 뒤에서 나는 된소리

잔뜩, 살짝, 움찔, 엉뚱하다

한 개 형태소 내부의 유성음(有聲音) 'ㄴ, ㄹ, ㅁ, ㅇ' 뒤에서 나는 된소리는 된소리로 적는다. 예를 들면, '단짝, 번쩍, 물씬, 절뚝거리다, 듬뿍, 함빡, 늘씬, 날짜, 널찍, 껑뚱하다, 뭉뚱그리다' 등이 있다.

다만, 'ㄱ, ㅂ' 받침 뒤에서 나는 된소리는, 같은 음절이나 비슷한 음절이 겹쳐 나는 경우가 아니면 된소리로 적지 아니한다.

국수, 깍두기, 색시, 법석, 갑자기

예를 들면, '꼭두각시, 작대기, 각시, 속삭속삭, 뜯게질(해지고 낡아서 입지 못하게 된 옷이나 빨래할 옷의 솔기를 뜯어내는 일), 벋정다리, 숨바꼭질, 쭉정이, 갑갑하다, 껍데기, 맵시, 껍질, 넓적, 숫제(순박하고 진실하게), 덮개, 옆구리, 높다랗다, 깊숙하다, 읊조리다, 늑대, 낙지, 접시, 납작하다' 등이다.

제 2 절 구개음화

제6항 'ㄷ, ㅌ' 받침 뒤에 종속적 관계를 가진 '-이(-)'나 '-히-'가 올 적에는 그 'ㄷ, ㅌ'이 'ㅈ, ㅊ'으로 소리나더라도 'ㄷ, ㅌ'으로 적는다(ㄱ을 취하고, ㄴ을 버림.).

ㄱ	ㄴ	ㄱ	ㄴ
핥이다	할치다	해돋이	해도지
굳이	구지	닫히다	다치다

제 3 절 'ㄷ' 소리 받침

제7항 'ㄷ' 소리로 나는 받침 중에서 'ㄷ'으로 적을 근거가 없는 것은 'ㅅ'으로 적는다.

덧저고리, 엇셈, 핫옷, 사뭇

제 4 절 모음

제8항 '계, 례, 몌, 폐, 혜'의 'ㅖ'는 'ㅔ'로 소리나는 경우가 있더라도 'ㅖ'로 적는다(ㄱ을 취하고, ㄴ을 버림.).

사례(謝禮)	사레	계집	게집
연몌(連袂)	연메	핑계	핑게

다만, 다음 말은 본음대로 적는다.

게송(偈頌), 게시판(揭示板), 휴게실(休憩室)

제9항 '의'나, 자음을 첫소리로 가지고 있는 음절의 'ㅢ'는 'ㅣ'로 소리 나는 경우가 있더라도 'ㅢ'로 적는다(ㄱ을 취하고 ㄴ을 버림.).

ㄱ	ㄴ	ㄱ	ㄴ
의의(意義)	의이	큼	닝큼
보늬	보니	틔어	티어
오늬	오니	희망(希望)	히망
하늬바람	하늬바람	희다	히다

'의'는 환경에 따라 몇 가지 다른 발음으로 실현되고 있다.

① 자음을 가지지 않는 어두의 '의': [의], '의의(의이)'

② 자음을 첫소리로 가지고 있는 음절의 '의': [이], '오늬(오니)'

③ 단어의 첫 음절 이외의 '의': [이], '본의(본이)'

④ 조사의 '의': [에], '우리의(우리의/우리에)'

제 5 절 두음 법칙

제10항 한자음 '녀, 뇨, 뉴, 니'가 단어 첫머리에 올 적에는 두음 법칙에 따라 '여, 요, 유, 이'로 적는다(ㄱ을 취하고 ㄴ을 버림.).

ㄱ	ㄴ	ㄱ	ㄴ
여자(女子)	녀자	유대(紐帶)	뉴대
요소(尿素)	뇨소	익명(匿名)	닉명

다만, 다음과 같은 의존 명사에서는 '냐, 녀' 음을 인정한다.

냥(兩), 냥쭝(兩-), 년(年), (몇 년)

[붙임 1] 단어의 첫머리 이외의 경우에는 본음대로 적는다.

남녀(男女), 당뇨(糖尿), 은닉(隱匿)

[붙임 2] 접두사처럼 쓰이는 한자가 붙어서 된 말이나 합성어에서, 뒷말의 첫소리가 'ㄴ'소리로 나더라도 두음 법칙에 따라 적는다.

신여성(新女性), 공염불(空念佛), 남존여비(男尊女卑)

[붙임 3] 둘 이상의 단어로 이루어진 고유 명사를 붙여 쓰는 경우에도 [붙임 2]에 준하여 적는다.

한국여자대학, 대한요소비료회사

제11항 한자음 '랴, 려, 례, 료, 류, 리'가 단어의 첫머리에 올 적에는 두음 법칙에 따라 '야, 여, 예, 요, 유, 이'로 적는다(ㄱ을 취하고 ㄴ을 버림.).

ㄱ	ㄴ	ㄱ	ㄴ
양심(良心)	량심	용궁(龍宮)	룡궁
예의(禮儀)	례의	이발(理髮)	리발

다만, 다음과 같은 의존 명사는 본음대로 적는다.

리(里) : 몇 리냐?
리(理) : 그럴 리가 없다.

[붙임 1] 단어의 첫머리 이외의 경우에는 본음대로 적는다.

사례(謝禮), 와룡(臥龍), 쌍룡(雙龍), 도리(道理), 진리(眞理)

다만, 모음이나 'ㄴ' 받침 뒤에 이어지는 '렬', '률'은 '열', '율'로 적는다(ㄱ을 취하고 ㄴ을 버림).

ㄱ	ㄴ	ㄱ	ㄴ
규율(規律)	규률	선율(旋律)	선률
실패율(失敗率)	실패률	백분율(百分率)	백분률

[붙임 2] 외자로 된 이름을 성에 붙여 쓸 경우에도 본음대로 적을 수 있다.

신립(申砬), 채륜(蔡倫)

[붙임 3] 준말에서 본음으로 소리 나는 것은 본음대로 적는다.

국련(국제연합), 대한교련(대한교육연합회)

[붙임 4] 접두사처럼 쓰이는 한자가 붙어서 된 말이나 합성어에서 뒷말의 첫소리가 'ㄴ' 또는 'ㄹ'소리가 나더라도 두음 법칙에 따라 적는다.

역이용(逆利用), 해외여행(海外旅行)

제12항 한자음 '라, 래, 로, 뢰, 루, 르'가 단어의 첫머리에 올 적에는 두음법칙에 따라 '나, 내, 노, 뇌, 누, 느'로 적는다(ㄱ을 취하고 ㄴ을 버림).

ㄱ	ㄴ
낙원(樂園)	락원
능묘(陵墓)	릉묘

[붙임 1] 단어의 첫머리 이외의 경우는 본음대로 적는다.

왕래(往來), 부로(父老), 연로(年老), 광한루(廣寒樓), 가정란(家庭欄)

[붙임 2] 접두사처럼 쓰이는 한자가 붙어서 된 단어는 뒷말을 두음 법칙에 따라 적는다.

상노인(上老人), 비논리적(非論理的)

제 6 절 겹쳐 나는 소리

제13항 한 단어 안에서 같은 음절이나 비슷한 음절이 겹쳐 나는 부분은 같은 글자로 적는다(ㄱ을 취하고 ㄴ을 버림.).

ㄱ	ㄴ	ㄱ	ㄴ
딱딱	딱닥	꼿꼿하다	꼿곳하다
쓱싹쓱싹	쓱삭쓱삭	싹싹하다	싹삭하다
연연불망(戀戀不忘)	연련불망	씁쓸하다	씁슬하다

그러나 한자가 겹치는 모든 경우에 같은 글자로 적는 것은 아니다. 예를 들면, '낭랑(朗朗)하다, 냉랭(冷冷)하다, 녹록(碌碌)하다, 늠름(凜凜)하다, 연년생(年年生), 염념불망(念念不忘), 역력(歷歷), 적나라(赤裸裸)하다' 등이 있다.

제 4 장 형태에 관한 것

제 1 절 체언과 조사

제14항 체언은 조사와 구별하여 적는다.

손이 손을 손에 손도 손만
넋이 넋을 넋에 넋도 넋만

제 2 절 어간과 어미

제15항 용언의 어간과 어미는 구별하여 적는다.

좇다	좇고	좇아	좇으니
훑다	훑고	훑어	훑으니
읊다	읊고	읊어	읊으니

[붙임 1] 두 개의 용언이 어울려 한 개의 용언이 될 적에, 앞말의 본뜻이 유지되고 있는 것은 그 원형을 밝히어 적고, 그 본뜻에서 멀어진 것은 밝히어 적지 아니한다.

(1) 앞말의 본뜻이 유지되고 있는 것

넘어지다, 되짚어가다, 벌어지다, 틀어지다, 흩어지다

(2) 본뜻에서 멀어진 것

드러나다, 사라지다, 쓰러지다

[붙임 2] 종결형에서 사용되는 어미 '-오'는 '요'로 소리 나는 경우가 있더라도 그 원형을 밝혀 '오'로 적는다(ㄱ을 취하고 ㄴ을 버림.).

ㄱ	ㄴ
이것은 책이오.	이것은 책이요.
이것은 책이 아니오.	이것은 책이 아니요.

[붙임 3] 연결형에서 사용되는 '이요'는 '이요'로 적는다(ㄱ을 취하고 ㄴ을 버림.).

ㄱ. 이것은 책이요, 저것은 붓이요, 또 저것은 먹이다.
ㄴ. 이것은 책이오, 저것은 붓이오, 또 저것은 먹이다.

제16항 어간의 끝음절 모음이 'ㅏ, ㅗ'일 때에는 어미를 '-아'로 적고, 그 밖의 모음일 때에는 '-어'로 적는다.

1. '-아'로 적는 경우

나아	나아도	나아서
얇아	얇아도	얇아서
보아	보아도	보아서

2. '-어'로 적는 경우

개어	개어도	개어서
되어	되어도	되어서

제17항 어미 뒤에 덧붙는 조사 '-요'는 '-요'로 적는다.

읽어	읽어요
좋지	좋지요

제18항 다음과 같은 용언들은 어미가 바뀔 경우, 그 어간이나 어미가 원칙에 벗어나면 벗어나는 대로 적는다.

1. 어간의 끝 'ㄹ'이 줄어질 적

놀다 :	노니	논	놉니다	노시다	노오
둥글다 :	둥그니	둥근	둥급니다	둥그시다	둥그오

[붙임] 다음과 같은 말에서도 'ㄹ'이 준 대로 적는다.

마지못하다, 마지않다, (하)다마다, (하)자마자

2. 어간의 끝 'ㅅ'이 줄어질 적

긋다 : 그어 그으니 그었다
잇다 : 이어 이으니 이었다

3. 어간의 끝 'ㅎ'이 줄어질 적

동그랗다 : 동그라니 동그랄 동그라면 동그랍니다 동그라오
하얗다 : 하야니 하얄 하야면 하얍니다 하야오

4. 어간의 끝 'ㅜ, ㅡ'가 줄어질 적

푸다 : 퍼 펐다
담그다 : 담가 담갔다

5. 어간의 끝 'ㄷ'이 'ㄹ'로 바뀔 적

걷다[步] : 걸어 걸으니 걸었다
듣다[聽] : 들어 들으니 들었다

6. 어간의 끝 'ㅂ'이 'ㅜ'로 바뀔 적

깁다 : 기워 기우니 기웠다
괴롭다 : 괴로워 괴로우니 괴로웠다

다만, '돕-, 곱-'과 같은 단음절 어간에 어미 '-아'가 결합되어 '와'로 소리 나는 것은 '-와'로 적는다.

돕다[助] : 도와, 도와서, 도와도, 도왔다
곱다[麗] : 고와, 고와서, 고와도, 고왔다

7. '하다'의 어미 활용에서 어미 '-아'가 '-여'로 바뀔 적

하다 : 하여 하여서 하여도 하여라 하였다

8. 어간의 끝음절 '르'뒤에 오는 어미 '-어'가 '-러'로 바뀔 적

이르다[至] : 이르러 이르렀다
노르다 : 노르러 노르렀다
누르다 : 누르러 누르렀다
푸르다 : 푸르러 푸르렀다

9. 어간의 끝음절 '르'의 'ㅡ'가 줄고, 그 위에 오는 어미 '-아/-어'가 '-라/-러'로 바뀔 적

가르다 : 갈라 갈랐다
벼르다 : 별러 별렀다

제 3 절 접미사가 붙어서 된 말

제19항 어간에 '-이'나 '-음/-ㅁ'이 붙어서 명사로 된 것과 '-이'나 '-히'가 붙어서 부사로 된 것은 그 어간의 원형을 밝히어 적는다.

1. '-이'가 붙어서 명사로 된 것

다듬이, 땀받이, 달맞이, 살림살이, 쇠붙이

2. '-음/-ㅁ'이 붙어서 명사로 된 것

믿음, 얼음, 앎, 만듦

3. '-이'가 붙어서 부사로 된 것

같이, 굳이, 실없이, 짓궂이

4. '-히'가 붙어서 부사로 된 것

익히, 작히

다만, 어간(語幹)에 '-이'나 '-음'이 붙어서 명사로 바뀐 것이라도 그 어간의 뜻과 멀어진 것은 그 원형을 밝히어 적지 아니한다.

목거리[목病], 무녀리, 거름[肥料], 노름[賭博]

[붙임] 어간에 '-이'나 '음'이외의 모음으로 시작된 접미사가 붙어서 다른 품사로 바뀐 것은 그 어간의 원형을 밝히어 적지 아니한다.

(1) 명사로 바뀐 것

귀머거리, 까마귀, 마개, 무덤, 쓰레기, 주검

(2) 부사로 바뀐 것

바투, 비로소, 뜨덤뜨덤, 차마

(3) 조사로 바뀌어 뜻이 달라진 것

나마, 부터, 조차

第20항 명사 뒤에 '-이'가 붙어서 된 말은 그 명사의 원형을 밝히어 적는다.

1. 부사로 된 것

곳곳이, 낱낱이, 몫몫이, 샅샅이

2. 명사로 된 것

곰배팔이, 육손이, 절뚝발이/절름발이

[붙임] '-이' 이외의 모음으로 시작된 접미사가 붙어서 된 말은 그 명사의 원형을 밝히어 적지 아니한다.

꼬락서니, 끄트머리, 사타구니, 이파리, 지붕, 짜개

第21항 명사나 혹은 용언의 어간 뒤에 자음으로 시작된 접미사가 붙어서 된 말은 그 명사나 어간의 원형을 밝히어 적는다.

1. 명사 뒤에 자음으로 시작된 접미사가 붙어서 된 것

홑지다, 옆댕이, 잎사귀

2. 어간 뒤에 자음으로 시작된 접미사가 붙어서 된 것

늙정이, 덮개, 깊숙하다, 높다랗다

다만, 다음과 같은 말은 소리대로 적는다.

(1) 겹받침의 끝소리가 드러나지 아니하는 것

널따랗다, 널찍하다, 얄따랗다, 짤따랗다, 실컷

(2) 어원이 분명하지 아니하거나 본뜻에서 멀어진 것

넙치, 올무, 납작하다

제22항 용언의 어간에 다음과 같은 접미사들이 붙어서 이루어진 말들은 그 어간을 밝히어 적는다.

1. '-기-, -리-, -이-, -히-, -구-, -우-, -추-, -으키-, -이키-, -애-'가 붙는 것

옮기다, 뚫리다, 쌓이다, 굽히다, 돋구다, 돋우다, 맞추다, 돌이키다, 없애다

다만, '-이-, -히-, -우-'가 붙어서 된 말이라도 본뜻에서 멀어진 것은 소리대로 적는다.

도리다(칼로~), 드리다(용돈을 ~), 바치다(세금을 ~), 부치다(편지를 ~)

2. '-치-, -뜨리-, -트리-'가 붙는 것

덮치다, 쏟뜨리다/쏟트리다, 흩뜨리다/흩트리다

[붙임] '-업-, -읍-, -브-'가 붙어서 된 말은 소리대로 적는다.

미덥다, 우습다, 미쁘다

제23항 '-하다'나 '-거리다'가 붙는 어근에 '-이'가 붙어서 명사가 된 것은 그 원형을 밝히어 적는다(ㄱ을 취하고 ㄴ을 버림.).

ㄱ	ㄴ	ㄱ	ㄴ
더펄이	더퍼리	배불뚝이	배불뚜기
살살이	살사리	오뚝이	오뚜기
푸석이	푸서기		

[붙임] '-하다'나 '-거리다'가 붙을 수 없는 어근에 '-이'나 또는 다른 모음으로 시작되는 접미사가 붙어서 명사가 된 것은 그 원형을 밝히어 적지 아니한다.

개구리, 기러기, 딱따구리, 뻐꾸기, 칼싹두기

제24항 '-거리다'가 붙을 수 있는 시늉말 어근에 '-이다'가 붙어서 된 용언은 그 어근을 밝히어 적는다(ㄱ을 취하고 ㄴ을 버림.).

ㄱ	ㄴ	ㄱ	ㄴ
깜짝이다	깜짜기다	끄덕이다	끄더기다
뒤척이다	뒤처기다	들먹이다	들머기다

제25항 '-하다'가 붙는 어근에 '-히'나 '-이'가 붙어서 부사가 되거나, 부사에 '-이'가 붙어서 뜻을 더하는 경우에는 그 어근이나 부사의 원형을 밝히어 적는다.

1. '-하다'가 붙는 어근에 '-히'나 '-이'가 붙는 경우

꾸준히, 딱히, 깨끗이

[붙임] '-하다'가 붙지 않는 경우에는 반드시 소리대로 적는다.

갑자기, 반드시(꼭), 슬며시

2. 부사에 '-이'가 붙어서 역시 부사가 되는 경우

곰곰이, 더욱이, 오뚝이, 해죽이

제26항 '-하다'나 '-없다'가 붙어서 된 용언은 그 '-하다'나 '없다'를 밝히어 적는다.

1. '-하다'가 붙어서 용언이 된 것

딱하다, 착하다, 텁텁하다, 푹하다

2. '-없다'가 붙어서 용언이 된 것

상없다, 시름없다, 열없다, 하염없다

제 4 절 합성어 및 접두사가 붙은 말

제27항 둘 이상의 단어가 어울리거나 접두사가 붙어서 이루어진 말은 각각 그 원형을 밝히어 적는다.

꽃잎, 웃옷, 첫아들, 홀아비, 맞먹다, 새파랗다, 샛노랗다, 싯누렇다

[붙임 1] 어원은 분명하나 소리만 특이하게 변한 것은 변한 대로 적는다.

할아버지, 할아범

[붙임 2] 어원이 분명하지 아니한 것은 원형을 밝히어 적지 아니한다.

골병, 며칠, 아재비

[붙임 3] '이[齒, 虱]'가 합성어나 이에 준하는 말에서 '니' 또는 '리'로 소리날 때에는 '니'로 적는다.

덧니, 사랑니, 윗니, 젖니, 머릿니

제28항 끝소리가 'ㄹ'인 말과 딴 말이 어울릴 적에 'ㄹ' 소리가

나지 아니하는 것은 아니 나는 대로 적는다.

마되(말-되), 무자위(물-자위), 부나비(불-나비), 부손(불-손), 화살(활-살)

제29항 끝소리가 'ㄹ'인 말과 딴 말이 어울릴 적에 'ㄹ' 소리가 'ㄷ' 소리로 나는 것은 'ㄷ'으로 적는다.

반짇고리(바느질~), 사흗날(사흘~), 삼짇날(삼질~), 숟가락(술~), 이튿날(이틀~), 섣부르다(설~), 잗다랗다(잘~)

제30항 사이시옷은 다음과 같은 경우에 받치어 적는다.

1. 순 우리말로 된 합성어로서 앞말이 모음으로 끝난 경우

(1) 뒷말의 첫소리가 된소리로 나는 것

귓밥, 머릿기름, 모깃불, 선짓국, 우렁잇속, 조갯살, 찻집, 혓바늘

(2) 뒷말의 첫소리 'ㄴ, ㅁ' 앞에서 'ㄴ' 소리가 덧나는 것

멧나물, 아랫니, 텃마당, 뒷머리, 빗물

(3) 뒷말의 첫소리 모음 앞에서 'ㄴㄴ' 소리가 덧나는 것

도리깻열, 뒷윷, 베갯잇, 욧잇, 깻잎

2. 순 우리말과 한자어로 된 합성어로서 앞말이 모음으로 끝난 경우

(1) 뒷말의 첫소리가 된소리로 나는 것

사잣밥(使者-), 자릿貰, 전셋집(傳貰-), 찻잔(茶盞), 햇數, 횟가루(灰-)

(2) 뒷말의 첫소리 'ㄴ, ㅁ' 앞에서 'ㄴ' 소리가 덧나는 것

제삿(祭祀)날, 훗(後)날, 양칫(養齒)물

(3) 뒷말의 첫소리 모음 앞에서 'ㄴㄴ' 소리가 덧나는 것

가욋일(加外-), 예삿일(例事-), 훗일(後-)

3. 두 음절로 된 다음 한자어

곳간(庫間), 셋방(貰房), 숫자(數字), 찻간(車間), 툇간(退間), 횟수(回數)

제31항 두 말이 어울릴 적에 'ㅂ' 소리나 'ㅎ' 소리가 덧나는 것은 소리대로 적는다.

1. 'ㅂ' 소리가 덧나는 것

댑싸리(대ㅂ싸리), 멥쌀(메ㅂ쌀), 접때(저ㅂ때), 햅쌀(해ㅂ쌀)

2. 'ㅎ' 소리가 덧나는 것

머리(頭)카락(머리ㅎ가락), 살(肌)코기(살ㅎ고기), 수(雄)탉(수ㅎ닭), 암(雌)컷(암ㅎ것)

제 5 절 준말

제35항 모음 'ㅗ, ㅜ'로 끝난 어간에 '-아/-어, -았-/-었-'이 어울려 'ㅘ/ㅝ, ㅘㅆ/ㅝㅆ'으로 될 때에는 준 대로 적는다.

(본말)	(준말)	(본말)	(준말)
꼬아	꽈	꼬았다	꽜다
쏘아	쏴	쏘았다	쐈다
쑤어	쒀	쑤었다	쒔다

[붙임 2] 'ㅚ'뒤에 '-어, -었-'이 어울려 'ㅙ, ㅙㅆ'으로 될 적에도 준 대로 적는다.

(본말)	(준말)	(본말)	(준말)
괴어	괘	괴었다	괬다
되어	돼	되었다	됐다

제37항 'ㅏ, ㅕ, ㅗ, ㅜ, ㅡ'로 끝난 어간에 '-이-'가 와서 각각 'ㅐ, ㅖ, ㅚ, ㅟ, ㅢ'로 줄 적에는 준 대로 적는다.

(본말)	(준말)	(본말)	(준말)
싸이다	쌔다	펴이다	폐다
보이다	뵈다	누이다	뉘다
뜨이다	띄다	쓰이다	씌다

제38항 ‘ㅏ, ㅗ, ㅜ, ㅡ’ 뒤에 ‘-이어’가 어울려 줄어질 적에는 준 대로 적는다.

(본말)	(준말)	(본말)	(준말)
싸이어	쌔어/싸여	보이어	뵈어/보여
누이어	뉘어/누여	뜨이어	띄어

제39항 어미 ‘-지’뒤에 ‘않-’이 어울려 ‘-잖-’이 될 적과 ‘-하지’ 뒤에 ‘않-’이 어울려 ‘찮-’이 될 적에는 준 대로 적는다.

(본말)	(준말)	(본말)	(준말)
그렇지 않은	그렇잖은	적지 않은	적잖은
만만하지 않다	만만찮다	변변하지 않다	변변찮다

제40항 어간의 끝음절 ‘하’의 ‘ㅏ’가 줄고 ‘ㅎ’이 다음 음절의 첫소리와 어울려 거센소리로 될 적에는 거센소리로 적는다.

(본말)	(준말)	(본말)	(준말)
간편하게	간편케	연구하도록	연구토록
가하다	가타	흔하다	흔타

[붙임 2] 어간의 끝 음절 ‘하’가 아주 줄 적에는 준 대로 적는다.

(본말)	(준말)	(본말)	(준말)
생각하건대	생각건대	깨끗하지 않다	깨끗지 않다
섭섭하지 않다	섭섭지 않다	익숙하지 않다	익숙지 않다

제 5 장 띄어쓰기

제1절 조사

제41항 조사는 그 앞말에 붙여 쓴다.

꽃밖에, 꽃에서부터, 꽃이나마, 꽃이다, 꽃입니다, 어디까지나, 거기도

제 2 절 의존 명사, 단위를 나타내는 명사 및 열거하는 말 등

제42항 의존 명사는 띄어 쓴다.

나도 할 수 있다. 먹을 만큼 먹어라. 아는 이를 만났다.
네가 뜻한 바를 알겠다. 그가 떠난 지가 오래다.

제43항 단위를 나타내는 명사는 띄어 쓴다.

열 살, 조기 한 손, 버선 한 죽, 북어 한 쾌

다만, 순서를 나타내는 경우나 숫자와 어울리어 쓰이는 경우에는 붙여 쓸 수 있다.

두시 삼십분 오초, 제일과, 1446년 10월 9일, 16동 502호, 80원

제45항 두 말을 이어 주거나 열거할 적에 쓰이는 다음의 말들은 띄어 쓴다.

국장 겸 과장/ 이사장 및 이사들/ 사과, 배, 귤 등등/ 부산, 광주 등지

제46항 단음절로 된 단어가 연이어 나타날 적에는 붙여 쓸 수 있다.

그때 그곳, 좀더 큰것, 한잎 두잎

제3절 보조 용언

제47항 보조 용언은 띄어 씀을 원칙으로 하되, 경우에 따라 붙여 씀도 허용한다(ㄱ을 취하고 ㄴ을 버림.).

ㄱ	ㄴ
내 힘으로 막아 낸다.	내 힘으로 막아낸다.
어머니를 도와 드린다.	어머니를 도와드린다.

다만, 앞말에 조사가 붙거나 앞말이 합성 동사인 경우, 그리고 중간에 조사가 들어갈 적에는 그 뒤에 오는 보조 용언은 띄어 쓴다.

책을 읽어도 보고……. 네가 덤벼들어 보아라.
그가 올 듯도 하다. 잘난 체를 한다.

제 4 절 고유 명사 및 전문 용어

제48항 성과 이름, 성과 호 등은 붙여 쓰고, 이에 덧붙는 호칭어, 관직명 등은 띄어 쓴다.

김양수(金良洙), 서화담(徐花潭), 채영신 씨, 박동식 박사,
충무공 이순신 장군

다만, 성과 이름, 성과 호를 분명히 구분할 필요가 있을 경우에는 띄어 쓸 수 있다.

남궁억/남궁 억, 독고준/독고 준, 황보지봉(皇甫芝峰)/황보 지봉

제 6 장 그 밖의 것

제51항 부사의 끝음절이 분명히 '이'로만 나는 것은 '-이'로 적고, '히'로만 나거나 '이'나 '히'로 나는 것은 '히-'로 적는다.

1. '이'로만 나는 것

깨끗이, 가까이, 겹겹이, 틈틈이

제52항 한자어에서 본음으로도 나고 속음으로도 나는 것은 각각 그 소리에 따라 적는다.

(본음으로 나는 것)	(속음으로 나는 것)
승낙(承諾)	수락(受諾), 쾌락(快諾), 허락(許諾)
분노(忿怒)	대로(大怒), 희로애락(喜怒哀樂)
오륙십(五六十)	오뉴월, 유월(六月)
십일(十日)	시방정토(十方淨土), 시왕(十王), 시월(十月)
팔일(八日)	초파일(初八日)

제53항 다음과 같은 어미는 예사소리로 적는다(ㄱ을 취하고, ㄴ을 버림.).

ㄱ	ㄴ	ㄱ	ㄴ
-(으)ㄹ거나	-(으)ㄹ꺼나	-(으)ㄹ걸	-(으)ㄹ껄
-(으)ㄹ게	-(으)ㄹ께	-(으)ㄹ세	-(으)ㄹ쎄

다만, 의문을 나타내는 다음 어미들은 된소리로 적는다.

-(으)ㄹ까?, -(으)ㄹ꼬?, -(스)ㅂ니까?, -(으)리까?, -(으)ㄹ쏘냐?

제54항 다음과 같은 접미사는 된소리로 적는다(ㄱ을 취하고 ㄴ을 버림.).

ㄱ	ㄴ	ㄱ	ㄴ
심부름꾼	심부름꾼	장난꾼	장난군
빛깔	빛갈	성깔	성갈
귀때기	귀대기	볼때기	볼대기
뒤꿈치	뒤굼치	팔꿈치	팔굼치
이마빼기	이마배기	코빼기	콧배기
객쩍다	객적다	겸연쩍다	겸연적다

제55항 두 가지로 구별하여 적던 다음 말들은 한 가지로 적는다(ㄱ을 취하고 ㄴ을 버림.).

ㄱ	ㄴ
맞추다(입을 맞춘다. 양복을 맞춘다.)	마추다
뻗치다(다리를 뻗친다. 멀리 뻗친다.)	뻐치다

제56항 '-더라, -던'과 '-든지'는 다음과 같이 적는다.

1. 지난 일을 나타내는 어미는 '-더라, -던'으로 적는다(ㄱ을 취하고 ㄴ을 버림.).

ㄱ	ㄴ
지난 겨울은 몹시 춥더라.	지난 겨울은 몹시 춥드라.
그렇게 좋던가?	그렇게 좋든가?

2. 물건이나 일의 내용을 가리지 아니하는 뜻을 나타내는 조사와 어미는 '(-)든지'로 적는다(ㄱ을 취하고 ㄴ을 버림.).

ㄱ	ㄴ
배든지 사과든지 마음대로 먹어라.	배던지 사과던지 마음대로 먹어라.
가든지 오든지 마음대로 해라.	가던지 오던지 마음대로 해라.

제57항 다음 말들은 각각 구별하여 적는다.

가름 둘로 가름
갈음 새 책상으로 갈음하였다.
(*여자인지 남자인지 가름이 되지 않는다.)
(*행운이 가득하기를 기원하는 것으로 치사를 갈음합니다.)

거치다 영월을 거쳐 왔다.(대구를 거쳐 부산에 갔다.)
걷히다 외상값이 잘 걷힌다.(안개가 걷히다/장마가 걷히다)

걷잡다 걷잡을 수 없는 상태(불길이 걷잡을 수 없이 번졌다)
겉잡다 겉잡아서 이틀 걸릴 일(예산을 대충 겉잡아서 말했다)

그러므로(그러니까)　그는 부지런하다. 그러므로 잘 산다.

그럼으로(써)(그렇게 하는 것으로)　그는 열심히 공부한다. 그럼으로(써) 은혜에 보답한다.

그러므로

①(그러하기 때문에)규정이 그러므로, 이를 어길 수 없다.

②(그리 하기 때문에) 그가 스스로 그러므로, 만류하기가 어렵다.

③(그렇기 때문에) 그는 훌륭한 학자다. 그러므로 존경을 받는다.

그럼으로(써) (그렇게 하는 것으로써) 그는 열심히 일한다. 그럼으로써 삶의 보람을 느낀다.

느리다　진도가 너무 느리다.

늘이다　고무줄을 늘인다.

늘리다　수출량을 더 늘린다.

다리다　옷을 다린다.

달이다　약을 달인다.

다치다　부주의로 손을 다쳤다.

닫히다　문이 저절로 닫혔다.

닫치다　문을 힘껏 닫쳤다.

마치다　벌써 일을 마쳤다.

맞히다　여러 문제를 더 맞혔다.

목거리　목거리가 덧났다.

목걸이　금 목걸이, 은 목걸이

바치다　나라를 위해 목숨을 바쳤다.

받치다　우산을 받치고 간다.

받히다　쇠뿔에 받혔다.

밭치다　술을 체에 밭친다./책받침을 받친다.

반드시　약속은 반드시 지켜라.

반듯이　고개를 반듯이 들어라.

부치다　　힘이 부치는 일이다./ 편지를 부치다.
　　　　　논밭을 부친다./ 빈대떡을 부친다.
　　　　　식목일에 부치는 글/ 회의에 부치는 안건
　　　　　인쇄에 부치는 원고/ 삼촌 집에 숙식을 부친다.
붙이다　　우표를 붙이다./ 책상을 벽에 붙였다.
　　　　　흥정을 붙인다./ 불을 붙인다.
　　　　　감시원을 붙인다./ 조건을 붙인다.
　　　　　취미를 붙인다./ 별명을 붙인다.

시키다　　일을 시킨다.
식히다　　끓인 물을 식히다.

안치다　　밥을 안친다.
앉히다　　윗자리에 앉힌다.

어름　　　두 물건의 어름에서 일어난 현상
얼음　　　얼음이 얼었다.

이따가　　이따가 오너라.
있다가　　돈은 있다가도 없다.

저리다　　다친 다리가 저린다.
절이다　　김장 배추를 절인다.

조리다　　생선을 조린다. 통조림, 병조림
졸이다　　마음을 졸인다.

-느니보다(어미)　　　　나를 찾아 오느니보다 집에 있거라.
-는 이보다(의존 명사)　오는 이가 가는 이보다 많다.

-(으)리만큼(어미)　　　　나를 미워하리만큼 그에게 잘못한 일이 없다.
-(으)ㄹ 이만큼(의존 명사)　찬성할 이도 반대할 이만큼이나 많을 것이다.

-(으)러(목적)	공부하러 간다.
-(으)려(의도)	서울 가려 한다.

-(으)므로(어미)	그가 나를 믿으므로 나도 그를 믿는다.
(-ㅁ, -음)으로(써)(조사)	그는 믿음으로(써) 산 보람을 느꼈다.

문장 부호

I 마침표[終止符]

1. 온점(.), 고리점(◦)

'온점(-點)'은 '마침표의 하나이며, 가로쓰기에 쓰는 문장 부호'이고, '.'의 이름이다. '고리점(--點)'은 '마침표의 하나이며 세로쓰기에 쓰는 문장 부호'이고, '◦'의 이름이다.

가로쓰기에는 온점, 세로쓰기에는 고리점을 쓴다.

(1) 서술, 명령, 청유 등을 나타내는 문장의 끝에 쓴다.

젊은이는 나라의 기둥이다. 황금 보기를 돌같이 하라.
다만, 표제어나 표어에는 쓰지 않는다.
압록강은 흐른다(표제어)

(2) 아라비아 숫자만으로 연월일을 표시할 적에 쓴다.

1919. 3. 1. (1919년 3월 1일)

(3) 준말을 나타내는 데 쓴다.

서. 1987. 3. 5. (서기)

2. 물음표(?)

의심이나 물음을 나타낸다.

(1) 직접 질문할 때에 쓴다.

이제 가면 언제 돌아오니? 이름이 뭐지?

[붙임 2] 의문형 어미로 끝나는 문장이라도 의문의 정도가 약할 때에는 물음표 대신 온점(또는 고리점)을 쓸 수도 있다.

이 일을 도대체 어쩐단 말이냐.

3. 느낌표(!)

감탄이나 놀람, 부르짖음, 명령 등 강한 느낌을 나타낸다.

(1) 느낌을 힘차게 나타내기 위해 감탄사나 감탄형 종결 어미 다음에 쓴다.

앗! 아, 달이 밝구나!

[붙임] 감탄형 어미로 끝나는 문장이라도 감탄의 정도가 약할 때에는 느낌표 대신 온점(또는 고리점)을 쓸 수도 있다.

개구리가 나온 것을 보니, 봄이 오긴 왔구나.

Ⅱ 쉼표[休止符]

'쉼표(-標)'는 문장 부호의 하나이다. 반점(,), 모점(、), 가운뎃점(·), 쌍점(:), 빗금(/)이 있는데 흔히 반점만을 이르기도 한다.

1. 반점(,), 모점(、)

가로쓰기에는 반점, 세로쓰기에는 모점을 쓴다.

문장 안에서 짧은 휴지를 나타낸다.

(1) 같은 자격의 어구가 열거될 때에 쓴다.

근면, 검소, 협동은 우리 겨레의 미덕이다.

(2) 문장 첫머리의 접속이나 연결을 나타내는 말 다음에 쓴다.

아무튼, 나는 집에 돌아가겠다.

다만, 일반적으로 쓰이는 접속어(그러나, 그러므로, 그리고, 그런데 등) 뒤에는 쓰지 않음을 원칙으로 한다.

그러나 너는 실망할 필요가 없다.

(3) 숫자를 나열할 때에 쓴다.

1, 2, 3, 4

2. 가운뎃점(·)

열거된 여러 단위가 대등하거나 밀접한 관계임을 나타낸다.

(1) 쉼표로 열거된 어구가 다시 여러 단위로 나누어질 때에 쓴다.

철수·영이, 영수·순이가 서로 짝이 되어 윷놀이를 하였다.

(2) 특정한 의미를 가지는 날을 나타내는 숫자에 쓴다.

3·1 운동 8·15 광복

(3) 같은 계열의 단어 사이에 쓴다.

경북 방언의 조사·연구

3. 쌍점(:)

(1) 내포되는 종류를 들 적에 쓴다.

문방사우: 붓, 먹, 벼루, 종이

(2) 소표제 뒤에 간단한 설명이 붙을 때에 쓴다.

일시: 1984년 10월 15일 10시

(3) 저자명 다음에 저서명을 적을 때에 쓴다.

정약용: 목민심서, 경세유표

(4) 시(時)와 분(分), 장(章)과 절(節) 따위를 구별할 때나, 둘 이상을 대비할 때에 쓴다.

오전 10:20 (오전 10시 20분)

4. 빗금(/)

(1) 대응, 대립되거나 대등한 것을 함께 보이는 단어와 구, 절 사이에 쓴다.

착한 사람/악한 사람　　맞닥뜨리다/맞닥트리다

(2) 분수를 나타낼때에 쓰기도 한다.

3/4 분기　　3/20

Ⅲ 따옴표[引用符]

'따옴표(--標)'는 문장 부호의 하나이다. 큰따옴표(" "), 겹낫표(『 』), 작은따옴표(' '), 낫표(「 」)가 있다.

1. 큰따옴표(" "), 겹낫표(『 』)

가로쓰기에는 큰따옴표, 세로쓰기에는 겹낫표를 쓴다.

대화, 인용, 특별 어구 따위를 나타낸다.

(2) 남의 말을 인용할 경우에 쓴다.

예로부터 "민심은 천심이다."라고 하였다.
"사람은 사회적 동물이다."라고 말한 학자가 있다.

2. 작은 따옴표(' '), 낫표 (「 」)

가로쓰기에는 작은따옴표, 세로쓰기에는 낫표를 쓴다.

(1) 따온 말 가운데 다시 따온 말이 들어 있을 때에 쓴다.

"여러분! 침착해야 합니다. '하늘이 무너져도 솟아날 구멍이 있다.'고 합니다."

[붙임] 문장에서 중요한 부분을 두드러지게 하기 위해 드러냄표 대신에 쓰기도 한다.

지금 필요한 것은 '지식'이 아니라 '실천'입니다.

Ⅳ 묶음표[括弧符]

'묶음표(--標)'는 문장 부호의 하나이다. 소괄호(( )), 중괄호({ }), 대괄호([ ])가 있다.

1. 소괄호(( ))

(1) 언어, 연대, 주석, 설명 등을 넣을 적에 쓴다.

커피(coffee)는 기호 식품이다.

(2) 빈자리임을 나타낼 적에 쓴다.

우리나라의 수도는 (　)이다.

2. 중괄호({ })

여러 단위를 동등하게 묶어서 보일 때에 쓴다.

주격 조사 {이, 가}　　　국가의 3 요소 {국토, 국민, 주권}

3. 대괄호([ ])

(1) 묶음표 안의 말이 바깥 말과 음이 다를 때에 쓴다.

나이[年歲] 낱말[單語] 手足[손발]

(2) 묶음표 안에 또 묶음표가 있을 때에 쓴다.

명령에 있어서의 불확실[단호(斷乎)하지 못함]은 복종에 있어서의 불확실[모호(模糊)함]을 낳는다.

V 이음표[連結符]

'이음표(--標)'는 문장 부호의 하나이다. 줄표(——), 붙임표(-), 물결표(~)가 있다.

1. 줄표(—)

이미 말한 내용을 다른 말로 부연하거나 보충함을 나타낸다.

(1) 문장 중간에 앞의 내용에 대해 부연하는 말이 끼여들 때 쓴다.

그 신동은 네 살에 — 보통 아이 같으면 천자문도 모를 나이에 — 벌써 시를 지었다.

2. 붙임표(-)

(1) 사전, 논문 등에서 합성어를 나타낼 적에, 또는 접사나 어미임을 나타낼 적에 쓴다.

겨울-나그네 불-구경 손-발

(2) 외래어와 고유어 또는 한자어가 결합되는 경우에 쓴다.

나일론-실 디-장조 빚-에너지 염화-칼륨

3. 물결표(~)

(1) '내지'라는 뜻에 쓴다.

9월 15일 ~ 9월 25일

(2) 어떤 말의 앞이나 뒤에 들어갈 말 대신 쓴다.

새마을 : ~운동 ~노래

Ⅵ 드러냄표[顯在符]

1. 드러냄표(˚, ˊ)

'。'이나 '、'을 가로쓰기에는 글자 위에, 세로쓰기에는 글자 오른쪽에 쓴다. 문장 내용 중에서 주의가 미쳐야 할 곳이나 중요한 부분을 특별히 드러내 보일 때 쓴다.

한글의 본 이름은 훈민정음이다.

중요한 것은 왜 사느냐가 아니라 어떻게 사느냐 하는 문제이다.

[붙임] 가로쓰기에서는 밑줄(—, ~)을 치기도 한다.

다음 보기에서 명사가 아닌 것은?

Ⅶ 안드러냄표[潛在符]

1. 숨김표(××, ○○)

알면서도 고의로 드러내지 않음을 나타낸다.

(1) 금기어나 공공연히 쓰기 어려운 비속어의 경우, 그 글자의 수효만큼 쓴다.

배운 사람 입에서 어찌 ○○○란 말이 나올 수 있느냐?

2. 빠짐표(□)

글자의 자리를 비워 둠을 나타낸다.

(1) 옛 비문이나 서적 등에서 글자가 분명하지 않을 때에 그 글자의 수효만큼 쓴다.

大師爲法主□□賴之大□薦(옛 비문)

3. 줄임표(……)

(1) 할 말을 줄였을 때에 쓴다.

"어디 나하고 한 번……."
하고 철수가 나섰다.

표준어 규정

제1부 표준어 사정 원칙

제1장 총 칙

제1항 표준어는 교양 있는 사람들이 두루 쓰는 현대 서울말로 정함을 원칙으로 한다.

제2항 외래어는 따로 사정한다.

제2장 발음 변화에 따른 표준어 규정

제1절 자 음

제3항 다음 단어들은 거센소리를 가진 형태를 표준어로 삼는다(ㄱ을 표준어로 삼고, ㄴ을 버림.).

ㄱ	ㄴ	비고
살-쾡이	삵-괭이	*삵피-표준어
칸	간	1. ~막이, 빈~, 방 한~ 2. '초가삼간, 윗간'의 경우에는 '간'임.
털어-먹다	떨어-먹다	재물을 다 없애다.

제5항 어원에서 멀어진 형태로 굳어져서 널리 쓰이는 것은, 그것을 표준어로 삼는다(ㄱ을 표준어로 삼고, ㄴ을 버림.).

ㄱ	ㄴ	비고
사글-세	삭월-세	'월세'는 표준어임.
울력-성당	위력-성당	떼를 지어서 으르고 협박하는 일

다만, 어원적으로 원형에 더 가까운 형태가 아직 쓰이고 있는 경우에는, 그것을 표준어로 삼는다(ㄱ을 표준어로 삼고, ㄴ을 버림.).

ㄱ	ㄴ	비고
물-수란	물-수랄	
적이	저으기	적이-나, 적이나-하면

제6항 다음 단어들은 의미를 구별함이 없이, 한 가지 형태만을 표준어로 삼는다(ㄱ을 표준어로 삼고, ㄴ을 버림.).

ㄱ	ㄴ	비고
돌	돐	생일, 주기
넷-째	네-째	'제4, 네 개째'의 뜻
빌리다	빌다	1. 빌려 주다, 빌려 오다 2. '용서를 빌다'는 '빌다'임.

다만, '둘째'는 십 단위 이상의 서수사에 쓰일 때에는 '두째'로 한다.

ㄱ	ㄴ	비고
열두-째		열두 개째의 뜻은 '열둘째'로

제7항 수컷을 이르는 접두사는'수-'로 통일한다(ㄱ을 표준어로 삼고, ㄴ을 버림.).

ㄱ	ㄴ	비고
수-꿩	수-퀑/숫-꿩	'장끼'도 표준어임.
수놈	숫-놈	
수-사돈	숫-사돈	

다만 1. 다음 단어에서는 접두사 다음에서 나는 거센소리를 인정

한다. 접두사 '암-'이 결합되는 경우에도 이에 준한다(ㄱ을 표준어로 삼고, ㄴ을 버림.).

ㄱ	ㄴ	비고
수-캉아지	숫-강아지	
수-키와	숫-기와	
수-탕나귀	숫-당나귀	
수-퇘지	숫-돼지	

다만 2. 다음 단어의 접두사는 '숫-'으로 한다(ㄱ을 표준어로 삼고, ㄴ을 버림.).

ㄱ	ㄴ	비고
숫-양	수-양	
숫-염소	수-염소	
숫-쥐	수-쥐	

제 2 절 모 음

제8항 양성모음이 음성모음으로 바뀌어 굳어진 다음 단어는 음성모음 형태를 표준어로 삼는다(ㄱ을 표준어로 삼고, ㄴ을 버림.).

ㄱ	ㄴ	비고
깡충-깡충	깡총-깡총	큰말은 '껑충껑충'임.
-둥이	-동이	←童-이. 귀-, 막-, 선-, 쌍-, 검-, 바람-, 흰-
봉죽	봉족	←奉足, ~꾼, ~들다
아서, 아서라	앗아, 앗아라	하지 말라고 금지하는 말
주추	주초	←柱礎, 주춧-돌

다만, 어원 의식이 강하게 작용하는 다음 단어에서는 양성모음 형태를 그대로 표준어로 삼는다(ㄱ을 표준어로 삼고, ㄴ을 버림.).

ㄱ	ㄴ	비고
부조(扶助)	부주	~금, 부좆-술

제9항 'ㅣ' 역행 동화 현상에 의한 발음은 원칙적으로 표준 발음으로 인정하지 아니하되, 다만 다음 단어들은 그러한 동화가 적용된 형태를 표준어로 삼는다(ㄱ을 표준어로 삼고, ㄴ을 버림.).

ㄱ	ㄴ	비고
-내기	-나기	서울-, 시골-, 신출-, 풋-

[붙임 1] 다음 단어는 'ㅣ'역행 동화가 일어나지 아니한 형태를 표준어로 삼는다(ㄱ을 표준어로 삼고, ㄴ을 버림).

ㄱ	ㄴ	비고
아지랑이	아지랭이	

[붙임 2] 기술자에게는 '-장이', 그 외에는 '-쟁이'가 붙는 형태를 표준어로 삼는다(ㄱ을 표준어로 삼고, ㄴ을 버림.).

ㄱ	ㄴ	비고
미장이	미쟁이	
멋쟁이	멋장이	

제10항 다음 단어는 모음이 단순화한 형태를 표준어로 삼는다(ㄱ을 표준어로 삼고, ㄴ을 버림.).

ㄱ	ㄴ	비고
-구먼	-구면	
온-달	왼-달	만 한 달
으레	으례	
케케-묵다	켸켸-묵다	

제11항 다음 단어에서는 모음의 발음 변화를 인정하여, 발음이 바뀌어 굳어진 형태를 표준어로 삼는다(ㄱ을 표준어로 삼고, ㄴ을 버림.).

ㄱ	ㄴ	비고
-구려	-구료	
나무라다	나무래다	
바라다	바래다	'바램[所望]'은 비표준어임.
시러베-아들	실업의-아들	
주책	주착	←主着. ~망나니, ~없다
허드레	허드래	허드렛-물, 허드렛-일

제12항 '웃-' 및 '윗-'은 명사 '위'에 맞추어 '윗-'으로 통일한다(ㄱ을 표준어로 삼고, ㄴ을 버림.).

ㄱ	ㄴ	비고
윗-눈썹	웃-눈썹	
윗-니	웃-니	
윗-도리	웃-도리	
윗-동아리	웃-동아리	준말은 '윗동'임.
윗-자리	웃-자리	

다만 1. 된소리나 거센소리 앞에서는 '위-'로 한다. (ㄱ을 표준어로 삼고, ㄴ을 버림.)

ㄱ	ㄴ	비고
위-짝	웃-짝	
위-층	웃-층	
위-팔	웃-팔	

다만 2. '아래, 위'의 대립이 없는 단어는 '웃-'으로 발음되는 형태를 표준어로 삼는다(ㄱ을 표준어로 삼고, ㄴ을 버림.).

ㄱ	ㄴ	비고
웃-국	윗-국	
웃-어른	윗-어른	
웃-옷	윗-옷	

다만, 다음 단어는 '귀'로 발음되는 형태를 표준어로 삼는다(ㄱ을 표준어로 삼고, ㄴ을 버림.).

ㄱ	ㄴ	비고
귀-글	구-글	
글-귀	글-구	

제 3 절 준 말

제14항 준말이 널리 쓰이고 본말이 잘 쓰이지 않는 경우에는, 준말만을 표준어로 삼는다(ㄱ을 표준어로 삼고, ㄴ을 버림.).

ㄱ	ㄴ	비고
똬리	또아리	
무	무우	~강즙, ~말랭이, ~생채, 가랑~, 갓~, 왜~, 총각~
생-쥐	새앙-쥐	

제15항 준말이 쓰이고 있더라도, 본말이 널리 쓰이고 있으면 본말을 표준어로 삼는다(ㄱ을 표준어로 삼고, ㄴ을 버림.).

ㄱ	ㄴ	비고
궁상-떨다	궁-떨다	
귀이-개	귀-개	
뒷물-대야	뒷-대야	
부스럼	부럼	정월 보름에 쓰는 '부럼'은 표준어임.

제16항 준말과 본말이 다 같이 널리 쓰이면서 준말의 효용이 뚜렷이 인정되는 것은, 두 가지를 다 표준어로 삼는다(ㄱ은 본말이며, ㄴ은 준말임.).

ㄱ	ㄴ	비고
거짓-부리	거짓-불	작은말은 '가짓부리, 가짓불'.
노을	놀	저녁~
시-누이	시-뉘/시-누	
오-누이	오-뉘/오-누	
외우다	외다	외우며, 외워 : 외며, 외어
이기죽-거리다	이죽-거리다	
찌꺼기	찌끼	'찌꺽지'는 비표준어.

제 4 절 단수 표준어

제17항 비슷한 발음의 몇 형태가 쓰일 경우, 그 의미에 아무런 차이가 없고, 그 중 하나가 더 널리 쓰이면, 그 한 형태만을 표준어로 삼는다(ㄱ을 표준어로 삼고, ㄴ을 버림.).

ㄱ	ㄴ	비고
귀-고리	귀엣-고리	
귀-지	귀에-지	
너[四]	네	~돈, ~말, ~발, ~푼
더부룩-하다	더뿌룩-하다/듬뿌룩-하다	
-던	-든	선택, 무관의 뜻을 나타내는 어미는 '-든'임. 가-든(지) 말-든(지), 보-든(가), 말-든(가)
-던가	-든가	
-(으)려고	-(으)ㄹ려고/	-(으)ㄹ라고
봉숭아	봉숭화	'봉선화'도 표준어임.
뻐개다[斫]	뻐기다	두 조각으로 가르다.
뻐기다[誇]	뻐개다	뽐내다

상-판대기	쌍-판대기	
-올시다	-올습니다	
천장(天障)	천정	'천정부지(天井不知)'는 '천정'임
흉-업다	흉-헙다	

제 5 절 복수 표준어

제18항 다음 단어는 ㄱ을 원칙으로 하고, ㄴ도 허용한다.

ㄱ	ㄴ	비고
네	예	
괴다	고이다	물이 ~, 밑을 ~(고임새=굄새)
꾀다	꼬이다	어린애를 ~, 벌레가 ~.

제19항 어감의 차이를 나타내는 단어 또는 발음이 비슷한 단어들이 다 같이 널리 쓰이는 경우에는, 그 모두를 표준어로 삼는다(ㄱ, ㄴ을 모두 표준어로 삼음.).

ㄱ	ㄴ	비고
거슴츠레-하다	게슴츠레-하다	
고린-내	코린-내	
구린-내	쿠린-내	
꺼림-하다	께름-하다	
나부랭이	너부렁이	

제 3 장 어휘 선택의 변화에 따른 표준어 규정

제1절 고 어

제20항 사어(死語)가 되어 쓰이지 않게 된 단어는 고어로 처리하고,

현재 널리 사용되는 단어를 표준어로 삼는다(ㄱ을 표준어로 삼고, ㄴ을 버림.).

ㄱ	ㄴ	비고
애달프다	애닯다	
오동-나무	머귀-나무	
자두	오얏	

제 2 절 한자어

제21항 고유어 계열의 단어가 널리 쓰이고 그에 대응되는 한자어 계열의 단어가 용도를 잃게 된 것은, 고유어 계열의 단어만을 표준어로 삼는다(ㄱ을 표준어로 삼고, ㄴ을 버림.).

ㄱ	ㄴ	비고
구들-장	방-돌	
꼭지-미역	총각-미역	
밥-소라	식-소라	큰 놋그릇
외-지다	벽-지다	
움-파	동-파	

제22항 고유어 계열의 단어가 생명력을 잃고 그에 대응되는 한자어 계열의 단어가 널리 쓰이면, 한자어 계열의 단어를 표준어로 삼는다(ㄱ을 표준어로 삼고, ㄴ을 버림.).

ㄱ	ㄴ	비고
개다리-소반	개다리-밥상	
민망/면구-스럽다	민주-스럽다	
방-고래	구들-고래	
제석	젯-돗	
총각-무	알-무/알타리-무	

제 3 절 방 언

제23항 방언이던 단어가 표준어보다 더 널리 쓰이게 된 것은, 그것을 표준어로 삼는다. 이 경우, 원래의 표준어는 그대로 표준어로 남겨 두는 것을 원칙으로 한다(ㄱ을 표준어로 삼고, ㄴ도 표준어로 남겨 둠.).

ㄱ	ㄴ	비고
멍게	우렁쉥이	
물-방개	선두리	

제24항 방언이던 단어가 널리 쓰이게 됨에 따라 표준어이던 단어가 안 쓰이게 된 것은, 방언이던 단어를 표준어로 삼는다(ㄱ을 표준어로 삼고, ㄴ을 버림.).

ㄱ	ㄴ	비고
귀밑-머리	귓-머리	
빈대-떡	빈자-떡	
생인-손	생안-손	준말은 '생-손'임.

제 4 절 단수 표준어

제25항 의미가 똑같은 형태가 몇 가지 있을 경우, 그 중 어느 하나가 압도적으로 널리 쓰이면, 그 단어만을 표준어로 삼는다(ㄱ을 표준어로 삼고, ㄴ을 버림.).

ㄱ	ㄴ	비고
-게끔	-게시리	
국-물	멀-국/말-국	
길-잡이	길-앞잡이	'길라잡이'도 표준어임.
다사-스럽다	다사-하다	간섭을 잘 하다.

다오	다구	이리 ~.
담배-꽁초	담배-꼬투리/담배-꽁치/담배-꽁추	
뒤통수-치다	뒤꼭지-치다	
부각	다시마-자반	
부항-단지	부항-항아리	부스럼에서 피고름을 빨아 내기 위하여 부항을 붙이는 데 쓰는 자그마한 단지
붉으락-푸르락	푸르락-붉으락	
샛-별	새벽-별	
손목-시계	팔목-시계/팔뚝-시계	
쌍동-밤	쪽-밤	
안다미-씌우다	안다미-시키다	제가 담당할 책임을 남에게 넘기다.
안절부절-못하다	안절부절-하다	
주책-없다	주책-이다	'주착→주책'은 제11항 참조
청대-콩	푸른-콩	

제 5 절 복수 표준어

제26항 한 가지 의미를 나타내는 형태 몇 가지가 널리 쓰이며 표준어 규정에 맞으면, 그 모두를 표준어로 삼는다.

복수 표준어	비고
가는-허리/잔-허리	
가뭄/가물	
가엾다/가엽다	가엾어/가여워, 가엾은/가여운
감감-무소식/감감-소식	
개수-통/설거지-통 '설겆다'는	'설거지-하다'로
개숫-물/설거지-물	
-거리다/-대다	가물-, 출렁-
게을러-빠지다/게을러-터지다	

고깃-간/푸줏-간	'고깃-관, 푸줏-관, 다림-방'은 비표준어임.
관계-없다/상관-없다	
교정-보다/준-보다	
귀퉁-머리/귀퉁-배기	'귀퉁이'의 비어임.
극성-떨다/극성-부리다	
기세-부리다/기세-피우다	
기승-떨다/기승-부리다	
깃-저고리/배내-옷/배냇-저고리	
꼬까/때때/고까	~신, ~옷
넝쿨/덩굴	'덩쿨'은 비표준어임.
눈-대중/눈-어림/눈-짐작	
느리-광이/느림-보/늘-보	
독장-치다/독판-치다	
돼지-감자/뚱딴지	
되우/된통/되게	
두동-무늬/두동-사니	윷놀이에서, 두 동이 한데 어울려 가는 말
-뜨리다/-트리다	깨-, 떨어-, 쏟-
멀찌감치/멀찌가니/멀찍이	
물-부리/빨-부리	
발-모가지/발-목쟁이	'발목'의 비속어임.
버들-강아지/버들-개지	
벌레/버러지	'벌거지, 벌러지'는 비표준어임.
변덕-스럽다/변덕-맞다	
보통-내기/여간-내기/예사-내기	'행-내기'는 비표준어임.
볼-따구니/볼-퉁이/볼-때기	'볼'의 비속어임.
부침개-질/부침-질/지짐-질	'부치개-질'은 비표준어임.
불똥-앉다/등화-지다/등화-앉다	
살-쾡이/삵	삵-피

상두-꾼/상여-꾼	'상도-꾼, 향도-꾼'은 비표준어임.
생/새앙/생강	
생-뿔/새앙-뿔/생강-뿔	'쇠뿔'의 형용
서럽다/섧다	'설다'는 비표준어임.
시늉-말/흉내-말	
씁쓰레-하다/씁쓰름-하다	
아무튼/어떻든/어쨌든/하여튼/여하튼	
애꾸눈-이/외눈-박이	'외대-박이, 외눈-퉁이'는 비표준어임.
어림-잡다/어림-치다	
어이-없다/어처구니-없다	
언덕-바지/언덕-배기	
여태-껏/이제-껏/입때-껏	'여지-껏'은 비표준어임.
오사리-잡놈/오색-잡놈	'오합-잡놈'은 비표준어임.
외손-잡이/한손-잡이	
우레/천둥	우렛-소리/천둥-소리
-이에요/-이어요	
일찌감치/일찌거니	
장가-가다/장가-들다	'서방-가다'는 비표준어임.
책-씻이/책-거리	
천연덕-스럽다/천연-스럽다	
철-따구니/철-딱서니/철-딱지	'철-때기'는 비표준어임.
추어-올리다/추어-주다	'추켜-올리다'는 비표준어임.

제2부 표준 발음법

제1장 총 칙

제1항 표준 발음법은 표준어의 실제 발음을 따르되, 국어의 전통성과 합리성을 고려하여 정함을 원칙으로 한다.

표준어(標準語)를 발음하는 방법에 대한 대원칙을 정한 것이다. '표준어의 실제 발음을 따른다.'라는 근본 원칙에 '국어의 전통성(傳統性)과 합리성(合理性)을 고려하여 정한다.'라는 조건이 붙어 있다. 표준어의 실제 발음에 따라 표준 발음법을 정한다는 것은 표준어의 규정과 직접적인 관련을 가진다. 표준어 사정 원칙 제1장 제1항에서 '표준어(標準語)는 교양(敎養) 있는 사람들이 두루 쓰는 현대 서울말로 정함을 원칙으로 한다.'라고 규정하고 있다. 이에 따라 표준 발음법은 교양 있는 사람들이 두루 쓰는 현대 서울말의 발음을 표준어의 실제 발음으로 여기고서 일단 이를 따르도록 원칙을 정한 것이다.

전통(傳統)이란 예로부터 전해내려 오는 계통으로서, 현실적으로 규범적인 의의를 지닐 때 문화적인 가치가 인정된다. 언어의 사회적 공약은 관용(慣用)에 의해 성립되는 것이다. 따라서 전통적인 관용 형식은 중시되어야 한다. 그런데 관용형식이 몇 가지로 갈리고 있거나 변화 과정에서 변종(變種)의 처리 등은 합리성(合理性)이 고려되어야 하는 것이다.

제 2장 자음과 모음

'자음(子音)'은 '목, 입, 혀 따위의 발음 기관에 의하여 장애를 받으면서 나는 소리'이다. '자음'은 '조음 위치(調音位置)'와 '조음 방법(調音方法)'에 따라서 분류할 수 있는데, 국어(國語)의 경우에 조음 위치(調音位置)에 따른 자음의 부류는 양순음(兩脣音, ㅂ, ㅃ, ㅍ, ㅁ), 치조음(齒槽音, ㄷ, ㄸ, ㅌ, ㅅ, ㅆ, ㄴ, ㄹ), 경구개음(硬口蓋音, ㅈ, ㅉ, ㅊ), 연구개음(軟口蓋音, ㄱ, ㄲ, ㅋ, ㅇ), 성문음(聲門音, ㅎ)이 있으며, 조음 방법(調音方法)에 따른 부류는 파열음(破裂音, ㅂ, ㅃ, ㅍ, ㄷ, ㄸ, ㅌ, ㄱ, ㄲ, ㅋ), 파찰음(破擦音, ㅈ, ㅉ, ㅊ), 마찰음(摩擦音, ㅅ, ㅆ, ㅎ), 유음(流音, ㄹ), 비음(鼻音, ㄴ, ㅁ, ㅇ)이 있다. '닿소리'라고도 일컫는다.

'모음(母音)'은 '성대의 진동을 받은 소리가 목, 입, 코를 거쳐 나오면서, 그 통로가 좁아지거나 완전히 막히거나 하는 따위의 장애를 받지 않고 나는 소리'이다. 'ㅏ, ㅑ, ㅓ, ㅕ, ㅗ, ㅛ, ㅜ, ㅠ, ㅡ, ㅣ' 따위가 있다. '홀소리'라고도 한다.

제2항 표준어의 자음은 다음 19개로 한다.

ㄱ ㄲ ㄴ ㄷ ㄸ ㄹ ㅁ ㅂ ㅃ ㅅ ㅆ ㅇ ㅈ ㅉ ㅊ ㅋ ㅌ ㅍ ㅎ

19개의 자음(子音)을 위와 같이 배열한 것은 일반적인 한글 자모의 순서에다가 국어 사전(國語辭典)에서의 자모 순서를 고려한 것이다. 자음을 조음 방법과 조음 위치에 따라 분류하면 다음과 같다.

<자음체계>

조음위치 / 조음방법		양순음 (두 입술)	치조음 (윗잇몸, 혀끝)	경구개음 (센입천장, 앞 혓바닥)	연구개음 (여린입천장, 뒷 혓바닥)	성문음 (목청 사이)
파열음	예사소리	ㅂ	ㄷ		ㄱ	
	거센소리	ㅍ	ㅌ		ㅋ	
	된소리	ㅃ	ㄸ		ㄲ	
파찰음	예사소리			ㅈ		
	거센소리			ㅊ		
	된소리			ㅉ		
마찰음	예사소리		ㅅ			ㅎ
	된소리		ㅆ			
비음		ㅁ	ㄴ		ㅇ	
유음			ㄹ			

조음 위치에 따른 분류는 다음과 같다.

'양순음(兩脣音)'은 '두 입술 사이에서 나는 소리'이다. 국어의 'ㅂ, ㅃ, ㅍ, ㅁ'이 여기에 해당한다. '치조음(齒槽音)'은 '혀끝과 잇몸 사이에서 나는 소리'이다. 한글의 'ㄷ, ㅌ, ㄸ, ㄴ, ㄹ' 따위가 있다. '경구개음(硬口蓋音)'은 '혓바닥과 경구개 사이에서 나는 소리'이다. 'ㅈ, ㅉ, ㅊ' 따위가 있다. '연구개음(軟口蓋音)'은 '혀의 뒷부분과 연구개 사이에서 나는 소리'이다. 'ㅇ, ㄱ, ㅋ, ㄲ' 따위가 있다. '후음(喉音)'은 '목구멍, 즉 인두의 벽과 혀뿌리를 마찰하여 내는 소리'이다. 'ㅎ'이 있다.

조음 방법에 따른 분류는 다음과 같다.

'파열음(破裂音)'은 '폐에서 나오는 공기를 일단 막았다가 그 막은 자리를 터뜨리면서 내는 소리'이다. 'ㅂ, ㅃ, ㅍ, ㄷ, ㄸ, ㅌ, ㄱ, ㄲ, ㅋ' 따위가 있다. '파찰음(破擦音)'은 '파열음과 마찰음의 두 가지 성질을 다 가지는 소리'이다. 'ㅈ, ㅉ, ㅊ' 따위가 있다. '마찰음(摩擦音)'은 '입 안이나 목청 따위의 조음 기관이 좁혀진 사이로 공기가 비집고 나오면서 마찰하여 나는 소리'이다. 'ㅅ, ㅆ, ㅎ' 따위가 있다. '비음(鼻音)'은 '입 안의 통로를 막고 코로 공기를 내보내면서 내는 소리'이다. 'ㄴ, ㅁ, ㅇ' 따위가 있다. '유음(流音)'은 '혀끝을 잇몸에 가볍게 대었다가 떼거나, 잇몸에 댄 채 공기를 그 양옆으로 흘려보내면서 내는 소리'이다. 국어의 자음 'ㄹ' 따위이다.

제3항 표준어의 모음은 다음 21개로 한다.

ㅏ ㅐ ㅑ ㅒ ㅓ ㅔ ㅕ ㅖ ㅗ ㅘ ㅙ ㅚ ㅛ ㅜ ㅝ ㅞ ㅟ ㅠ ㅡ ㅢ ㅣ

표준어(標準語)의 단모음(單母音)과 이중모음(二重母音)이다. 이의 배열 순서도 자음의 경우와 마찬가지로 국어 사전(國語辭典)에 올릴 때의 자모 순서를 취한 것이다.

제4항 'ㅏ ㅐ ㅓ ㅔ ㅗ ㅚ ㅜ ㅟ ㅡ ㅣ'는 단모음(單母音)으로 발음한다.

표준어의 모음 중에서 단모음을 추려 배열한 것이다. 모음 체계(母音體系)는 다음과 같다.

<모음체계>

	front(전설모음)		back(후설모음)	
	평 순	원 순	평 순	원 순
high (고모음)	i (ㅣ)	ü (=y, ㅟ)	ɨ (ㅡ)	u (ㅜ)
mid (중모음)	e (ㅔ)	ö (=ø, ㅚ)	ə (ㅓ)	o (ㅗ)
low (저모음)	ɛ (ㅐ)		a (ㅏ)	

1. 혀의 전후 위치에 따른 분류

혀의 가장 높은 위치가 입의 앞부분이면 전설모음, 뒷부분이면 후설모음이다.

'전설모음(前舌母音, front vowel)'은 '혀의 앞쪽에서 발음되는 모음(母音)'으로 우리말에는 'ㅣ, ㅔ, ㅐ, *ㅚ, *ㅟ'가 있으며, '앞혀홀소리, 앞홀소리'라고도 한다. '후설모음(後舌母音, back vowel)'은 '혀의 뒤쪽과 여린입천장 사이에서 발음되는 모음'으로 'ㅜ, ㅗ' 따위가 있다. '뒤혀홀소리, 뒤홀소리'라고도 한다. '중설모음(中舌母音, central vowel)'은 '혀의 가운데 면과 입천장 중앙부 사이에서 조음되는 모음'으로, 국어에서는 'ㅡ, ㅓ, ㅏ' 따위가 있다. '가온혀홀소리, 가운데 홀소리, 혼합 모음'이라고도 한다.

2. 혀의 높이에 따른 분류

혀의 높이에 따라서 고모음, 중모음, 저모음으로 나뉘면서, 혀의 높이가 낮아질수록 개구도는 커지고, 높이가 높아질수록 개구도는 좁아진다.

'고모음(高母音, high vowel)'은 '입을 조금 열고, 혀의 위치를 높여서 발음하는 모음'이다. 국어에서는 'ㅣ, ㅟ, ㅡ, ㅜ' 따위가 있다. '높은홀소리, 닫은홀소리, 폐모음'이라고도 한다. '중모음(中母音, middle vowel)'은 '입을 보통으로 열고 혀의 높이를 중간으로 하여 발음하는 모음'이다. 'ㅔ, ㅚ, ㅓ, ㅗ' 따위가 있다. '반높은홀소리'라고도 한다. '저모음(低母音, low vowel)'은 '입을 크게 벌리고 혀의 위치를 가장 낮추어서 발음하는 모음'이다. 'ㅐ, ㅏ' 따위가 있다. '개모음, 낮은홀소리, 연홀소리, 저위 모음'이라고도 한다.

3. 입술 모양에 따른 분류

발음할 때 입술의 모양이 동그라면 원순, 옆으로 평평한 모양이면 평순모음이 된다.

원순모음(圓脣母音, rounded vowel)은 발음할 때에 입술을 둥글게 오므려 내는 모음이다. 한글의 'ㅗ, ㅜ, ㅚ, ㅟ' 따위가 있다. '둥근홀소리'라고도 한다. 평순모음(平脣母音, spread vowel)은 입술을 둥글게 오므리지 않고 발음하는 모음이다. 국어에서는 'ㅣ, ㅡ, ㅓ, ㅏ, ㅐ, ㅔ' 따위가 있다. '안둥근홀소리'라고도 한다.

[붙임] 'ㅚ, ㅟ'는 이중 모음으로 발음할 수 있다.

'이중모음(二重母音)'은 '소리를 내는 도중에 입술 모양이나 혀의 위치가 처음과 나중이 달라지는 모음'이다. 'ㅑ, ㅕ, ㅛ, ㅠ, ㅒ, ㅖ, ㅘ, ㅙ, ㅝ, ㅞ, ㅢ' 따위가 있다. 전설 원순모음인 'ㅚ, ㅟ'는 원칙적으로 단모음으로 규정한다. 입술을 둥글게 하면서 동시에 'ㅔ, ㅣ'를 각각 발음한다. 그러나 입술을 둥글게 하면서 계기적으로 'ㅔ, ㅣ'를 내는 이중모음으로 발음함도 허용하는 규정이다.

제5항 'ㅑ ㅒ ㅕ ㅖ ㅘ ㅙ ㅛ ㅝ ㅞ ㅠ ㅢ'는 이중 모음으로 발음한다.

이중 모음(二重母音)들 가운데 'ㅕ'가 긴소리인 경우에는 긴소리의 'ㅓ'를 올린 'ㅓ'로 발음하는 경우에 준하여 올린 'ㅕ'로 발음하는 것이다.

다만 1. 용언의 활용형에 나타나는 '져, 쪄, 쳐'는 [저, 쩌, 처]로 발음한다.

가지어→가져[가저], 찌어→쪄[쩌], 다치어→다쳐[다처]

'져, 쪄, 쳐' 등은 '지어, 찌어, 치어'를 줄여 쓴 것인데, 이 때에 각각 [저, 쩌, 처]로 발음한다. [저, 쩌, 처]와 같이 'ㅈ, ㅉ, ㅊ' 다음에서 'ㅕ' 같은 이중모음이 발음되는 경우가 없음을 규정한 것이다.

다만 2. '예, 례' 이외의 'ㅖ'는 [ㅔ]로도 발음한다.

계집[계 : 집/게 : 집], 계시다[계 : 시다/게 : 시다], 시계[시계/시게](時計), 연계[연계/연게](連繫), 몌별[몌별/메별](袂別), 개폐[개폐/개페](開閉), 혜택[혜 : 택/헤 : 택](惠澤), 지혜(지혜/지헤](智慧)

'ㅖ'는 본음대로 [ㅖ]로 발음한다. 그러나 '예, 례' 이외의 경우는 [ㅔ]로도 발음하기 때문에 실제의 발음까지 고려하여 [ㅔ]로 발음하는 것도 허용한다.

'연계(連繫)'는 '어떤 일이나 사람과 관련하여 관계를 맺음'을 뜻한다. '몌별(袂別)'은 '소매를 잡고 헤어진다.'는 의미이다.

다만 3. 자음을 첫소리로 가지고 있는 음절의 'ㅢ'는 [ㅣ]로 발음한다.

늴리리, 닁큼, 무늬, 띄어쓰기, 씌어, 틔어, 희어, 희떱다, 희망, 유희

자음(子音)을 첫소리로 가지고 있는 'ㅢ'에 대하여 표기와는 달리 [ㅣ]로 발음하는 언어 현실을 수용한 것이다. 결국 [ㅢ], [ㅡ]로는 발음하지 않는다.

다만 4. 단어의 첫음절 이외의 '의'는 [ㅣ]로, 조사'의'는 [ㅔ]로 발음함도 허용한다.

주의[주의/주이], 협의[혀븨/혀비], 우리의[우리의/우리에], 강의의[강 : 의의/강 : 이에]

현실음을 고려한 허용 규정이다. 원칙적으로는 [ㅢ]로 발음한다. 단어의 첫음절 이외의 '의'는 [ㅣ]로, 조사'의'는 [ㅔ]로 발음함도 허용한다.

제 3 장 소리의 길이

제6항 모음의 장단을 구별하여 발음하되, 단어의 첫 음절에서만 긴 소리가 나타나는 것을 원칙으로 한다.

(1) 눈보라[눈 : 보라], 말씨[말 : 씨], 밤나무[밤 : 나무], 많다[만 : 타], 멀리[멀 : 리], 벌리다[벌 : 리다]

(2) 첫눈[천눈], 참말[참말], 쌍동밤[쌍동밤], 수많이[수 : 마니], 눈멀다[눈멀다], 떠벌리다[떠벌리다]

표준발음(標準發音)으로 소리의 길이를 규정한 것으로 긴소리와 짧은소리 두 가지만 인정하되 단어의 제1 음절에서만 긴소리를 인정하고 그 이하의 음절은 모두 짧게 발음하는 것이 원칙이다. (1)은 단어의 첫 음절에서 긴소리를 가진 경우에는 긴소리로 발음한다. (2)는 본래 긴소리였던 것이 복합어 구성에서 제2 음절 이하에 놓인 것들로서 단어의 첫 음절에서만 긴소리를 인정하기에 짧게 발음해야 한다.

다만, 합성어의 경우에는 둘째 음절 이하에서도 분명한 긴소리를 인정한다.

반신반의[반 : 신 바 : 늬/반 : 신 바 : 니], 재삼재사[재 : 삼 재 : 사]

다만, 합성어의 경우에 단어의 첫 음절에서만 긴소리를 인정하는데, 둘째 음절 이하에서도 분명히 긴소리로 발음되는 것만은 긴소리를 인정한다.

[붙임] 용언의 단음절 어간에 어미 '-아/-어'가 결합되어 한 음절로 축약되는 경우에도 긴소리로 발음한다.

보아 → 봐[봐 :], 기어 → 겨[겨 :], 되어 → 돼[돼 :], 두어 → 둬[둬 :], 하여 → 해[해 :]

용언(用言)의 단음절 어간에 '-아/-어, -아라/-어라, -았다/-었다' 등이 결합될 때에 그 두 음절이 다시 한 음절로 축약되는 경우에는 준 형태로 표기하고 긴소리로 발음한다.

다만, '오아 → 와, 지어 → 져, 찌어 → 쪄, 치어 → 쳐' 등은 긴소리로 발음하지 않는다.

다만, '오아 → 와, 지어 → 져, 찌어 → 쪄, 치어 → 쳐' 등은 예외적으로 짧게 발음한다. 또한 '가+아 → 가, 서+어 → 서, 켜+어 → 켜'처럼 같은 모음끼리 만나 모음 하나가 없어진 경우에도 긴소리를 발음하지 않는다.

제7항 긴소리를 가진 음절이라도, 다음과 같은 경우에는 짧게 발음한다.

1. 단음절인 용언 어간에 모음으로 시작된 어미가 결합되는 경우

   감다[감 : 따]-감으니[가므니], 밟다[밥 : 따]-밟으면[발브면]
   신다[신 : 따]-신어[시너], 알다[알 : 다]-알아[아라]

다만, 다음과 같은 경우에는 예외적이다

   끌다[끌 : 다]-끌어[끄 : 러], 떫다[떨 : 따]-떫은[떨 : 븐]
   벌다[벌 : 다]-벌어[버 : 러], 썰다[썰 : 다]-썰어[써 : 러], 없다[업 : 따]-없으니[업 : 쓰니]

긴소리를 가진 용언 어간이 짧게 발음되는 경우를 규정한 것인데 우리말에서 가장 규칙적으로 나타나는 현상이다. 단음절인 용언 어간으로 시작하는 어미와 결합되는 경우에 그 용언의 어간은 짧게 발음한다.

2. 용언 어간에 피동, 사동의 접미사가 결합되는 경우

   감다[감 : 따]-감기다[감기다], 꼬다[꼬 : 다]-꼬이다[꼬이다], 밟다[밥 : 따]-밟히다[발피다]

다만, 다음과 같은 경우에는 예외적이다.

끌리다[끌 : 리다], 벌리다[벌 : 리다], 없애다[업 : 쌔다]

[붙임] 다음과 같은 합성어에서는 본디의 길이에 관계없이 짧게 발음한다.

밀-물, 썰-물, 쏜-살-같이, 작은-아버지

단음절(單音節) 용언 어간의 피동·사동형은 짧게 발음한다.

다만, 모음(母音)으로 시작된 어미 앞에서도 예외적으로 긴소리를 유지하는 용언 어간들의 피동·사동형의 경우에 여전히 긴소리로 발음된다.

[붙임]은 용언(用言)의 활용형을 가진 합성어로 중에는 그러한 활용형에서 긴소리를 가짐에도 불구하고 합성어에서는 짧게 발음하는 것들이 있다.

제 4 장 받침의 발음

제8항 받침소리로는 'ㄱ, ㄴ, ㄷ, ㄹ, ㅁ, ㅂ, ㅇ'의 7개 자음만 발음한다.

국어(國語)에서 받침에 사용할 수 있는 자음은 19자 중에서 3자 'ㄸ, ㅃ, ㅉ'을 제외한 16자이다. 우리말은 음절 말에서 발음되는 자음으로 'ㄱ, ㄴ, ㄷ, ㄹ, ㅁ, ㅂ, ㅇ' 7개 뿐이며, 음절 말에 이 일곱 가지 외의 자음이나 자음군이 오면 7개 자음 중에서 하나의 대표음으로 발음한다.

제9항 받침 'ㄲ, ㅋ', 'ㅅ, ㅆ, ㅈ, ㅊ, ㅌ', 'ㅍ'은 어말 또는 자음 앞에서 각각 대표음 [ㄱ, ㄷ, ㅂ]으로 발음한다.

닦다[닥따], 키읔[키윽], 키읔과[키윽꽈], 옷[옫], 웃다[욷ː따], 있다[읻따], 젖[젇], 빚다[빋따], 꽃[꼳], 쫓다[쫃따], 솥[솓], 뱉다[밷ː따], 앞[압], 덮다[덥따]

"받침 'ㄲ, ㅋ', 'ㅅ, ㅆ, ㅈ, ㅊ, ㅌ', 'ㅍ'은 어말(語末) 또는 자음(子音) 앞에서 각각 대표음 [ㄱ, ㄷ, ㅂ]으로 발음한다."는 규정이다. '키읔과[키윽꽈]'는 'ㄱ', '젖[젇], 쫓다[쫃따], 뱉다[밷ː따]'는 'ㄷ', '앞[압]'은 'ㅂ' 등으로 발음한다. 또한 받침 'ㄴ, ㄹ, ㅁ, ㅇ'은 변화 없이 본음대로 각각 [ㄴ, ㄹ, ㅁ, ㅇ]으로 발음되어 [ㄱ, ㄷ, ㅂ]과 함께 음절 말 위치에서 7개의 자음이 발음되는 것이다.

제10항 겹받침 'ㄳ', 'ㄵ', 'ㄼ, ㄽ, ㄾ', 'ㅄ'은 어말 또는 자음 앞에서 각각 [ㄱ, ㄴ, ㄹ, ㅂ]으로 발음한다.

넋[넉], 넋과[넉꽈], 앉다[안따], 여덟[여덜], 넓다[널따], 외곬[외골], 핥다[할따], 값[갑]

두 개의 자음(子音)으로 된 겹받침 가운데, 어말 위치에서 또는 자음으로 시작된 조사(助詞)나 어미(語尾) 앞에서 'ㄳ', 'ㄵ', 'ㄼ, ㄽ, ㄾ', 'ㅄ'은 어말 또는 자음 앞에서 각각 [ㄱ, ㄴ, ㄹ, ㅂ]으로 발음한다.

다만, '밟-'은 자음 앞에서 [밥]으로 발음하고, '넓-'은 다음과 같은 경우에 [넙]으로 발음한다.

(1) 밟다[밥ː따], 밟소[밥ː쏘], 밟지[밥ː찌], 밟는[밥ː는→밤ː는], 밟게[밥ː께], 밟고[밥ː꼬]

(2) 넓-죽하다[넙쭈카다], 넓-둥글다[넙뚱글다]

겹받침 'ㄼ'은 'ㄹ'로 발음되지 않고 'ㅂ'으로 발음되며, 뒤의 음절은 된소리로 발음한다. 겹받침의 발음에서 예외적인 규정으로 'ㄼ'은 'ㄹ'로 발음되는데, 동사 '밟다[밥 : 따]'는 'ㅂ'으로 발음한다.

제11항 겹받침 'ㄺ, ㄻ, ㄿ'은 어말 또는 자음 앞에서 각각 [ㄱ, ㅁ, ㅂ]으로 발음한다.

닭[닥], 흙과[흑꽈], 맑다[막따], 늙지[늑찌], 삶[삼 :], 젊다[점 : 따], 읊고[읍꼬], 읊다[읍따]

어말(語末) 위치(位置)에서 또는 자음 앞에서 겹받침 'ㄺ, ㄻ, ㄿ'이 'ㄹ'을 탈락(脫落)시키고 각각 [ㄱ, ㅁ, ㅂ]으로 발음한다는 규정이다. 겹받침에서 첫 음절의 받침인 'ㄹ'이 탈락하는 경우이다.

다만, 용언의 어간 발음 'ㄺ'은 'ㄱ' 앞에서 [ㄹ]로 발음한다.

맑게[말께], 묽고[물꼬], 얽거나[얼꺼나]

용언(用言, 문장의 주체를 서술하는 기능을 가진 동사와 형용사)의 경우에는 뒤에 오는 자음의 종류에 따라 'ㄺ'이 두 가지로 발음된다. 첫째는 'ㄷ, ㅅ, ㅈ' 앞에서는 [ㄱ]으로 발음되고(맑다[막따], 늙지[늑찌]), 'ㄱ' 앞에서는 이와 동일한 'ㄱ'은 탈락시키고서 [ㄹ]로 발음한다(맑게[말께], 늙게[늘께]).

제12항 받침 'ㅎ'의 발음은 다음과 같다.

1. 'ㅎ(ㄶ, ㅀ)' 뒤에 'ㄱ, ㄷ, ㅈ'이 결합되는 경우에는, 뒤 음절 첫소리와 합쳐서 [ㅋ, ㅌ, ㅊ]으로 발음한다.

놓고[노코], 좋던[조 : 턴], 쌓지[싸치], 많고[만 : 코], 않던[안턴], 닳지[달치]

받침 'ㅎ'과 이 'ㅎ'이 포함된 겹받침 'ㄶ, ㅀ' 뒤에 'ㄱ, ㄷ, ㅈ'과 같은 예사소리가 결합된 경우에는 'ㅎ+ㄱ', 'ㅎ+ㄷ', 'ㅎ+ㅈ' 등이 결합하면 'ㅋ, ㅌ, ㅊ'으로 축약(縮約)되어 [ㅋ, ㅌ, ㅊ]으로 발음한다.

[붙임 1] 받침 'ㄱ(ㄺ), ㄷ, ㅂ(ㄼ), ㅈ(ㄵ)'이 뒤 음절 첫소리 'ㅎ'과 결합되는 경우에도, 역시 두 소리를 합쳐서 [ㅋ, ㅌ, ㅍ, ㅊ]으로 발음한다.

각하[가카], 먹히다[머키다], 밝히다[발키다], 맏형[마텽], 좁히다[조피다], 넓히다[널피다], 꽂히다[꼬치다], 앉히다[안치다]

한 단어 안에서 받침 'ㄱ(ㄺ), ㄷ, ㅂ(ㄼ), ㅈ(ㄵ)'이 뒤 음절의 첫소리 'ㅎ'과 결합되어 [ㅋ, ㅌ, ㅍ, ㅊ]으로 발음한다. 이것은 용언에 한정된 것이 아닐 뿐만 아니라 한자어(漢字語)나 합성어(合成語, 둘 이상의 실질 형태소가 결합하여 하나의 단어) 또는 파생어(派生語, 실질 형태소에 접사가 붙은 말) 등의 경우에도 적용된다.

[붙임 2] 규정에 따라 'ㄷ'으로 발음되는 'ㅅ, ㅈ, ㅊ, ㅌ'의 경우에는 이에 준한다.

옷 한 벌[오탄벌], 낮 한때[나탄때], 꽃 한 송이[꼬탄송이], 숱하다[수타다]

둘 또는 그 이상의 단어(單語)를 이어서 한 마디로 발음하는 경우에도 마찬가지이다. 다만 단어마다 끊어서 발음할 때는 '꽃 한 송이[꼳 한 송이]'와 같이 발음한다. 둘 다 인정한다.

2. 'ㅎ(ㄶ, ㅀ)'뒤에 'ㅅ'이 결합되는 경우에는, 'ㅅ'을 [ㅆ]으로 발음한다.

닿소 [다쏘], 많소[만 : 쏘], 싫소[실쏘]

받침 'ㅎ(ㄶ, ㅀ)'이 'ㅅ'을 만나면 둘을 결합시켜 'ㅅ'을 [ㅆ]으로 발음한다.

3. 'ㅎ'뒤에 'ㄴ'이 결합되는 경우에는, [ㄴ]으로 발음한다.

놓는[논는], 쌓네[싼네]

'ㄴ'으로 시작된 어미 '-는(다), -네, -나' 등 앞에서 받침 'ㅎ'은 [ㄴ]으로 발음한다.

[붙임] 'ㄶ, ㅀ'뒤에 'ㄴ'이 결합되는 경우에는, 'ㅎ'을 발음하지 않는다.

않네[안네], 않는[안는], 뚫네[뚤네→뚤레], 뚫는[뚤는→뚤른]

* '뚫네[뚤네→뚤레], 뚫는[뚤는→뚤른]'에 대해서는 제20항 참조.

받침 'ㄶ, ㅀ'뒤에 'ㄴ'으로 시작된 어미가 결합되는 경우에는 'ㅎ'을 발음하지 않는데, 다만 'ㅀ' 뒤에서는 'ㄴ'이 [ㄹ]로 발음된다.

4. 'ㅎ(ㄶ, ㅀ)'뒤에 모음으로 시작된 어미나 접미사가 결합되는 경우에는, 'ㅎ'을 발음하지 않는다.

낳은[나은], 놓아[노아], 쌓이다[싸이다], 많아[마 : 나], 않은[아는], 닳아[다라], 싫어도[시러도]

받침 'ㅎ, ㄶ, ㅀ'의 'ㅎ'이 모음으로 시작된 어미(語尾, 용언 및 서술격 조사가 활용하여 변하는 부분)나 접미사와 결합될 때는 그 'ㅎ'을 발음하지 않는다. 한자어나 복합어(複合語)에서 '모음+ㅎ'이나 'ㄴ, ㅁ, ㅇ, ㄹ+ㅎ'의 결합을 보이는 경우에는 본음대로 발음한다.

제13항 홑받침이나 쌍받침이 모음으로 시작된 조사나 어미, 접미

사와 결합되는 경우에는, 제 음가대로 뒤 음절 첫소리로 옮겨 발음한다.

깎아[까까], 옷이[오시], 있어[이써], 낮이[나지], 꽂아[꼬자], 꽃을[꼬츨], 쫓아[쪼차], 밭에[바테], 앞으로[아프로], 덮이다[더피다]

연음법칙(連音法則, 앞 음절의 받침에 모음으로 시작되는 형식 형태소가 이어지면, 앞의 받침이 뒤 음절의 첫소리로 발음되는 음운 법칙)에 해당하는 발음 규정이다. 이 규정은 받침을 다음 음절의 첫소리로 옮겨서 발음하는 것을 말하며, 홑받침의 경우이다.

제14항 겹받침이 모음으로 시작된 조사나 어미, 접미사와 결합되는 경우에는 뒤엣것만을 뒤 음절 첫소리로 옮겨 발음한다(이 경우, 'ㅅ'은 된소리로 발음함.).

넋이[넉씨], 앉아[안자], 닭을[달글], 젊어[절머], 곬이[골씨], 핥아[할타], 읊어[을퍼], 값을[갑쓸], 없어[업 : 써]

연음법칙(連音法則)에 대한 규정으로 겹받침의 경우이다. 첫 음절의 받침은 그대로 받침의 소리로 발음하되, 둘째 음절은 다음 음절의 첫소리로 옮겨서 발음한다. 겹받침 'ㄳ, ㄽ, ㅄ'의 경우에는 'ㅅ'을 연음하되, 된소리 [ㅆ]으로 발음한다.

제15항 받침 뒤에 모음 'ㅏ, ㅓ, ㅗ, ㅜ, ㅟ'들로 시작되는 실질 형태소가 연결되는 경우에는, 대표음으로 바꾸어서 뒤 음절 첫소리로 옮겨 발음한다.

밭 아래[바다래], 늪 앞[느밥], 젖어미[저더미], 맛없다[마덥다], 겉옷[거돋], 헛웃음[허두슴], 꽃 위[꼬뒤]

받침 있는 단어(單語)나 접두사(接頭辭)가 모음으로 시작된 단어와의 결합에서 발음되는 연음법칙(連音法則)에 대한 규정이다. 이 규정에서 받침 뒤에 오는 모음으로 받침 뒤에 모음 'ㅏ, ㅓ, ㅗ, ㅜ, ㅟ'로 한정시킨 이유는 'ㅣ, ㅑ, ㅕ, ㅛ, ㅠ'와의 결합에서는 연음(連音)을 하지 않으면서 [ㄴ]이 드러나는 경우가 있기 때문이다.

다만, '맛있다, 멋있다'는 [마싣따], [머싣따]로도 발음할 수 있다.

'맛있다, 멋있다'는 [마딛따], [머딛따]를 표준발음으로 정하고 있지만 [마싣따], [머싣따]도 실제 발음 현실을 고려하여 허용하였다.

[붙임] 겹받침의 경우에는 그 중 하나만을 옮겨 발음한다.

넋 없다[너겁따], 닭 앞에[다가페], 값어치[가버치], 값있는[가빈는]

겹받침의 발음 규정이다. 겹받침의 경우에도 원칙은 마찬가지여서, 독립형으로 쓰이는 받침의 소리가 모음 'ㅏ, ㅓ, ㅗ, ㅜ, ㅟ'들로 시작되는 실질 형태소에 연결되면 이어서 발음하는 연음법칙이 이용된다.

제16항 한글 자모의 이름은 그 받침 소리를 연음하되, 'ㄷ, ㅈ, ㅊ, ㅋ, ㅌ, ㅍ, ㅎ'의 경우에는 특별히 다음과 같이 발음한다.

디귿이[디그시], 디귿을[디그슬], 디귿에[디그세]
지읒이[지으시], 지읒을[지으슬], 지읒에[지으세]
치읓이[치으시], 치읓을[치으슬], 치읓에[치으세]
키읔이[키으기], 키읔을[키으글], 키읔에[키으게]
티읕이[티으시], 티읕을[티으슬], 티읕에[티으세]
피읖이[피으비], 피읖을[피으블], 피읖에[피으베]
히읗이[히으시], 히읗을[히으슬], 히읗에[히으세]

한글 자모(子母)의 이름에 대한 발음이다. 한글 자모의 이름은 첫소리와 끝소리 둘을 모두 보이기 위한 방식으로 붙인 것이기에 원칙적으로는 모음 앞에서 디귿이[디그디], 디귿을[디그들]과 같이 발음하여야 하지만 실제 발음에서는 디귿이[디그시], 디귿을[디그슬]과 같아 이 현실 발음을 반영시켜 규정한 것이다.

제 5 장 소리의 동화

동화(同化)는 말소리가 서로 이어질 때, 어느 한쪽 또는 양쪽이 영향을 받아 비슷하거나 같은 소리로 바뀌는 소리의 변화를 이르는 말이다.

제17항 받침 'ㄷ, ㅌ(ㄾ)'이 조사나 접미사의 모음 'ㅣ'와 결합되는 경우에는, [ㅈ, ㅊ]으로 바꾸어서 뒤 음절 첫소리로 옮겨 발음한다.

곧이듣다[고지듣따], 굳이[구지], 미닫이[미다지], 땀받이[땀바지], 밭이[바치], 벼훑이[벼훌치]

구개음화(口蓋音化)는 끝소리가 'ㄷ, ㅌ'인 형태소가 모음 'ㅣ'나 반모음 'ㅣ[j]'로 시작되는 형식 형태소와 만나면 그것이 구개음 'ㅈ, ㅊ'이 되거나, 'ㄷ' 뒤에 형식 형태소 '히'가 올 때 'ㅎ'과 결합하여 이루어진 'ㅌ'이 'ㅊ'이 되는 현상이다.

[붙임] 'ㄷ'뒤에 접미사 '히'가 결합되어 '티'를 이루는 것은 [치]로 발음한다.

굳히다[구치다], 닫히다[다치다], 묻히다[무치다]

'이' 이외에 '히'가 결합될 때에도 받침 'ㄷ'과 합하여 [ㅊ]으로 구개음화하여 발음한다. 구개음화(口蓋音化)는 조사(助詞)나 접미사

(接尾辭)에 의해서만 일어날 수 있는 것이다. 합성어(合成語)에서는 받침 'ㄷ, ㅌ' 다음에 '이'로 시작되는 단어가 결합되어 있을 때는 구개음화가 일어나지 않는다(밭이랑[반니랑]×[바치랑]).

제18항 받침 'ㄱ(ㄲ, ㅋ, ㄳ, ㄺ), ㄷ(ㅅ, ㅆ, ㅈ, ㅊ, ㅌ, ㅎ), ㅂ(ㅍ, ㄼ, ㄿ, ㅄ)'은 'ㄴ, ㅁ' 앞에서 [ㅇ, ㄴ, ㅁ]으로 발음한다.

먹는[멍는], 국물[궁물], 깎는[깡는], 키읔만[키응만], 몫몫이[몽목씨], 긁는[궁는], 흙만[흥만], 닫는[단는], 짓는[진 : 는], 옷맵시[온맵시], 있는[인는], 맞는[만는], 젖멍울[전멍울], 쫓는[쫀는], 꽃망울[꼰망울], 붙는[분는], 놓는[논는], 잡는[잠는], 밥물[밤물], 앞마당[암마당], 밟는[밤는], 읊는[음는], 없는[엄 : 는], 값매다[감매다]

비음화(鼻音化)는 어떤 음의 조음(調音)에 비강의 공명이 수반되는 현상을 일컫는다. 받침 'ㄱ, ㄷ, ㅂ'은 'ㄴ, ㅁ' 앞에서 [ㅇ, ㄴ, ㅁ]으로 동화(同化)되어 발음됨을 규정한 것이다. 변동의 양상을 음운 규칙으로 정리하면 다음과 같다. 첫째, [ㄱ, ㄲ, ㅋ, ㄳ, ㄺ] → /ㅇ/ _ [ㄴ, ㅁ]으로 '깎는[깡는], 키읔만[키응만], 흙만[흥만]' 등이 있다. 둘째, [ㄷ, ㅅ, ㅆ, ㅈ, ㅊ, ㅌ, ㅎ] → /ㄴ/ _ [ㄴ, ㅁ]으로 '옷맵시[온맵시], 있는[인는], 맞는[만는], 놓는[논는]' 등이 있다. 셋째, [ㅂ, ㅍ, ㄼ, ㄿ, ㅄ] → /ㅁ/ _ [ㄴ, ㅁ]으로 '앞마당[암마당], 읊는[음는], 값매다[감매다]' 등이 있다.

[붙임] 두 단어를 이어서 한 마디로 발음하는 경우에도 이와 같다.

책 넣는다[챙넌는다], 흙 말리다[흥말리다], 옷 맞추다[온마추다], 밥 먹는다[밤멍는다], 값 매기다[감매기다]

[붙임]의 규정(規定)에는 조건이 있는데 그것은 '한 마디로 발음하는 경우'를 말한다. 문법적으로는 두 단어이나 발음상으로는 이어서 하나처럼 발음하는 것이다.

제19항 받침 'ㅁ, ㅇ' 뒤에 연결되는 'ㄹ'은 [ㄴ]으로 발음한다.

담력[담 : 녁], 침략[침냑], 강릉[강능], 항로[항 : 노], 대통령[대 : 통녕]

한자어(漢字語)에서 받침 'ㅁ, ㅇ' 뒤에 결합되는 'ㄹ'은 [ㄴ]으로 발음됨을 보인 규정이다. 본래 'ㄹ'을 첫소리로 가진 한자어는 'ㄴ, ㄹ' 이외의 받침 뒤에서는 언제나 'ㄹ'이 [ㄴ]으로 발음된다.

[붙임] 받침 'ㄱ, ㅂ' 뒤에 연결되는 'ㄹ'도 [ㄴ]으로 발음한다.

막론[막논→망논], 백리[백니→뱅니], 협력[협녁→혐녁], 십리[십니→심니]

받침 'ㄱ, ㅂ' 뒤에 연결되는 'ㄹ'은 [ㄴ]으로 발음되고, 그 [ㄴ] 때문에 'ㄱ, ㅂ'은 다시 [ㅇ, ㅁ]으로 역행동화(逆行同化)되어 발음된다.

제20항 'ㄴ'은 'ㄹ'의 앞이나 뒤에서 [ㄹ]로 발음한다.

(1) 난로[날 : 로], 신라[실라], 천리[철리], 광한루[광 : 할루], 대관령[대 : 괄령]
(2) 칼날[칼랄], 물난리[물랄리], 줄넘기[줄럼끼], 할는지[할른지]

비음(鼻音)인 'ㄴ'이 'ㄹ'의 앞이나 뒤에서 유음(流音) [ㄹ]로 동화되어 발음되는 경우를 규정한 것으로 유음화(流音化) 현상이라고 불린다. (1)은 한자어(漢字語)의 경우, (2)는 합성어(合成語)와 파생어(派生語)의 경우와 '-(으)ㄹ 는지'의 경우이다.

[붙임] 첫소리 'ㄴ'이 'ㅀ', 'ㄾ' 뒤에 연결되는 경우에도 이에 준한다.

닳는[달른], 뚫는[뚤른], 핥네[할레]

'ㅀ', 'ㄾ'과 같이 자음 앞에서 [ㄹ]이 발음되는 용언 어간 다음에 'ㄴ'으로 시작되는 어미가 결합되면 그 'ㄴ'을 [ㄹ]로 동화시켜 발음한다.

다만, 다음과 같은 단어들은 'ㄹ'을 [ㄴ]으로 발음한다.

의견란[의 : 견난], 임진란[임 : 진난], 생산량[생산냥], 결단력[결딴녁], 공권력[공꿘녁], 동원령[동 : 원녕], 상견례[상견녜], 횡단로[횡단노], 이원론[이원논], 입원료[이붠뇨], 구근류[구근뉴]

한자어(漢字語)에서 'ㄴ'과 'ㄹ'이 결합하면서도 [ㄹㄹ]로 발음되지 않고 [ㄴㄴ]으로 발음되는 규정이다.

제21항 위에서 지적한 이외의 자음 동화는 인정하지 않는다.

감기[감 : 기](×[강 : 기]), 옷감[옫깜](×[옥깜]), 있고[읻꼬] (×[익꼬])
꽃길[꼳낄](×[꼭낄]), 젖먹이[전머기](×점머기]), 문법[문뻡](×[뭄뻡]), 꽃밭[꼳빧](×[꼽빧])

'신문'을 가끔은 역행동화(逆行同化)된 [심문]으로 발음하는 경우처럼 실제 언어 현실에서는 발견할 수 있는 발음이지만 국어의 음운 규칙에 의한 것이 아닐 뿐만 아니라 그러한 발음 현상이 일반적인 것도 아니라는 점에서 표준발음법(標準發音法)에서는 허용하지 않는다. '자음동화(子音同化)'는 '음절(音節) 끝 자음(子音)이 그 뒤에 오는 자음과 만날 때, 어느 한쪽이 다른 쪽을 닮아서 그와 비슷하거나 같은 소리로 바뀌기도 하고, 양쪽이 서로 닮아서 두 소리가 다 바뀌기도 하는 현상'을 의미한다.

제22항 다음과 같은 용언의 어미는 [어]로 발음함을 원칙으로 하되, [여]로 발음함도 허용한다.

피어[피어/피여], 되어[되어/되여]

[붙임] '이오, 아니오'도 이에 준하여 [이요], [아니요]로 발음함을 허용한다.

모음(母音)으로 끝난 용언 어간에 모음으로 시작된 어미가 결합될 때에에 'ㅣ'모음 순행 동화 현상이 일어난다.

제 6 장 된소리되기

된소리되기는 예사소리였던 것이 된소리로 바뀌는 현상이며, '경음화(硬音化)'라고도 한다.

제23항 받침 'ㄱ(ㄲ, ㅋ, ㄳ, ㄺ), ㄷ(ㅅ, ㅆ, ㅈ, ㅊ, ㅌ), ㅂ(ㅍ, ㄼ, ㄿ, ㅄ)' 뒤에 연결되는 'ㄱ, ㄷ, ㅂ, ㅅ, ㅈ'은 된소리로 발음한다.

국밥[국빱], 깎다[깍따], 넋받이[넉빠지], 삯돈[삭똔], 닭장[닥짱], 칡범[칙뻠], 뻗대다[뻗때다], 옷고름[옫꼬름], 있던[읻떤], 꽂고[꼳꼬], 꽃다발[꼳따발], 낯설다[낟썰다], 밭갈이[받까리], 솥전[솓쩐], 곱돌[곱똘], 덮개[덥깨], 옆집[엽찝], 넓죽하다[넙쭈카다], 읊조리다[읍쪼리다], 값지다[갑찌다]

한 단어 안에서나 체언(體言, 문장의 몸체가 되는 자리에 쓰이는 명사, 대명사, 수사 따위)의 곡용(曲用, 국어에서는 명사, 대명사와 같은 체언의 격 변화를 가리키며, 곡용 어간은 체언, 곡용 어미는 격 조사로 처리하나, 학교 문법에서는 곡용을 인정하지 않음) 및 용언(用言)의 활용(活用, 용언의 어간이나 서술격 조사에 변하는 말이 붙어 문장의 성격을 바꾸며, 국어에서는 동사, 형용사, 서술격 조사의 어간에 여러 가지 어미가 붙는 형태를 이르는데, 이로써 시제·서법 따위)에서는 된소리로 발음한다. 받침 'ㄱ(ㄲ, ㅋ, ㄳ, ㄺ), ㄷ(ㅅ, ㅆ, ㅈ, ㅊ, ㅌ), ㅂ(ㅍ, ㄼ, ㄿ, ㅄ)' 뒤에 연결되는 'ㄱ, ㄷ, ㅂ, ㅅ, ㅈ'은 된소리 [ㄲ, ㄸ, ㅃ, ㅆ, ㅉ]으로 발음한다.

제24항 어간 받침 'ㄴ(ㄵ), ㅁ(ㄻ)' 뒤에 결합되는 어미의 첫소리 'ㄱ, ㄷ, ㅅ, ㅈ'은 된소리로 발음한다.

신고[신 : 꼬], 껴안다[껴안따], 앉고[안꼬], 얹다[언따], 삼고[삼 : 꼬], 더듬지[더듬찌], 닮고[담 : 꼬], 젊지[점 : 찌]

용언(用言)의 어간(語幹)에만 적용되는 규정으로 용언의 어간 받침이 'ㄴ(ㄵ), ㅁ(ㄻ)' 뒤에 결합되는 어미의 첫소리 'ㄱ, ㄷ, ㅅ, ㅈ'은 된소리 [ㄱ, ㄷ, ㅅ, ㅈ]으로 발음한다. 체언(體言)의 경우에는 '신도[신도], 신과[신과]' 등과 같이 된소리로 발음하지 않는다.

다만, 피동(被動, 남의 행동을 입어서 행하여지는 동작을 나타내는 동사이다. '보이다, 물리다, 잡히다, 안기다, 업히다' 따위), 사동(使動, 문장의 주체가 자기 스스로 행하지 않고 남에게 그 행동이나 동작을 하게 함을 나타내는 동사이다. 대개 대응하는 주동문의 동사에 사동 접미사 '-이-, -히-, -리-, -기-' 따위)의 접미사 '-기-'는 된소리로 발음하지 않는다.

안기다, 감기다, 굶기다, 옮기다

'ㄴ, ㅁ' 받침을 가진 용언 어간의 피동·사동은 이 규정에 따르지 않아서 '감기다[감기다], 옮기다[옴기다]'와 같이 발음한다. 용언의 명사형의 경우에는 '안기[안끼], 굶기[굼끼]' 등과 같이 된소리[硬音]로 발음한다.

제25항 어간 받침 'ㄼ, ㄾ' 뒤에 결합되는 어미의 첫소리 'ㄱ, ㄷ, ㅅ, ㅈ'은 된소리로 발음한다.

넓게[널께], 핥다[할따], 훑소[훌쏘], 떫지[떨찌]

자음(子音) 앞에서 [ㄹ]로 발음되는 겹받침 'ㄼ, ㄾ' 다음에서도 뒤에 연결되는 'ㄱ, ㄷ, ㅅ, ㅈ'은 된소리 [ㄲ, ㄸ, ㅆ, ㅉ]으로 발음한다.

第26항 한자어에서, ‘ㄹ’받침 뒤에 결합되는 ‘ㄷ, ㅅ, ㅈ’은 된소리로 발음한다.

갈등[갈뜽], 발동[발똥], 절도[절또], 말살[말쌀], 불소(弗素)[불쏘], 일시[일씨], 갈증[갈쯩], 물질[물찔], 발전[발쩐], 몰상식[몰쌍식], 불세출[불쎄출]

다만, 같은 한자가 겹쳐진 단어의 경우에는 된소리로 발음하지 않는다.

허허실실[허허실실](虛虛實實), 절절-하다[절절하다](切切-)

한자어(漢字語)의 ‘ㄹ’받침 뒤에 연결되는 ‘ㄷ, ㅅ, ㅈ’은 된소리[ㄸ, ㅆ, ㅉ]으로 발음한다. 그러나 ‘결과(結果), 불복(不服), 절기(節氣), 팔경(八景)’ 등은 된소리로 발음하지 않는다. ‘ㄹ’ 받침 뒤의 ‘ㄷ, ㅅ, ㅈ’이 된소리로 발음되는 것은 ‘ㄹ’의 영향 때문이라고 할 수 있다. 유음(流音)의 혀끝소리인 ‘ㄹ’은 혀끝을 윗잇몸에 대고 혀의 양 옆으로 바람을 흘려 발음하는 음이다. ‘ㄹ’이 발음되면서 다음에 발음되는 자음을 된소리로 할 수 있는 것은 조음 위치가 가까운 자음에 한하기 때문이다. 따라서 같은 입술소리인 ‘ㄷ, ㅅ’과 구개음인 ‘ㅈ’은 영향을 받아 된소리로 발음되지만 연구개음인 ‘ㄱ’과 입술소리인 ‘ㅂ’은 된소리로 발음하지 않는다.

다만, 한자어(漢字語) 중에서 첩어(疊語, 한 단어를 반복적으로 결합한 복합어이다. ‘누구누구, 드문드문, 꼭꼭’ 따위)의 경우는 된소리로 발음하지 않는다.

第27항 관형사형 ‘-(으)ㄹ’ 뒤에 연결되는 ‘ㄱ, ㄷ, ㅂ, ㅅ, ㅈ’은 된소리로 발음한다.

할 것을[할꺼슬], 갈 데가[갈떼가], 할 바를[할빠를], 할 수는[할쑤는], 할 적에[할쩌게], 갈 곳[갈꼳], 할 도리[할또리], 만날 사람[만날싸람]

다만, 끊어서 말할 적에는 예사소리로 발음한다.

관형사형(冠形詞形, 관형사처럼 체언을 꾸미는 용언의 활용형이다. 앞의 말에 대해서는 서술어, 그 뒤의 말에 대해서는 관형어 구실을 하는 것으로, '-(으)ㄴ'이 붙은 '읽은', '본', '-(으)ㄹ'이 붙은 '갈', '잡을', '-는'이 붙은 '먹는' 따위) '-ㄹ' 다음에 'ㄱ, ㄷ, ㅂ, ㅅ, ㅈ'은 예외 없이 된소리 [ㄲ, ㄸ, ㅃ, ㅆ, ㅉ]으로 발음한다. 그러나 관형사형 '-ㄴ' 뒤에서는 된소리로 발음하지 않는다.

[붙임] '-(으)ㄹ'로 시작되는 어미의 경우에도 이에 준한다.

할걸[할껄], 할밖에[할빠께], 할세라[할쎄라], 할수록[할쑤록], 할지라도[할찌라도], 할지언정[할찌언정], 할진대[할찐대]

관형사형(冠形詞形) '-ㄹ'로 시작되는 어미도 역시 'ㄹ' 뒤에 오는 자음 'ㄱ, ㄷ, ㅂ, ㅅ, ㅈ'은 된소리 [ㄲ, ㄸ, ㅃ, ㅆ, ㅉ]으로 발음한다.

제28항 표기상으로는 사이시옷이 없더라도, 관형격 기능을 지니는 사이시옷이 있어야 할(휴지가 성립되는) 합성어의 경우에는, 뒤 단어의 첫소리 'ㄱ, ㄷ, ㅂ, ㅅ, ㅈ'을 된소리로 발음한다.

문-고리[문꼬리], 눈-동자[눈똥자], 신-바람[신빠람], 산-새[산쌔], 손-재주[손째주], 길-가[길까], 물-동이[물똥이], 발-바닥[발빠닥], 굴-속[굴 : 쏙], 술-잔[술짠], 바람-결[바람껼], 그믐-달[그믐딸], 아침-밥[아침빱], 잠-자리[잠짜리], 강-가[강까], 초승-달[초승딸], 등-불[등뿔], 창-살[창쌀], 강-줄기[강쭐기]

표기상(表記上)으로는 사이시옷이 드러나지 않더라도 기능상(機能上) 사이시옷이 있을 만한 합성어(合成語)의 경우에는 뒤 단어의 첫소리 'ㄱ, ㄷ, ㅂ, ㅅ, ㅈ'을 된소리 [ㄲ, ㄸ, ㅃ, ㅆ, ㅉ]으로 발음한다.

제 7 장 소리의 첨가

첨가(添加)는 원래 없던 소리가 덧나는 현상을 말하는데 삽입(挿入)이라고도 부른다. 'ㄴ' 소리가 첨가 되는 경우와 'ㅅ' 소리가 첨가 되는 경우가 있다.

제29항 합성어 및 파생어에서, 앞 단어나 접두사의 끝이 자음이고 뒤 단어나 접미사의 첫음절이 '이, 야, 여, 요, 유'인 경우에는, 'ㄴ' 소리를 첨가하여 [니, 냐, 녀, 뇨, 뉴]로 발음한다.

솜-이불[솜니불], 홑-이불[혼니불], 막-일[망닐], 삯일[상닐], 맨-입[맨닙], 꽃-잎[꼰닙], 내복-약[내 : 봉냑], 한-여름[한녀름], 남존-여비[남존녀비], 신-여성[신녀성], 색-연필[생년필], 직행-열차[지캥녈차], 늑막-염[능망념], 콩-엿[콩녇], 담-요[담 : 뇨], 눈-요기[눈뇨기], 영업-용[영엄뇽], 식용-유[시굥뉴], 국민-윤리[궁민뉼리], 밤-윷[밤 : 뉻]

'ㄴ' 첨가(添加)하여 발음하는 규정이다. 고유어(固有語)와 한자어(漢字語) 사이에는 차이는 없으나 첫째, 합성어(合成語)나 파생어(派生語)일 것, 둘째, 앞 단어(單語)와 접두사(接頭辭)가 자음으로 끝나야 할 것, 셋째, 뒤 단어나 접미사(接尾辭)의 첫 음절이 '이, 야, 여, 요, 유' 등이어야 한다.

다만, 다음과 같은 말들은 'ㄴ' 소리를 첨가하여 발음하되, 표기대로 발음할 수 있다.

이죽-이죽[이중니죽/이주기죽], 야금-야금[야금냐금/야그먀금], 검열[검 : 녈/거 : 멸], 욜랑-욜랑[욜랑뇰랑/욜랑욜랑], 금융[금늉/그뮹]

'ㄴ'을 첨가하여 발음하기도 하지만 'ㄴ' 첨가 없이 발음하기도 한다. 이것은 개인적인 발음 습관에 따른 것이나 그 어느 쪽을 일반화하거나 일률적으로 규칙화할 수 없기 때문에 두 가지 발음을 모두 인정하였다.

[붙임 1] 'ㄹ'받침 뒤에 첨가되는 'ㄴ' 소리는 [ㄹ]로 발음한다.

들-일[들 : 릴], 솔-잎[솔립], 설-익다[설릭따], 물-약[물략], 불-여우[불려우], 서울-역[서울력], 물-엿[물렫], 휘발-유[휘발류], 유들-유들[유들류들]

'ㄹ' 받침 뒤에 첨가되는 'ㄴ'은 [ㄹ]로 동화(同化)시켜 발음한다. 수원역은 [수원녁]으로 발음하지만 서울역은 [서울력]으로 발음한다.

[붙임 2] 두 단어를 이어서 한 마디로 발음하는 경우에는 이에 준한다.

한 일[한닐], 옷 입다[온닙따], 서른 여섯[서른녀섣], 3연대[삼년대], 먹은 엿[머근녇], 할 일[할릴], 잘 입다[잘립따], 스물 여섯[스물려섣], 1연대[일련대], 먹을 엿[머글렫]

두 단어를 한 단어처럼 한 마디로 발음하는 경우이다. '잘 입다', '먹을 엿'은 [잘립따], [머글렫]으로 발음한다는 것이다.

다만, 다음과 같은 단어에서는 'ㄴ(ㄹ)' 소리를 첨가하여 발음하지 않는다.

6·25[유기오], 3·1절[사밀쩔], 송별연[송 : 벼련], 등용-문[등용문]

다만, 첨가의 조건을 구성하고 있으나 'ㄴ, ㄹ' 받침을 첨가하지 않고 발음하는 것이다(8 · 15[파리로]).

제30항 사이시옷이 붙은 단어는 다음과 같이 발음한다.

1. 'ㄱ, ㄷ, ㅂ, ㅅ, ㅈ'으로 시작하는 단어 앞에 사이시옷이

올 때는 이들 자음만을 된소리로 발음하는 것을 원칙으로 하되, 사이시옷을 [ㄷ]으로 발음하는 것도 허용한다.

냇가[내 : 까/낻까], 샛길[새 : 낄/샏 : 낄], 빨랫돌[빨래똘/빨랟똘], 콧등[코뜽/콛뜽], 깃발[기빨/긷빨], 대팻밥[대 : 패빱/대 : 패다빱], 햇살[해쌀/핻쌀], 뱃속[배쏙/밷쏙], 뱃전[배쩐/밷쩐], 고갯짓[고개찓/고갠찓]

둘째 음절의 첫소리 'ㄱ, ㄷ, ㅂ, ㅅ, ㅈ'이 오면 첫 음절 받침에 사이시옷을 첨가하고 둘째 음절의 첫소리를 된소리 [ㄲ, ㄸ, ㅃ, ㅆ, ㅉ]으로 발음한다. 또한 사이시옷을 [ㄷ]으로 발음하는 것도 허용한다. '기빨'은 [긷빨 → 깁빨 → 기빨]과 같은 과정을 거쳐서 원칙적으로 [긷빨]을 표준발음으로 정하는 것이 원칙이지만 실제발음을 고려하여 [기빨]과 [긷빨]을 표준발음으로 허용하였다.

2. 사이시옷 뒤에 'ㄴ, ㅁ'이 결합되는 경우에는 [ㄴ]으로 발음한다.

콧날[콛날 → 콘날], 아랫니[아랟니 → 아랜니], 툇마루[퇻 : 마루 → 퇸 : 마루], 뱃머리[밷머리 → 밴머리]

비음(鼻音) 'ㄴ, ㅁ' 앞에서 사이시옷이 들어간 경우에는 'ㅅ → ㄷ → ㄴ'의 과정에 따라 사이시옷을 [ㄴ]으로 발음한다.

3. 사이시옷 뒤에 '이' 소리가 결합되는 경우에는 [ㄴㄴ]으로 발음한다.

베갯잇[베갣닏 → 베갠닏], 깻잎[깯닙 → 깬닙], 나뭇잎[나묻닙 → 나문닙], 도리깻열[도리깯녈 → 도리깬녈], 뒷윷[뒫 : 뉻 → 뒨 : 뉻]

사이시옷 뒤에 '이'나 '야, 여, 요, 유' 등이 결합되는 경우에는 '깻잎'[깬닙]처럼 'ㄴ'이 첨가(添加)되기 때문에 사이시옷은 자연히 [ㄴ]으로 발음된다.

참 고 문 헌

강규선(2001), 『훈민정음 연구』, 보고사.

강범모(2005), 『언어』, 한국문화사.

고영근(1983), 『국어문법의 연구』, 탑출판사.

국립국어연구원(1999), 『표준국어대사전』, 두산동아.

국립국어연구원(2003), 『표준 발음 실태 조사Ⅰ-Ⅲ』, 국립국어연구원.

국립국어연구원(2001), 『한국 어문 규정집』, 국립국어연구원.

국어연구소(1988), 『한글 맞춤법 해설』, 국어연구소.

국어연구소(1988), 『표준어 규정 해설』, 국어연구소.

국어연구회(1990), 『국어연구 어디까지 왔나』, 동아출판사.

권인한(2000), 「표준발음」, 『국어생활』 10-3, 국립국어연구원.

권재일(1998), 『한국어문법사』, 박이정.

김계곤(1996), 『현대국어 조어법 연구』, 박이정.

김광해(1993), 『국어어휘론 개설』, 집문당.

김기혁(1995), 『국어문법 연구』, 박이정.

김동소(2002), 『중세 한국어개설』, 대구가톨릭대학교 출판부.

김미형(1995), 『한국어 대명사』, 한신문화사.

김민수(1960), 『국어문법론 연구』, 통문관.

김방한(1992), 『언어학의 이해』, 민음사.

김선철(2004), 「표준 발음법 분석과 대안」, 『말소리』 50, 대한음성학회.

김영희(1988), 『한국어통사론의 모색』, 탑출판사.

김정은(1995), 『국어 단어형성법 연구』, 박이정.

김창섭(1996), 『국어의 단어형성과 단어구조 연구』, 태학사.

김하수 외(1997), 『한글 맞춤법, 무엇이 문제인가?』, 태학사.

나찬연(2002), 『한글 맞춤법의 이해』, 월인.

노대규(1998), 『국어의미론연구』, 국학자료원.
남기심 · 고영근(1985), 『표준국어문법론』, 탑출판사.
리의도(1999), 『이야기 한글 맞춤법』, 석필.
문화부(1990), 「표준어 모음」, 『국어생활』 22.
문화부(2004), 『국어 어문 규정집』, 대한교과서주식회사.
미승우(1993), 『새 맞춤법과 교정의 실제』, 어문각.
민족문화사(2003), 『(한글)맞춤법, 띄어쓰기』, 민족문화사.
민현식(1999), 『국어정서법연구』, 태학사.
박덕유(2002), 『문법교육의 탐구』, 한국문화사.
박영순(2002), 『한국어 문법교육론』, 박이정.
박형익 외(2007), 『한국 어문 규정의 이해』, 태학사.
배주채(1996), 『국어음운론 개설』, 신구문화사.
배주채(2003), 『한국어의 발음』, 삼경문화사.
백문식(2005), 『(품위 있는 언어 생활을 위한) 우리말 표준 발음 연습』, 박이정.
북피아(2005), 『(새로운)한글 맞춤법, 띄어쓰기』, 북피아.
서정수(1998), 『국어문법』, 한양대학교 출판원.
성기지(2001), 『생활 속의 맞춤법 이야기』, 역락 출판사.
손남익(1995), 『국어 부사 연구』, 박이정.
손세모돌(1996), 『국어 보조용언 연구』, 한국문화사.
송기중(1991), 「한글의 로마자 표기법」, 『등불』, 국어정보학회.
송 민(2001), 『한국 어문 규정집』, 국립 국어 연구원.
송석중(1993), 『한국어문법의 새 조명』, 지식산업사.
송철의(1998), 「표준발음법」, 『우리말 바로 알리』, 문화부.
시정곤(1998), 『국어의 단어형성 원리』, 한국문화사.
신지영 외(2003), 『우리말 소리의 체계』, 한국문화사.
안상순(2004), 「표준어, 어떻게 할 것인가」, 『새국어생활』 14-1, 국립국어연구원.
이광호 외(2006), 『국어정서법』, 한국방송통신대학교출판부.
이승구(1993), 『정서법자료』, 대한교과서주식회사.
이은정(1990), 『최신 표준어 · 맞춤법 사전』, 백산출판사.
이은정(1991), 『한글 맞춤법에 따른 붙여쓰기/띄어쓰기 용례집』, 백산출판사.
이익섭(1983), 「한국어 표준어의 제문제」, 『한국 어문의 제문제』, 일지사.
이익섭(1992), 『국어표기법연구』, 서울대학교출판부.
이종운(1998), 『국어의 맞춤법 표기』, 세창 출판사.
이주행(2005), 『한국어 어문 규범의 이해』, 도서출판 보고사.
이호영(1996), 『국어음성학』, 태학사.
이희승 외(1989), 『한글 맞춤법 강의』, 신구문화사.
임지룡(1995), 『국어의미론』, 탑출판사.
임창호(2001), 『혼동되기 쉬운 말 비교사전』, 우석출판사.
임홍빈(1999), 『한국어사전』, 시사에듀케이션.
정재도(1999), 『국어사전 바로잡기』, 한글학회.
정경일 외(2000), 『한국어의 탐구와 이해』, 박이정.
조영희(2007), 『한글의 의미적 띄어쓰기 정석』, 신아출판사.
조항범(2004), 『정말 궁금한 우리말 100가지』, 예담.
조항범(2005), 『우리말 활용 사전』, 예담.
최인호(1996), 『바른말글 사전』, 한겨레신문사.
한겨레신문사(2000), 『남북한말사전』, 한겨레신문사.
한용운(2004), 『한글 맞춤법의 이해와 실제』, 한국문화사.
허　춘(2001), 「우리말 '표준 발음법' 보완」, 『어문학』 74, 한국어문학회.
황경수(2009), 『한국어 교육을 위한 한국어학』, 청운.
황경수(2010), 「띄어쓰기의 실제」, 『새국어교육』 제86호, 한국국어교육학회.
황경수(2011), 『글쓰기를 위한 우리말 좋은 글』, 청운.

저자 약력

황 경 수

- 충북 진천 출생
- 청주대학교 국어국문학과 졸업
- 문학박사
- 현, 청주대학교 교수
- 현, 청주대학교 국어문화원 책임연구원
- 현, 충청북도 자문위원
- 논저, 효과적인 띄어쓰기에 대하여
- 충북지역 대학생들의 표준발음에 대한 실태 분석
- 훈민정음 중성의 역학사상
- 공문서의 띄어쓰기와 문장 부호의 오류 양상
- 훈민정음 연구(공저)
- 한국어교육을 위한 한국어학
- 글쓰기를 위한 우리말 좋은 글 등 다수

문식력을 키우는 우리말글

저 자 / 황경수

인 쇄 / 2011년 8월 25일
발 행 / 2011년 8월 29일

펴낸곳 / 도서출판 **청운**
등 록 / 제7-849호
편 집 / 최덕임
펴낸이 / 전병욱

주 소 / 서울시 동대문구 용두동 767-1
전 화 / 02)928-4482,070-7531-4480
팩 스 / 02)928-4401
E-mail / chung928@hanmail.net

값 / 13,000
ISBN 978-89-92093-27-9